U0127879

Python
与机器学习实战

决策树、集成学习、支持向量机与
神经网络算法详解及编程实现

何宇健 编著

电子工业出版社
Publishing House of Electronics Industry
北京·BEIJING

内 容 简 介

Python 与机器学习这一话题是如此的宽广，仅靠一本书自然不可能涵盖到方方面面，甚至即使出一个系列的书也难能做到这点。单就机器学习而言，其领域就包括但不限于如下：有监督学习（Supervised Learning），无监督学习（Unsupervised Learning）和半监督学习（Semi-Supervised Learning）。而其具体的问题又大致可以分为两类：分类问题（Classification）和回归问题（Regression）。

Python 本身带有许多机器学习的第三方库，但本书在绝大多数情况下只会用到 Numpy 这个基础的科学计算库来进行算法代码的实现。这样做的目的是希望读者能够从实现的过程中更好地理解机器学习算法的细节，以及了解 Numpy 的各种应用。不过作为补充，本书会在适当的时候应用 scikit-learn 这个成熟的第三方库中的模型。

本书适用于想了解传统机器学习算法的学生和从业者，想知道如何高效实现机器学习算法的程序员，以及想了解机器学习算法能如何进行应用的职员、经理等。

图书在版编目（CIP）数据

Python 与机器学习实战：决策树、集成学习、支持向量机与神经网络算法详解及编程实现 / 何宇健编著.—北京：电子工业出版社，2017.7
ISBN 978-7-121-31720-0

Ⅰ. ①P… Ⅱ. ①何… Ⅲ. ①软件工具－程序设计②机器学习 Ⅳ. ①TP311.561②TP181

中国版本图书馆 CIP 数据核字（2017）第 121087 号

策划编辑：张月萍
责任编辑：徐津平
特约编辑：顾慧芳
印　　刷：三河市华成印务有限公司
装　　订：三河市华成印务有限公司
出版发行：电子工业出版社
　　　　　北京市海淀区万寿路 173 信箱　　　　　邮编：100036
开　　本：787×980　　1/16　　印张：20.5　　　字数：381 千字
版　　次：2017 年 7 月第 1 版
印　　次：2019 年 3 月第 9 次印刷
印　　数：13501~15500 册　　　　定价：69.00 元

凡所购买电子工业出版社图书有缺损问题，请向购买书店调换。若书店售缺，请与本社发行部联系，联系及邮购电话：（010）88254888，88258888。
质量投诉请发邮件至 zlts@phei.com.cn，盗版侵权举报请发邮件至 dbqq@phei.com.cn。
本书咨询联系方式：010-51260888-819，faq@phei.com.cn。

前　言

　　自从 AlphaGo 在 2016 年 3 月战胜人类围棋顶尖高手李世石后，"人工智能""深度学习"这一类词汇就进入了大众的视野；而作为更加宽泛的一个概念——"机器学习"则多少顺势成为了从学术界到工业界都相当火热的话题。不少人可能都想尝试和体验一下"机器学习"这个可以说是相当神奇的东西，不过可能又苦于不知如何下手。编著本书的目的，就是想介绍一种入门机器学习的方法。虽然市面上已经有许多机器学习的书籍，但它们大多要么过于偏重理论，要么过于偏重应用，要么过于"厚重"；本书致力于将理论与实践相结合，在讲述理论的同时，利用 Python 这一门简明有力的编程语言进行一系列的实践与应用。

　　当然，囿于作者水平，本书实现的一些模型从速度上来说会比成熟的第三方库中实现的模型要慢不少。一方面是因为比较好的第三方库背后往往会用底层语言来实现核心算法，另一方面则是本书通常会把数据预处理的过程涵盖在模型中。以决策树模型为例，scikit-learn 中的决策树模型会比本书的实现要快很多，但本书实现的模型能够用 scikit-learn 中决策树模型训练不了的训练集来训练。

　　同时，限于篇幅，本书无法将所有代码都悉数放出（事实上这样做的意义也不是很大），所以我们会略去一些相对枯燥且和相应算法的核心思想关系不大的实现。对于这些实现，我们会进行相应的算法说明，感兴趣的读者可以尝试自己一步一步地去实现，也可以直接在 GitHub 上面查看笔者自己实现的版本（GitHub 地址会在相应的地方贴出）。本书所涉及的所有代码都可以参见 https://github.com/carefree0910/MachineLearning，笔者也建议在阅读本书之前先把这个链接里面的内容都下载下来作为参照。毕竟即使在本书收官之后，笔者仍然会不时地在上述链接中优化和更新相应的算法，而这些更新是无法反映在本书中的。

虽说确实可以完全罔顾理论来用机器学习解决许多问题，但是如果想要理解背后的道理并借此提高解决问题的效率，扎实的理论根基是必不可少的。本书会尽量避免罗列枯燥的数学公式，但是基本的公式常常不可或缺。虽然笔者想要尽量做到通俗易懂，但仍然还是需要读者拥有一定的数学知识。不过为了阅读体验良好，本书通常会将比较烦琐的数学理论及相关推导放在每一章的倒数第二节（最后一节是总结）作为某种意义上的"附加内容"。这样做有若干好处：

- 对于已经熟知相关理论的读者，可以不再重复地看同样的东西；
- 对于只想了解机器学习各种思想、算法和实现的读者，可以避免接受不必要的知识；
- 对于想了解机器学习背后道理和逻辑的读者，可以有一个集中的地方进行学习。

本书的特点

- 理论与实践结合，在较为详细、全面地讲解理论之后，会配上相应的代码实现以加深读者对相应算法的理解。
- 每一章都会有丰富的实例，让读者能够将本书所阐述的思想和模型应用到实际任务中。
- 在涵盖了诸多经典的机器学习算法的同时，也涵盖了许多最新的研究成果（比如最后一章所讲述的卷积神经网络（CNN）可以说就是许多"深度学习"的基础）。
- 所涉及的模型实现大多仅仅基于线性代数运算库（Numpy）而没有依赖更高级的第三方库，读者无须了解 Python 那浩如烟海的第三方库中的任何一个便能读懂本书的代码。

本书的内容安排

第 1 章　Python 与机器学习入门

本章介绍了机器学习的概念和一些基础术语，比如泛化能力、过拟合、经验风险（ERM）和结构风险（SRM）等，还介绍了如何安装并使用 Anaconda 这一 Python 的科学运算环境。同时在最后，我们解决了一个小型的机器学习问题。本章内容虽不算多，却可说是本书所有内容的根基。

第 2 章　贝叶斯分类器

作为和我们比较熟悉的频率学派相异的学派，贝叶斯学派的思想相当耐人寻味，值得进行研究与体会。本章将主要介绍的朴素贝叶斯正是贝叶斯决策的一个经典应用，虽然它加了很强的假设，但其在实际应用中的表现仍然相当优异（比如自然语言处理中的文本分类）。而为了克服朴素贝叶斯假设过强的缺点，本章将简要介绍的，诸如半朴素贝叶斯和贝叶斯网这些贝叶斯分类器会在某些领域拥有更好的性能。

第 3 章　决策树

决策树可以说是最直观的机器学习模型之一，它多多少少拥有信息论的一些理论背景作为支撑。决策树的训练思想简洁，模型本身可解读性强，本章将会在介绍其生成、剪枝等一系列实现的同时，通过一些可视化来对其有更好的理解。

第 4 章　集成学习

真所谓"三个臭皮匠，赛过诸葛亮"。集成学习的两大板块"Bootstrap"和"Boosting"所对应的主流模型——"随机森林（Random Forest）"和"AdaBoost"正是这句俗语的最佳解释。本章在介绍相关理论与实现的同时，将通过相当多的例子来剖析集成学习的一些性质。

第 5 章　支持向量机

支持向量机（SVM）有着非常辉煌的历史，它背后那套相当深刻而成熟的数学理论让它在现代的深度学习"异军突起"之前，占据着相当重要的地位。本章会尽量厘清支持向量机的思想与相关的比较简明的理论，同时会通过一些对比来体现支持向量机的优越之处。

第 6 章　神经网络

神经网络在近现代可以说已经成为"耳熟能详"的词汇了，它让不少初次听说其名号的人（包括笔者在内）对其充满着各种幻想。虽说神经网络算法的推导看上去繁复而"令人生畏"，但其实所用到的知识并不深奥。本章会相当详细地介绍神经网络中的两大算法——"前向传导算法"和"反向传播算法"，同时还会介绍诸多主流的"参数更新方法"。除此之外，本章还会提及如何在"大数据"下改进和优化我们的神经网络模型（这一套思想是可以推广到其他机器学习模型上的）。

第 7 章　卷积神经网络

卷积神经网络是许多深度学习的基础结构，它可以算是神经网络的一种拓展。卷积神经网络的思想具有很好的生物学直观性，适合处理结构性的数据。同时，利用成熟的卷积神经网络模型，我们能够比较好地完成许多具有一定难度而相当有趣的任务；本章则会针对这些任务中的"图像分类"任务，提出一套比较详细的解决方案。

　　本书由浅入深，理论与实践并存，同时将理论也进行了合理的分级；无论读者在此前对机器学习有何种程度的认知，想必都能通过不同的阅读方式有所收获吧。

适合阅读本书的读者

- 想要了解某些传统机器学习算法细节的学生、老师、从业者等。
- 想要知道如何"从零开始"高效实现机器学习算法的程序员。
- 想要了解机器学习算法能如何进行应用的职员、经理等。
- 对机器学习抱有兴趣并想要入门的爱好者。

编者　何宇健

轻松注册成为博文视点社区用户（www.broadview.com.cn），扫码直达本书页面。

- **提交勘误**：您对书中内容的修改意见可在 提交勘误 处提交，若被采纳，将获赠博文视点社区积分（在您购买电子书时，积分可用来抵扣相应金额）。
- **交流互动**：在页面下方 读者评论 处留下您的疑问或观点，与我们和其他读者一同学习交流。

页面入口：*http://www.broadview.com.cn/31720*

三步加入"人工智能交流群"，实时获取资源共享

1. 扫码添加小编为微信好友。

2. 申请验证时输入"AI"。

3. 小编带你加入"人工智能交流群"。

目　录

第1章

Python 与机器学习入门

"机器学习"在最近虽可能不至于到人尽皆知的程度，却也是非常火热的词汇。机器学习是英文单词"Machine Learning"（简称 ML）的直译，从字面上便说明了这门技术是让机器进行"学习"的技术。然而我们知道机器终究是死的，所谓的"学习"归根结底亦只是人类"赋予"机器的一系列运算。这个"赋予"的过程可以有很多种实现，而 Python 正是其中相对容易上手、同时性能又相当不错的一门语言。作为第 1 章，我打算先谈谈机器学习相关的一些比较宽泛的知识，再介绍并说明为何要使用 Python 来作为机器学习的工具。最后，我们会提供一个简短易懂的、具有实际意义的例子来给大家提供一个直观的感受。

具体而言，本章主要涉及的知识点有：

- 机器学习的定义及重要性；
- Python 在机器学习领域的优异性；
- 如何在电脑上配置 Python 机器学习的环境；
- 机器学习一般性的步骤。

1.1 机器学习绪论

正如前言所说，由于近期的各种最新成果，使得"机器学习"成为了非常热门的词汇。

机器学习在各种领域的优异表现（围棋界的 Master 是其中最具代表性的存在），使得各行各业的人们都或多或少地对机器学习产生了兴趣与敬畏。然而与此同时，对机器学习有所误解的群体也日益壮大；他们或将机器学习想得过于神秘，或将它想得过于万能。本节拟对机器学习进行一般性的介绍，同时会说明机器学习中一些常见的术语以方便之后章节的叙述。

1.1.1 什么是机器学习

清晨的一句"今天天气真好"、朋友之间的寒暄"你刚刚是去吃饭了吧"、考试过后的感叹"复习了那么久终有收获"……这些日常生活中随处可见的话语，其背后却已蕴含了"学习"的思想——它们都是利用以往的经验、对未知的新情况作出的有效的决策。而把这个决策的过程交给计算机来做，可以说就是"机器学习"的一个最浅白的定义。

我们或许可以先说说机器学习与以往的计算机工作样式有什么不同。传统的计算机如果想要得到某个结果，需要人类赋予它一串实打实的指令，然后计算机就根据这串指令一步步地执行下去。这个过程中的因果关系非常明确，只要人类的理解不出偏差，运行结果是可以准确预测的。但是在机器学习中，这一传统样式被打破了：计算机确实仍然需要人类赋予它一串指令，但这串指令往往不能直接得到结果；相反，它是一串赋予了机器"学习能力"的指令。在此基础上，计算机需要进一步地接受"数据"，并根据之前人类赋予它的"学习能力"，从中"学习"出最终的结果。这个结果往往是无法仅仅通过直接编程得出的。因此这里就导出了稍微深一点的机器学习的定义：它是一种让计算机利用数据而非指令来进行各种工作的方法。在这背后，最关键的就是"统计"的思想，它所推崇的"相关而非因果"的概念是机器学习的理论根基。在此基础上，机器学习可以说是计算机使用输入给它的数据，利用人类赋予它的算法得到某种模型的过程，其最终的目的则是使用该模型，预测未来未知数据的信息。

既然提到了统计，那么一定的数学理论就不可或缺。相关的、比较简短的定义会在第 4 章给出（PAC 框架），这里我们就先只叙述机器学习在统计理论下的、比较深刻的本质：它追求的是合理的假设空间（Hypothesis Space）的选取和模型的泛化（Generalization）能力。该句中出现了一些专用术语，详细的定义会在介绍术语时提及，这里我们提供一个直观的理解：

- 所谓的假设空间，就是我们的模型在数学上的"适用场合"。
- 所谓的泛化能力，就是我们的模型在未知数据上的表现。

注意： 上述本质上严格来说，应该是 PAC Learning 的本质；在其余的理论框架下，机器学习是可以具有不同的内核的。

从上面的讨论可以看出，机器学习和人类思考的过程有或多或少的类似。事实上，我们在第 6、第 7 章讲的神经网络（Neural Network，NN）和卷积神经网络（Convolutional Neural Network，CNN）背后确实有着相应的神经科学的理论背景。然而与此同时需要知道的是，机器学习并非是一个"会学习的机器人"和"具有学习能力的人造人"之类的，这一点从上面诸多讨论也可以明晰（惭愧的是，笔者在第一次听到"机器学习"四个字时，脑海中浮现的正是一个"聪明的机器人"的图像，甚至还幻想过它和人类一起生活的场景）。相反的，它是被人类利用的、用于发掘数据背后信息的工具。

当然，现在也不乏"危险的人工智能"的说法，霍金大概是其中的"标杆"，这位伟大的英国理论物理学家甚至警告说"人工智能的发展可能意味着人类的灭亡"。孰好孰坏果然还是见仁见智，但可以肯定的是：本书所介绍的内容绝不至于导致世界的毁灭，大家大可轻松愉快地进行接下来的阅读！

1.1.2　机器学习常用术语

机器学习领域有着许多非常基本的术语，这些术语在外人听来可能相当高深莫测。它们事实上也可能拥有非常复杂的数学背景，但需要知道：它们往往也拥有着相对浅显平凡的直观理解（上一小节的假设空间和泛化能力就是两个例子）。本小节会对这些常用的基本术语进行说明与解释，它们背后的数学理论会有所阐述，但不会涉及过于本质的东西。

正如前文反复强调的，数据在机器学习中发挥着不可或缺的作用；而用于描述数据的术语有好几个，需要被牢牢记住的如下。

- "数据集"（Data Set），就是数据的集合的意思。其中，每一条单独的数据被称为"样本"（Sample）。若没有进行特殊说明，本书都会假设数据集中样本之间在各种意义下相互独立。事实上，除了某些特殊的模型（如隐马尔可夫模型和条件随机场），该假设在大多数场景下都是相当合理的。
- 对于每个样本，它通常具有一些"属性"（Attribute）或者说"特征"（Feature），特征所具体取的值就被称为"特征值"（Feature Value）。
- 特征和样本所张成的空间被称为"特征空间"（Feature Space）和"样本空间"（Sample Space），可以把它们简单地理解为特征和样本"可能存在的空间"。
- 相对应的，我们有"标签空间"（Label Space），它描述了模型的输出"可能存在的空间"；当模型是分类器时，我们通常会称之为"类别空间"。

其中、数据集又可以分为以下三类。

- 训练集（Training Set）；顾名思义，它是总的数据集中用来训练我们模型的部分。虽说将所有数据集都拿来当作训练集也无不可，不过为了提高及合理评估模型的泛化能力，我们通常只会取数据集中的一部分来当训练集。
- 测试集（Test Set）；顾名思义，它是用来测试、评估模型泛化能力的部分。测试集不会用在模型的训练部分，换句话说，测试集相对于模型而言是"未知"的，所以拿它来评估模型的泛化能力是相当合理的。
- 交叉验证集（Cross-Validation Set，CV Set）；这是比较特殊的一部分数据，它是用来调整模型具体参数的。

注意：需要指出的是，获取数据集这个过程是不平凡的；尤其是当今"大数据"如日中天的情景下，诸如"得数据者得天下"的说法也不算诳语。在此笔者推荐一个非常著名的含有大量真实数据集的网站：http://archive.ics.uci.edu/ml/datasets.html，本书常常会用到其中一些合适的数据集来评估我们自己实现的模型。

可以通过具体的例子来理解上述概念。比如，我们假设小明是一个在北京读了一年书的学生，某天他想通过宿舍窗外的风景（能见度、温度、湿度、路人戴口罩的情况等）来判断当天的雾霾情况并据此决定是否戴口罩。此时，他过去一年的经验就是他拥有的数据集，过去一年中每一天的情况就是一个样本。"能见度"、"温度"、"湿度"、"路人戴口罩的情况"就是四个特征，而（能见度）"低"、（温度）"低"、（湿度）"高"、（路人戴口罩的）"多"就是相对应的特征值。现在小明想了想，决定在脑中建立一个模型来帮自己做决策，该模型将利用过去一年的数据集来对如今的情况做出"是否戴口罩"的决策。此时小明可以用过去一年中 8 个月的数据量来做训练集、2 个月的量来做测试集、2 个月的量来做交叉验证集，那么小明就需要不断地思考（训练模型）下列问题：

- 用训练集训练出的模型是怎样的？
- 该模型在交叉验证集上的表现怎么样？

  - 如果足够好了，那么思考结束（得到最终模型）。
  - 如果不够好，那么根据模型在交叉验证集上的表现，重新思考（调整模型参数）。

最后，小明可能会在测试集上评估自己刚刚思考后得到的模型的性能，然后根据这个性能和模型做出的"是否戴口罩"的决策来综合考虑自己到底戴不戴口罩。

接下来说明上一小节中提到过的重要概念：假设空间与泛化能力。泛化能力的含义在上文也有说明，为强调起见，这里再叙述一遍：

- 泛化能力针对的其实是学习方法，它用于衡量该学习方法学习到的模型在整个样本空间上的表现。

这一点当然是十分重要的，因为我们拿来训练模型的数据终究只是样本空间的一个很小的采样，如果只是过分专注于它们，就会出现所谓的"过拟合"（Over Fitting）的情况。当然，如果过分罔顾训练数据，又会出现"欠拟合"（Under Fitting）。可以用一张图来直观地感受过拟合和欠拟合（如图 1.1 所示，左为欠拟合，右为过拟合）。

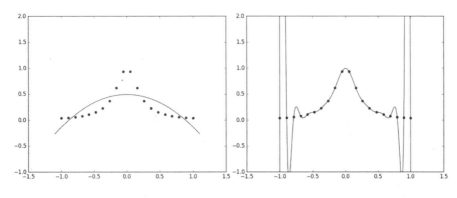

图1.1　欠拟合与过拟合

所以需要"张弛有度"，找到最好的那个平衡点。统计学习中的结构风险最小化（Structural Risk Minimization，SRM）就是研究这个的，它和传统的经验风险最小化（Empirical Risk Minimization，ERM）相比，注重于对风险上界的最小化，而不是单纯地使经验风险最小化。它有一个原则：在使风险上界最小的函数子集中挑选出使经验风险最小的函数。而这个函数子集，正是我们之前提到过的假设空间。

> **注意：** 所谓经验风险，可以理解为训练数据集上的风险。相对应的，ERM 则可以理解为只注重训练数据集的学习方法，它的理论基础是经验风险在某种足够合理的数学意义上一致收敛于期望风险，亦即所谓的"真正的"风险。

关于 SRM 和 ERM 的详细讨论会涉及诸如 VC 维和正则化的概念，这里不进行详细展开，但需要有这么一个直观的认识：为了使我们学习方法训练出的模型泛化能力足够好，需要对模型做出一定的"限制"，而这个"限制"就表现在假设空间的选取上。一个非常普遍的做法是对模型的复杂度做出一定的惩罚，从而使模型趋于精简。这与所谓的"奥卡姆剃刀原理"不谋而合："如无必要，勿增实体""切勿浪费较多的东西去做，用较少的东西、同样可以做好事情"。

相比起通过选取合适的假设空间来规避过拟合，进行交叉验证（Cross Validation）则可以让我们知道过拟合的程度，从而帮助我们选择合适的模型。常见的交叉验证有以下三种。

- S-fold Cross Validation：中文可翻译成 S 折交叉验证，它是应用最多的一种方法，其方法大致如下。

  - 将数据分成 S 份：$D = \{D_1, D_2, ..., D_S\}$，一共做 S 次试验。
  - 在第 i 次试验中，使用$D - D_i$作为训练集，D_i作为测试集对模型进行训练和评测。
  - 最终选择平均测试误差最小的模型。

- 留一交叉验证（Leave-one-out Cross Validation）：这是 S 折交叉验证的特殊情况，此时$S = N$。
- 简易交叉验证：这种实现起来最简单，也是本书（在进行交叉验证时）所采用的方法。它简单地将数据进行随机分组，最后达到训练集约占原数据 70%的程度（这个比例可以视情况改变），选择模型时使用测试误差作为标准。

1.1.3 机器学习的重要性

道理说了不少，但到底为什么要学机器学习，机器学习的重要性又在哪里呢？事实上，回顾历史可以发现，人类的发展通常伴随着简单体力劳动向复杂脑力劳动的过渡。过去的工作基本上都有着明确的定义，告诉你这一步怎么做、下一步再怎么做。而如今这一类的工作已经越来越少，取而代之的是更为宽泛模糊的、概念性的东西，比如说"将本季度的产品推向最合适的市场，在最大化期望利润的同时，尽量做到风险最小化"这种需求。想要完成好这样的任务，需要获取相应的数据；虽说网络的存在让我们能够得到数之不尽的数据，然而从这些数据中获得信息与知识却不是一项简单的工作。我们当然可以人工地、仔细地逐项甄选，但这样显然就又回到了最初的原点。机器学习这门技术，可以说正因此应运而生。

单单抽象地说一大堆空话可能会让人头昏脑涨，我们就举一举机器学习具体的应用范围，从中大概能够比较直观地看出机器学习的强大与重要。

发展到如今，机器学习的"爪牙"可谓已经伸展到了各个角落、包括但不限于：

- 机器视觉，也就是最近机器学习里很火热的深度学习的一种应用；
- 语音识别，也就是微软 Cortana 背后的核心技术；

- 数据挖掘，也就是耳熟能详的大数据相关的领域；
- 统计学习，也就是本书讲解的主要范围之一，有许许多多著名的算法（比如支持向量机 SVM）都源于统计学习（但是统计学习还是和机器学习有区别的；简单地说，统计学习偏数学而机器学习偏实践）。

机器学习还能够进行模式识别、自然语言处理，等等，之前提到过的围棋界的 Master 和最新人工智能在德州扑克上的表现亦无不呈现着机器学习强大的潜力。一言以蔽之，机器学习是当今的热点，虽说不能保证它的热度能 100%地一直延续下去，至少笔者认为、它能在相当长的一段时间内保持强大的生命力。

1.2　人生苦短，我用 Python

上一节大概地介绍了机器学习的各种概念，这一节我们主要讲讲脚本语言 Python 相关的一些东西。题目是在 Python 界流传甚广的"谚语"，它讲述了 Python 强大的功能与易于上手的特性。

1.2.1　为何选择 Python

援引开源运动的领袖人物 Eric Raymond 的说法："Python 语言非常干净，设计优雅，具有出色的模块化特性。其最出色的地方在于，鼓励清晰易读的代码，特别适合以渐进开发的方式构造项目"。Python 的可读性使得即使是刚学不久的人也能看懂大部分的代码，Python 庞大的社区和大量的开发文档更是使得初学者能够快速地实现许许多多令人惊叹的功能。对于 Python 的程序，人们甚至有时会戏称其为"可执行的伪代码（executable pseudo-code）"，以突显它的清晰性和可读性。

Python 的强大是毋庸置疑的，上文提到的 Eric Raymond 甚至称其"过于强大了"。与之相对应的，就是 Python 的速度比较慢。然而比起 Python 开发环境提供的海量高级数据结构（如列表、元组、字典、集合等）和数之不尽的第三方库，再加上高速的 CPU 和近代发展起来的 GPU 编程，速度的问题就显得没那么尖锐了。况且 Python 还能通过各种途径使用 C / C++代码来编写核心代码，其强大的"胶水"功能使其速度（在程序员能力允许的情况下）和纯粹的 C / C++相比已经相去不远。一个典型的例子，也是我们会在本书常常运用到的 Python 中 Numpy 这个第三方库。编写它的语言正是底层语言（C 和 Fortran），其支持向量、矩阵操作的特性和优异的速度，使得 Python 在科学计算这一领域大放异彩。

> 注意：Python 及本书用到的两个非常优异的第三方库——Numpy 和 TensorFlow 的简要
> 教程我们会作为附录章节放在本书的最后，建议有需要的读者先阅读相应部分。

1.2.2　Python 在机器学习领域的优势

虽然在上一小节叙述了 Python 的种种好处，但不可否认的是，确实存在诸如 MATLAB 和 Mathematica 这样的高级程序语言。它们对机器学习的支持也不错，MATLAB 甚至还自带许多机器学习的应用。但是作为一个问心无愧的程序员，我们还是需要提倡支持正版，而 MATLAB 的正版软件需要花费数千美元。与之相对，由于 Python 是开源项目，几乎所有必要的组件都是完全免费的。

之前也提到过 Python 的速度问题，但是更快更底层的语言，比如 C 和 C++，若使用它们来学习机器学习，会不可避免地引发这么一个问题：即使是实现一个非常简单的功能，也需要进行大量的编写和调试的过程；在这期间，程序员很有可能忘掉学习机器学习的初衷而迷失在代码的海洋中。笔者曾经尝试过将 Python 上的神经网络框架移植到 C++ 上，这之间的折腾至今难忘。

此外，笔者认为、使用 Python 来学习机器学习是和"不要过早优化"这句编程界的金句有着异曲同工之妙的。Python（几乎）唯一的缺陷——速度，在初期进行快速检验算法、思想正误及开发工作时，其实基本上不是重要问题。其中的道理是显而易见的：如果解决问题的思想存在问题，那么即使拼命去提高程序的运行效率，也只能使问题越来越大而已。这种时候，先使用 Python 进行快速实现，有必要时再用底层代码重写核心代码，从各方面来说都是一个更好的选择。

1.2.3　Anaconda 的安装与使用

Python 的强大有相当大一部分体现在它那浩如烟海的第三方库。在使用 Python 实现一个复杂功能时，如果没有特殊的需求，我们通常会先搜索 Google 有没有现成的第三方库，然后会搜索是否有相关联的第三方库，最后才会考虑自己重头实现。

第三方库是如此之多，从中挑选出心仪而合适的并非易事。幸运的是，就连这一点也有第三方软件进行了支持，那就是在 Python 科学计算领域非常出名的 Anaconda。这是一个完全免费的软件，经常会进行各种更新；最重要的是，它把几乎所有常用且优异的科学计算库都集成在了一起。换句话说，只要你安装了 Anaconda，就意味着拥有了一个完善精致的机器学习环境，基本上无须自己把要用到的库一个一个通过命令行来安装。本小节我们将会以图文并茂的形式，一步步说明如何安装 Anaconda（笔者用的电脑是 Windows 10 企业版，不过不同系统下的安装都大同小异，所以就不一一赘述了）。

1. 在官网上下载安装包

Anaconda 官网的地址为 https://www.continuum.io/downloads，其主页页面的左上部分如图 1.2 所示。

图1.2　Anaconda安装教程（1）

"Download for" 字样后面跟的三个图标分别代表 Windows、Mac 和 Linux，单击相应图标，页面就会导航到如图 1.3 所示的部分。

本书将使用 Python 3 版本，且笔者强烈建议使用 Python 2 的读者尝试使用 Python 3，因为社区对 Python 2 的支持不久将完全停止。因此，单击右上方的绿色按钮，进入下载流程。

注意：如果是 64 位的系统就单击实心的按钮，32 位的就单击空心的按钮。

下载好安装包后，就可以进入下一个环节了。

2. 使用安装包安装 Anaconda

双击打开安装包，初始界面如图 1.4 所示。

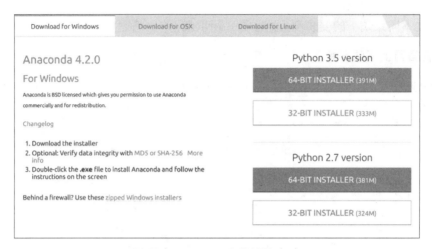

图1.3　Anaconda安装教程（2）

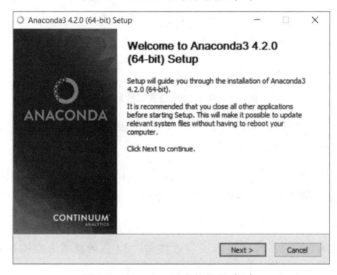

图1.4　Anaconda安装教程（3）

单击"Next"按钮，再单击"I Agree"、"Next"、"Next"、"Install"按钮后，只需等待安装包将程序安装完毕即可。

3.　使用 Anaconda 进行 Python 编程

安装完成后，进入到安装 Anaconda 的路径，可以看到其根目录如图 1.5 所示。

conda-meta	12/12/2016 2:13	File folder	
DLLs	12/12/2016 1:49	File folder	
Doc	12/12/2016 1:53	File folder	
envs	12/12/2016 1:56	File folder	
etc	12/12/2016 1:58	File folder	
exec	12/12/2016 1:58	File folder	
include	12/12/2016 1:55	File folder	
Lib	12/12/2016 2:13	File folder	
Library	12/12/2016 2:11	File folder	
libs	12/12/2016 1:50	File folder	
man	12/12/2016 1:53	File folder	
Menu	12/12/2016 2:13	File folder	
pkgs	12/12/2016 2:13	File folder	
Scripts	12/12/2016 21:52	File folder	
share	12/12/2016 1:53	File folder	
sip	12/12/2016 2:11	File folder	
tcl	12/12/2016 1:51	File folder	
Tools	12/12/2016 1:50	File folder	

图1.5　Anaconda使用教程（1）

双击进入 Scripts 文件夹，将滚动条拖到接近底部的地方，可以看到一个叫 spyder.exe 的可执行程序（如图 1.6 所示）。

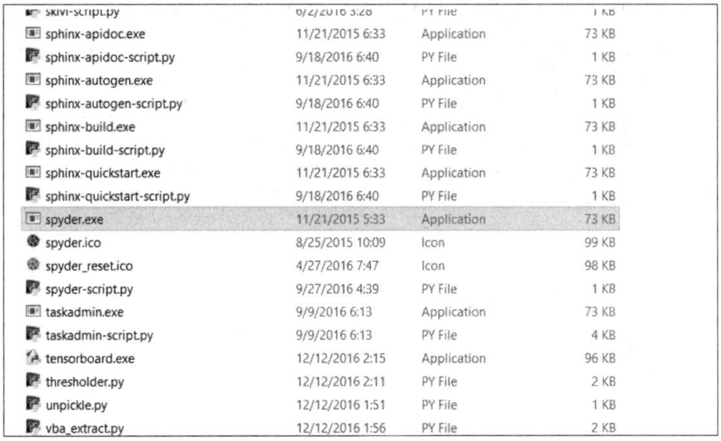

skivi-script.py	6/2/2016 5:28	PY File	1 KB
sphinx-apidoc.exe	11/21/2015 6:33	Application	73 KB
sphinx-apidoc-script.py	9/18/2016 6:40	PY File	1 KB
sphinx-autogen.exe	11/21/2015 6:33	Application	73 KB
sphinx-autogen-script.py	9/18/2016 6:40	PY File	1 KB
sphinx-build.exe	11/21/2015 6:33	Application	73 KB
sphinx-build-script.py	9/18/2016 6:40	PY File	1 KB
sphinx-quickstart.exe	11/21/2015 6:33	Application	73 KB
sphinx-quickstart-script.py	9/18/2016 6:40	PY File	1 KB
spyder.exe	11/21/2015 5:33	Application	73 KB
spyder.ico	8/25/2015 10:09	Icon	99 KB
spyder_reset.ico	4/27/2016 7:47	Icon	98 KB
spyder-script.py	9/27/2016 4:39	PY File	1 KB
taskadmin.exe	9/9/2016 6:13	Application	73 KB
taskadmin-script.py	9/9/2016 6:13	PY File	4 KB
tensorboard.exe	12/12/2016 2:15	Application	96 KB
thresholder.py	12/12/2016 2:11	PY File	2 KB
unpickle.py	12/12/2016 1:51	PY File	1 KB
vba_extract.py	12/12/2016 1:56	PY File	2 KB

图1.6　Anaconda使用教程（2）

它就是Anaconda自带的一个集成开发环境（Integrated Development Environment，IDE），功能相当不错。

当然，我们也能使用自己的IDE，届时只须绑定 Anaconda 根目录处的 Python.exe 即可。

Anaconda 还自带 IPython，使用方法很简单，在命令行输入 ipython 即可（如图 1.7 所示）：

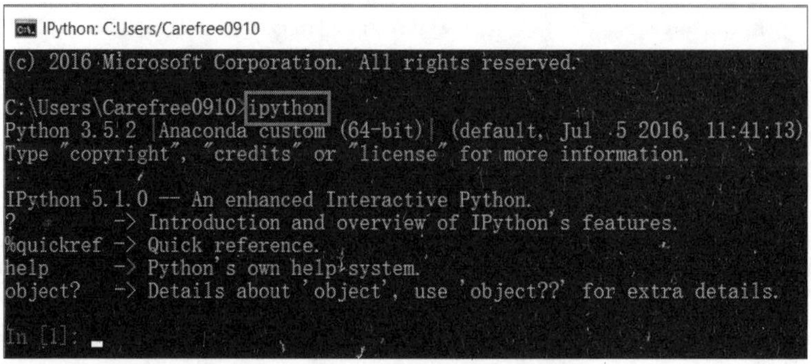

图1.7　Anaconda使用教程（3）

最后以一个 Hello World 程序收尾（如图 1.8 所示）。

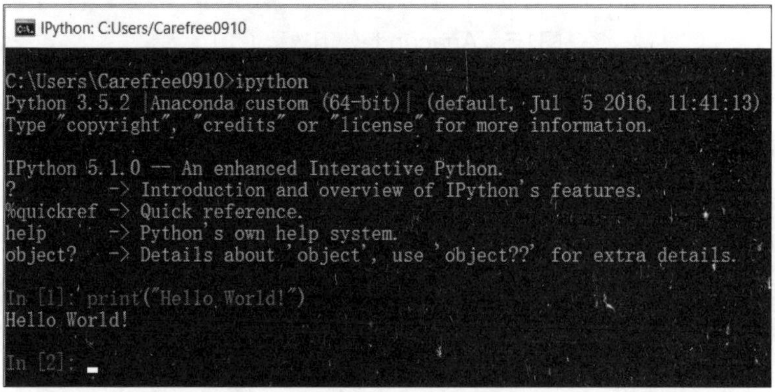

图1.8　Anaconda使用教程（4）

1.3　第一个机器学习样例

作为本章的总结，我们来运用 Python 解决一个实际问题，以便对机器学习有一个具体的感受。由于该样例只是为了提供直观感受，我们就拿比较有名的一个小问题来进行阐述。俗话说："麻雀虽小，五脏俱全"，我们完全可以通过这个样例来对机器学习的一般性步骤进行一个大致的认知。

该问题来自 Coursera 上的斯坦福大学机器学习课程，其叙述如下：现有 47 个房子的面积和价格，需要建立一个模型对新的房价进行预测。稍微翻译问题，可以得知：

- 输入数据只有一维，亦即房子的面积。
- 目标数据也只有一维，亦即房子的价格。

- 需要做的，就是根据已知的房子的面积和价格的关系进行机器学习。

下面我们就来一步步地进行操作。

1.3.1　获取与处理数据

原始数据集的前 10 个样本如表 1.1 所示，这里房子面积和房子价格的单位可以随意定夺，因为它们不会对结果造成影响。

表 1.1　房价数据集

房子面积	房子价格	房子面积	房子价格
2104	399900	1600	329900
2400	369000	1416	232000
3000	539900	1985	299900
1534	314900	1427	198999
1380	212000	1494	242500

完整的数据集可以参见 https://github.com/carefree0910/MachineLearning/blob/master/_Data/prices.txt。虽然该数据集比较简单，但可以看到其中的数字都相当大。保留它原始形式确实有可能是有必要的，但一般而言，我们应该对它做简单的处理以期望降低问题的复杂度。在这个例子里，采取常用的将输入数据标准化的做法，其数学公式为：

$$X = \frac{X - \bar{X}}{\text{std}(X)}$$

其中 $\bar{X}$ 表示 X（房子面积）的均值、$\text{std}(X)$ 表示 X 的标准差（Standard Deviation）。代码实现如下：

代码 1–1　第一个机器学习样例：a_FirstExample\Regression.py

```
01  # 导入需要用到的库
02  import numpy as np
03  import matplotlib.pyplot as plt
04
05  # 定义存储输入数据（x）和目标数据（y）的数组
06  x, y = [], []
07  # 遍历数据集，变量 sample 对应的正是一个个样本
08  for sample in open("../_Data/prices.txt", "r"):
09  # 由于数据是用逗号隔开的，所以调用 Python 中的 split 方法并将逗号作为参数传入
10      _x, _y = sample.split(",")
```

```
11      # 将字符串数据转化为浮点数
12      x.append(float(_x))
13      y.append(float(_y))
14   # 读取完数据后，将它们转化为 Numpy 数组以方便进一步的处理
15   x, y = np.array(x), np.array(y)
16   # 标准化
17   x = (x - x.mean()) / x.std()
18   # 将原始数据以散点图的形式画出
19   plt.figure()
20   plt.scatter(x, y, c="g", s=6)
21   plt.show()
```

上面这段代码的运行结果如图 1.9 所示。

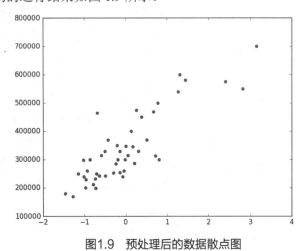

图1.9　预处理后的数据散点图

这里横轴是标准化后的房子面积，纵轴是房子价格。以上我们已经比较好地完成了机器学习任务的第一步：数据预处理。

1.3.2　选择与训练模型

在弄好数据之后，下一步就要开始选择相应的学习方法和模型了。幸运的是，通过可视化原始数据，可以非常直观地感受到：很有可能通过线性回归（Linear Regression）中的多项式拟合来得到一个不错的结果。其模型的数学表达式如下。

注意： 用多项式拟合散点只是线性回归的很小的一部分，但是它的直观意义比较明显。考虑到问题比较简单，我们才选用了多项式拟合。线性回归的详细讨论超出了本书的范围，这里不再赘述。

$$f(x|p;n) = p_0 x^n + p_1 x^{n-1} + \cdots + p_{n-1} x + p_n$$

$$L(p;n) = \frac{1}{2} \sum_{i=1}^{m} [f(x|p;n) - y]^2$$

其中 $f(x|p;n)$ 就是我们的模型，p、n 都是模型的参数，其中 p 是多项式 f 的各个系数，n 是多项式的次数。$L(p;n)$ 则是模型的损失函数，这里我们采用了常见的平方损失函数，也就是所谓的欧氏距离（或说向量的二范数）。x、y 则分别是输入向量和目标向量；在我们这个样例中，x、y 这两个向量都是 47 维的向量，分别由 47 个不同的房子面积、房子价格所构成。

在确定好模型后，就可以开始编写代码来进行训练了。对于大多数机器学习算法，所谓的训练正是最小化某个损失函数的过程，这个多项式拟合的模型也不例外：我们的目的就是让上面定义的 $L(p;n)$ 最小。在数理统计领域里有专门的理论研究这种回归问题，其中比较有名的正规方程更是直接给出了一个简单的解的通式。不过由于有 Numpy 的存在，这个训练过程甚至变得还要更加简单一些。

```
22   # 在(-2,4)这个区间上取 100 个点作为画图的基础
23   x0 = np.linspace(-2, 4, 100)
24   # 利用 Numpy 的函数定义训练并返回多项式回归模型的函数
25   # deg 参数代表着模型参数中的 n，亦即模型中多项式的次数
26   # 返回的模型能够根据输入的 x（默认是 x0），返回相对应的预测的 y
27   def get_model(deg):
28       return lambda input_x=x0: np.polyval(np.polyfit(x, y, deg), input_x)
```

这里需要解释 Numpy 里面带的两个函数：polyfit 和 polyval 的用法。

- polyfit(x, y, deg)：该函数会返回使得上述 $L(p;n) = \frac{1}{2} \sum_{i=1}^{m} [f(x|p;n) - y]^2$（注：该公式中的 x 和 y 就是输入的 x 和 y）最小的参数 p，亦即多项式的各项系数。换句话说，该函数就是模型的训练函数。
- polyval(p, x)：根据多项式的各项系数 p 和多项式中 x 的值，返回多项式的值 y。

1.3.3　评估与可视化结果

模型做好后，我们就要尝试判断各种参数下模型的好坏了。为简洁起见，我们采用 $n = 1,4,10$ 这三组参数进行评估。由于我们训练的目的是最小化损失函数，所以用损失函数来衡量模型的好坏似乎是一个合理的做法。

```
29    # 根据参数 n、输入的 x、y 返回相对应的损失
30    def get_cost(deg, input_x, input_y):
31        return 0.5 * ((get_model(deg)(input_x) - input_y) ** 2).sum()
32    # 定义测试参数集并根据它进行各种实验
33    test_set = (1, 4, 10)
34    for d in test_set:
35        # 输出相应的损失
36        print(get_cost(d, x, y))
```

所得的结果是：当 $n = 1,4,10$ 时，损失的头两位数字分别为 96、94 和 75。这么看来似乎是 $n = 10$ 优于 $n = 4$，而 $n = 1$ 最差，但从图 1.10 可以看出，似乎直接选择 $n = 1$ 作为模型的参数才是最好的选择。这里矛盾的来源正是前文所提到过的过拟合情况。

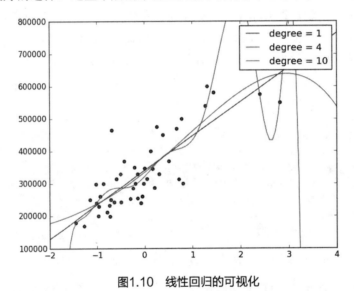

图1.10　线性回归的可视化

那么，怎么最直观地了解是否出现过拟合了呢？当然还是画图了。

```
37    # 画出相应的图像
38    plt.scatter(x, y, c="g", s=20)
39    for d in test_set:
40        plt.plot(x0, get_model(d)(), label="degree = {}".format(d))
41    # 将横轴、纵轴的范围分别限制在 (−2,4)、(10^5, 8 × 10^5)
42    plt.xlim(-2, 4)
43    plt.ylim(1e5, 8e5)
44    # 调用 legend 方法使曲线对应的 label 正确显示
45    plt.legend()
46    plt.show()
```

上面这段代码的运行结果如图 1.10 所示。

其中，三条线分别代表 $n = 1$、$n = 4$、$n = 10$ 的情况（图 1.10 的右上角亦有说明）。可以看出，从 $n = 4$ 开始模型就已经开始出现过拟合现象了，到 $n = 10$ 时模型已经变得非常不合理。

至此，可以说这个问题就已经基本上解决了。在这个样例里面，除了交叉验证，我们涵盖了机器学习中的大部分主要步骤（之所以没有进行交叉验证是因为数据太少了……）。代码部分加起来总共 40~50 行，应该算是一个比较合适的长度。希望大家能够通过这个样例对机器学习有个大概的了解，也希望它能引起大家对机器学习的兴趣。

1.4　本章小结

- 与传统的计算机程序不同，机器学习是面向数据的算法，能够从数据中获得信息。它符合新时代脑力劳动代替体力劳动的趋势，是富有生命力的领域。
- Python 是一门优异的语言，代码清晰可读、功能广泛强大。其最大弱点——速度问题也可以通过很多不太困难的方法弥补。
- Anaconda 是 Python 的一个很好的集成环境，它能让我们免于人工地安装大量科学计算所需要的第三方库。
- 虽说机器学习算法很多，但通常而言，进行机器学习的过程会包含以下三步：

  ○　获取与处理数据；
  ○　选择与训练模型；
  ○　评估与可视化结果。

第 2 章
贝叶斯分类器

贝叶斯分类器是一个相当宽泛的定义，它背后的数学理论根基是相当出名的贝叶斯决策论（Bayesian Decision Theory）。贝叶斯决策论和传统的统计学理论有着区别，其中最不可调和的就是它们各自关于概率的定义。因此，使用了贝叶斯决策论作为基石的贝叶斯分类器，在各个机器学习算法所导出的分类器中也算是比较标新立异的存在。

本章主要涉及的知识点有：

- 贝叶斯决策论；
- 常见的参数估计；
- 朴素贝叶斯（Naïve Bayes）算法；
- 半朴素贝叶斯模型和贝叶斯网模型简介。

其中，我们会把重点放在朴素贝叶斯算法上，而半朴素贝叶斯和贝叶斯网这两种贝叶斯分类器算法则仅会进行概括性的介绍。

2.1 贝叶斯学派

前文提到过的贝叶斯决策论是在概率框架下进行决策的基本方法之一，更是统计模式识别的主要方法之一。从名字也许能看出来，贝叶斯决策论其实是贝叶斯统计学派进行决策的方法。为了更加深刻地理解贝叶斯分类器，需要先对贝叶斯学派和其决策理论有一个大致的认知。

2.1.1　贝叶斯学派与频率学派

贝叶斯学派强调概率的"主观性"，这一点和传统的、我们可能比较熟悉的频率学派不同。详细的论述牵扯到许多概率论和数理统计的知识，这里只说一个直观的解释。

- 频率学派强调频率的"自然属性"，认为应该使用事件在重复试验中发生的频率作为其发生的概率的估计。
- 贝叶斯学派不强调事件的"客观随机性"，认为仅仅只是"观察者"不知道事件的结果。换句话说，贝叶斯学派认为：事件之所以具有随机性仅仅是因为"观察者"的知识不完备，对于"知情者"来说，该事件其实不具备随机性。随机性的根源不在于事件，而在于"观察者"对该事件的知识状态。

举个例子：假设一个人抛了一枚均匀硬币到地上并迅速将其踩在脚底，而在他面前从近到远坐了三个人。他本人看到了硬币是正面朝上的，而其他三个人也多多少少看到了一些信息，但显然坐得越远、看得就越模糊。频率学派会认为，该硬币是正是反，各自的概率都应该是 50%；但是贝叶斯学派会认为，对抛硬币的人来说，硬币是正面的概率就是 100%，然后可能对离他最近的人来说是 80%，对离他最远的人来说就可能是 50%。

所以相比起把模型参数固定、注重样本的随机性的频率学派而言，贝叶斯学派将样本视为是固定的，把模型的参数视为关键。在上面这个例子里面，样本就是抛出去的那枚硬币，模型的参数就是每个人从中获得的"信息"。对于频率学派而言，每个人获得的"信息"不应该有不同，所以自然会根据"均匀硬币抛出正面的概率是 50%"这个"样本的信息"来导出"硬币是正面的概率为 50%"这个结论。但是对贝叶斯学派而言，硬币抛出去就抛出去了，问题的关键在于模型的参数，亦即"观察者"从中获得的信息，所以会导出"对于抛硬币的人而言，硬币是正面的概率是 100%"这一类的结论。

2.1.2　贝叶斯决策论

在大致知道贝叶斯学派的思想后，就可以介绍贝叶斯决策论了。这里不可避免地要牵扯到概率论和数理统计的相关定义和知识，但幸运的是它们都是比较基础且直观的部分，无须太多的数学背景就可以知道它们的含义。

- 行动空间 A，它是某项实际工作中可能采取的各种"行动"所构成的集合。

注意：正如前文所提到的，贝叶斯学派注重的是模型参数，所以通常而言我们想要做出的"行动"是"决定模型的参数"。因此我们通常会将行动空间取为参数空间，亦即 $A = \Theta$。

- 决策 $\delta(\tilde{X})$，它是样本空间 X 到行动空间 A 的一个映射。换句话说，对于一个单一的样本 $\tilde{X}$（$\tilde{X} \in X$），决策函数可以利用它得到 A 中的一个行动。

注意：这里的样本 $\tilde{X}$ 通常是高维的随机向量：$\tilde{X} = (x_1, ..., x_N)^T$；尤其需要分清的是，这个（以及本小节之后的所有）$\tilde{X}$ 其实是一般意义上的"训练集"，x_i 才是一般意义上的"样本"。这是因为本小节主要在叙述数理统计相关知识，所以在术语上和机器学习术语会有所冲突，需要分辨清它们的关系。

- 损失函数 $L(\theta, a) = L(\theta, \delta(\tilde{X}))$，它表示参数是 θ（$\theta \in \Theta$，Θ 是参数空间）时采取行动 $a(a \in A)$ 所引起的损失。
- 决策风险 $R(\theta, \delta)$，它是损失函数的期望：$R(\theta, \delta) = EL(\theta, \delta(\tilde{X}))$。
- 先验分布：描述了参数 θ 在已知样本 $\tilde{X}$ 中的分布。
- 平均风险 $\rho(\delta)$，它定义为决策风险 $R(\theta, \delta)$ 在先验分布下的期望：

$$\rho(\delta) = E_\xi R(\theta, \delta)$$

- 贝叶斯决策 δ^*，它满足：

$$\rho(\delta^*) = \inf_\delta \rho(\delta)$$

换句话说，贝叶斯决策 δ^* 是在某个先验分布下使得平均风险最小的决策。

寻找一般意义下的贝叶斯决策是相当不易的数学问题，为简洁起见，需要结合具体的机器学习算法来推导相应的贝叶斯决策。相关的讨论将会在倒数第二节结合朴素贝叶斯算法来给出，这里就暂时先按下不表。

2.2　参数估计

无论是贝叶斯学派还是频率学派，一个无法避开的问题就是如何从已有的样本中获取信息并据此估计目标模型的参数。比较有名的"频率近似概率"其实就是（基于大数定律的）相当合理的估计之一，本章所叙述的两种参数估计方法在最后也通常会归结于它。

2.2.1　极大似然估计（ML 估计）

如果把模型描述成一个概率模型的话，一个自然的想法是希望得到的模型参数 θ 能够使得在训练集 $\tilde{X}$ 作为输入时、模型输出的概率达到极大。这里就有一个似然函数的概念，它能够输出 $\tilde{X} = (x_1, ..., x_N)^T$ 在模型参数为 θ 下的概率：

$$p(\tilde{X}|\theta) = \prod_{i=1}^{N} p(x_i|\theta)$$

我们希望找到的 $\hat{\theta}$，就是使得似然函数在 $\tilde{X}$ 作为输入时达到极大的参数：

$$\hat{\theta} = \arg\max_{\theta} p(\tilde{X}|\theta) = \arg\max_{\theta} \prod_{i=1}^{N} p(x_i|\theta)$$

举个例子：假设一个暗箱中有白球、黑球共两个，虽然不知道具体的颜色分布情况、但是知道这两个球是完全一样的。现在有放有回地从箱子里抽了 2 个球，发现两次抽出来的结果是 1 黑 1 白，那么该如何估计箱子里面球的颜色？从直观上来说，似乎箱子中也是 1 黑 1 白会比较合理，下面我们就来说明"1 黑 1 白"这个估计就是极大似然估计。

在这个问题中，模型的参数 θ 可以设为从暗箱中抽出黑球的概率，样本 x_i 可以描述为第 i 次取出的球是否是黑球；如果是就取 1、否则取 0。这样的话，似然函数就可以描述为：

$$p(\tilde{X}|\theta) = \theta^{x_1+x_2}(1-\theta)^{2-x_1-x_2}$$

直接对它求极大值（虽然可行但是）不太方便，通常的做法是将似然函数取对数之后再进行极大值的求解：

$$\ln p(\tilde{X}|\theta) = (x_1 + x_2) \ln\theta + (2 - x_1 - x_2) \ln(1-\theta)$$

$$\Rightarrow \frac{\partial \ln p}{\partial \theta} = \frac{x_1 + x_2}{\theta} - \frac{2 - x_1 - x_2}{1 - \theta}$$

从而可知：

$$\frac{\partial \ln p}{\partial \theta} = 0 \Rightarrow \theta = \frac{x_1 + x_2}{2}$$

由于 $x_1 + x_2 = 1$，所以得 $\hat{\theta} = 0.5$，亦即应该估计从暗箱中抽出黑球的概率是 50%；既然暗箱中的两个球完全一样，我们应该估计暗箱中的颜色分布为 1 黑 1 白。

从以上的讨论可以看出，极大似然估计视待估参数为一个未知但固定的量，不考虑"观察者"的影响（亦即不考虑先验知识的影响），是传统的频率学派的做法。

2.2.2　极大后验概率估计（MAP 估计）

相比起极大似然估计，极大后验概率估计是更贴合贝叶斯学派思想的做法。事实上，甚至也有不少人直接称其为"贝叶斯估计"（注：贝叶斯估计的定义有许多，笔者接触到的就有三四种；囿于实力，笔者无法辨析哪种才是真正的贝叶斯估计，所以本书不会进行相关的讨论）。

在讨论 MAP 估计之前，我们有必要先知道何为后验概率 $p(\theta|\tilde{X})$。它可以理解为参数 θ 在训练集 $\tilde{X}$ 下所谓的"真实的出现概率"，能够利用参数的先验概率 $p(\theta)$、样本的先验概率 $p(\tilde{X})$ 和条件概率 $p(\tilde{X}|\theta) = \prod_{i=1}^{N} p(x_i|\theta)$ 通过贝叶斯公式导出（详见倒数第二节）。

而 MAP 估计的核心思想，就是将待估参数 θ 看成是一个随机变量，从而引入了极大似然估计里面没有引入的、参数 θ 的先验分布。MAP 估计 $\hat{\theta}_{\text{MAP}}$ 的定义为：

$$\hat{\theta}_{\text{MAP}} = \arg \max_{\theta} p(\theta|\tilde{X}) = \arg \max_{\theta} p(\theta) \prod_{i=1}^{N} p(x_i|\theta)$$

同样，为了计算简捷，通常对上式取对数：

$$\hat{\theta}_{\text{MAP}} = \arg \max_{\theta} \ln p(\theta|\tilde{X}) = \arg \max_{\theta} \left[\ln p(\theta) + \sum_{i=1}^{N} \ln p(x_i|\theta) \right]$$

可以看到，从形式上、极大后验概率估计只比极大似然估计多了 $\ln p(\theta)$ 这一项，不过它们背后的思想却相当不同。不过有意思的是，在下一节具体讨论朴素贝叶斯算法时我们会看到：朴素贝叶斯在估计参数时选用了极大似然估计法，但是在做决策时则选用了 MAP 估计。

和极大似然估计相比，MAP 估计的一个显著优势在于它可以引入所谓的"先验知识"，这正是贝叶斯学派的精髓。当然这个优势同时也伴随着劣势：它要求我们对模型参数有相对较好的认知，否则会相当大地影响到结果的合理性。

既然先验分布如此重要，那么是否有比较合理的、先验分布的选取方法呢？事实上，如何确定先验分布这个问题，正是贝叶斯统计中最困难、最具有争议性却又必须解决的问题。虽然这个问题确实有许多现代的研究成果，但遗憾的是，尚未能有一个圆满的理论和普适的方法。这里拟介绍"协调性假说"这个比较直观、容易理解的理论。

- 我们选择的参数 θ 的先验分布，应该与由它和训练集确定的后验分布属同一类型。

此时先验分布又叫共轭先验分布。这里面所谓的"同一类型"其实又是难有恰当定义的概念，但是可以直观地理解为：概率性质相似的所有分布归为"同一类型"。比如，所有的正态分布都是"同一类型"的。

2.3　朴素贝叶斯

说了这么久的思想和概念性的东西，我们终于可以开始叙述一个具体的机器学习算法——朴素贝叶斯了。在朴素贝叶斯这个名字中，"朴素"二字对应着"独立性假设"这一个朴素的假设、"贝叶斯"则对应"后验概率最大化"这一贝叶斯学派的思想。

2.3.1　算法陈述与基本架构的搭建

朴素贝叶斯算法一个非常重要的基本假设称为独立性假设，其大致叙述如下（详尽说明可参见本章倒数第二节）：

- 若样本空间 X 是 n 维的，那么对 $\forall x = \left(x^{(1)}, \ldots, x^{(n)}\right)^T \in X$，我们假设 $x^{(i)}$ 是由随机变量 $X^{(i)}$ 生成的、且 $X^{(1)}, \ldots, X^{(n)}$ 之间在各种意义下相互独立。

该假设从直观上来说是可以接受的，不过在实际任务中该假设一般而言会显得太强。我们会在后文给出独立性假设的相关讨论，此处先暂时按下不表。

在朴素贝叶斯算法思想下，一般来说会衍生出以下三种不同的模型。

- 离散型朴素贝叶斯（MultinomialNB）：所有维度的特征都是离散型随机变量。
- 连续型朴素贝叶斯（GaussianNB）：所有维度的特征都是连续型随机变量。
- 混合型朴素贝叶斯（MergedNB）：各个维度的特征有离散型也有连续型。

由浅入深，我们先用离散型朴素贝叶斯来说明一些普适性的概念，连续型和混合型的相关定义是类似的。

- 朴素贝叶斯的模型参数即是类别的选择空间（假设一共有 K 类：$c_1, c_2, \ldots, c_K$）：
$$\Theta = \{y = c_1, y = c_2, \ldots, y = c_K\}$$
- 朴素贝叶斯总的参数空间 $\tilde{\Theta}$ 本应包括模型参数的先验概率 $p(\theta_k) = p(y = c_k)$、样本空间在模型参数下的条件概率 $p(X|\theta_k) = p(X|y = c_k)$ 和样本空间本身的概率 $p(X)$。

但由于我们采取样本空间的子集 $\tilde{X}$ 作为训练集，所以在给定的 $\tilde{X}$ 下、$p(X) = p(\tilde{X})$ 是常数，因此可以把它从参数空间中删去。换句话说，我们关心的东西只有模型参数的先验概率和样本空间在模型参数下的条件概率：

$$\tilde{\Theta} = \{p(\theta), p(X|\theta): \theta \in \Theta\}$$

- 行动空间 A 就是朴素贝叶斯总的参数空间 $\tilde{\Theta}$。
- 决策就是后验概率最大化（在倒数第二节里，我们会证明该决策为贝叶斯决策）：

$$\delta(\tilde{X}) = \hat{\theta} = \arg\max_{\tilde{\theta} \in \tilde{\Theta}} p(\tilde{\theta}|\tilde{X})$$

在 $\hat{\theta}$ 确定后，模型的决策就可以具体写成（这一步用到了独立性假设）：

$$f(x^*) = \arg\max_{c_k} \hat{p}(c_k|X = x^*)$$

$$= \arg\max_{c_k} \hat{p}(y = c_k) \prod_{j=1}^{n} \hat{p}(X^{(j)} = x^{*(j)}|y = c_k)$$

- 损失函数会随模型的不同而不同。在离散型朴素贝叶斯中，损失函数就是比较简单的 0-1 损失函数：

$$L\left(\theta, \delta(\tilde{X})\right) = \sum_{i=1}^{N} \tilde{L}(y_i, f(x_i)) = \sum_{i=1}^{N} I(y_i \neq f(x_i))$$

这里的 I 是示性函数，它满足：

$$I(y_i \neq f(x_i)) = \begin{cases} 1, \text{if } y_i \neq f(x_i) \\ 0, \text{if } y_i \neq f(x_i) \end{cases}$$

从上述定义出发，可以利用上一节讲解的两种参数估计方法导出离散型朴素贝叶斯的算法（相关推导过程可参见倒数第二节）：

算法 2-1　离散型朴素贝叶斯算法

输入：训练数据集 $D = \{(x_1, y_1), \ldots, (x_N, y_N)\}$

过程（利用 ML 估计导出模型的具体参数）：

（1）计算先验概率 $p(y = c_k)$ 的极大似然估计：

$$\hat{p}(y = c_k) = \frac{\sum_{i=1}^{N} I(y_i = c_k)}{N}, k = 1, 2, \ldots, K$$

（2）计算条件概率$p(X^{(j)} = a_{jl}|y = c_k)$的极大似然估计（设每一个单独输入的 n 维向量x_i的第 j 维特征$x^{(j)}$可能的取值集合为$\{a_{j1}, ..., a_{jS_j}\}$）：

$$\hat{p}(X^{(j)} = a_{jl}|y = c_k) = \frac{\sum_{i=1}^{N} I(x_i^{(j)} = a_{jl}, y_i = c_k)}{\sum_{i=1}^{N} I(y_i = c_k)}$$

输出（利用 MAP 估计进行决策）：朴素贝叶斯模型，能够估计数据$x^* = (x^{*(1)}, ..., x^{*(n)})^T$的类别：

$$y = f(x^*) = \arg\max_{c_k} \hat{p}(y = c_k) \prod_{j=1}^{n} \hat{p}(X^{(j)} = x^{*(j)}|y = c_k)$$

由上述算法可以清晰地梳理出朴素贝叶斯算法背后的数学思想：

- 使用极大似然估计导出模型的具体参数（先验概率、条件概率）。
- 使用极大后验概率估计作为模型的决策（输出使得数据后验概率最大化的类别）。

接下来我们在一个简单、虚拟的数据集上应用离散型朴素贝叶斯算法以加深对算法的理解，该数据集如表 2.1 所示（参考了 UCI 上相应的数据集）。

表 2.1　气球数据集 1.0

颜色	大小	测试人员	测试动作	结果
黄色	小	成人	用手打	不爆炸
黄色	小	成人	用脚踩	爆炸
黄色	小	小孩	用手打	不爆炸
黄色	小	小孩	用脚踩	不爆炸
黄色	大	成人	用手打	爆炸
黄色	大	成人	用脚踩	爆炸
黄色	大	小孩	用手打	不爆炸
黄色	大	小孩	用脚踩	爆炸
紫色	小	成人	用手打	不爆炸
紫色	小	小孩	用手打	不爆炸
紫色	大	成人	用脚踩	爆炸
紫色	大	小孩	用脚踩	爆炸

该数据集的电子版本可以参见 https://github.com/carefree0910/MachineLearning/blob/master/_Data/balloon1.0.txt。我们想预测的是样本：

紫色	小	小孩	用脚踩

所导致的结果。容易观察到的是，气球的颜色对结果不起丝毫影响，所以在算法中该项特征可以直接去掉。因此从直观上来说，该样本所导致的结果应该是"不爆炸"，我们用离散型朴素贝叶斯算法来看看是否确实如此。首先需要计算类别的先验概率，易得：

$$p(\text{不爆炸}) = p(\text{爆炸}) = 0.5$$

亦即类别的先验概率也对决策不起作用。继而需要依次求出第 2、3、4 个特征（大小、测试人员、测试动作）的条件概率，它们才是决定新样本所属类别的关键。易得：

$$p(\text{小气球}|\text{不爆炸}) = \frac{5}{6}, \qquad p(\text{大气球}|\text{不爆炸}) = \frac{1}{6}$$

$$p(\text{小气球}|\text{爆炸}) = \frac{1}{6}, \qquad p(\text{大气球}|\text{爆炸}) = \frac{5}{6}$$

$$p(\text{成人}|\text{不爆炸}) = \frac{1}{3}, \qquad p(\text{小孩}|\text{不爆炸}) = \frac{2}{3}$$

$$p(\text{成人}|\text{爆炸}) = \frac{2}{3}, \qquad p(\text{小孩}|\text{爆炸}) = \frac{1}{3}$$

$$p(\text{用手打}|\text{不爆炸}) = \frac{5}{6}, \qquad p(\text{用脚踩}|\text{不爆炸}) = \frac{1}{6}$$

$$p(\text{用手打}|\text{爆炸}) = \frac{1}{6}, \qquad p(\text{用脚踩}|\text{爆炸}) = \frac{5}{6}$$

那么在条件"紫色小气球、小孩用脚踩"下，知（注意可以忽略颜色和先验概率）：

$$\hat{p}(\text{不爆炸}) = p(\text{小气球}|\text{不爆炸}) \times p(\text{小孩}|\text{不爆炸}) \times p(\text{用脚踩}|\text{不爆炸}) = \frac{5}{54}$$

$$\hat{p}(\text{爆炸}) = p(\text{小气球}|\text{爆炸}) \times p(\text{小孩}|\text{爆炸}) \times p(\text{用脚踩}|\text{爆炸}) = \frac{5}{108}$$

所以我们确实应该认为，给定样本所导致的结果是"不爆炸"。

需要指出的是，该算法存在一个问题：如果训练集中某个类别 c_k 的数据没有涵盖第 j 维特征的第 1 个取值，相应估计的条件概率 $\hat{p}(X^{(j)} = a_{jl}|y = c_k)$ 就是 0，从而导致模型可能会在测试集上的分类产生误差。解决这个问题的办法是在各个估计中加入平滑项（也有这种做法就叫贝叶斯估计的说法）：

过程：

（1）计算先验概率 $p_\lambda(y = c_k)$：

$$p_\lambda(y = c_k) = \frac{\sum_{i=1}^{N} I(y_i = c_k) + \lambda}{N + K\lambda}, k = 1, 2, \dots, K$$

（2）计算条件概率 $p_\lambda(X^{(j)} = a_{jl}|y = c_k)$：

$$p_\lambda(X^{(j)} = a_{jl}|y = c_k) = \frac{\sum_{i=1}^{N} I\left(x_i^{(j)} = a_{jl}, y_i = c_k\right) + \lambda}{\sum_{i=1}^{N} I(y_i = c_k) + S_j\lambda}$$

$\lambda = 0$ 时就是极大似然估计，$\lambda = 1$ 时则叫做拉普拉斯平滑（Laplace Smoothing）。拉普拉斯平滑是常见的做法，我们的实现中也会默认使用它。将气球数据集 1.0 稍作变动以彰显加入平滑项的重要性（新数据集如表 2.2 所示）。

表 2.2　气球数据集 1.5

颜色	大小	测试人员	测试动作	结果
黄色	小	成人	用手打	不爆炸
黄色	小	成人	用脚踩	爆炸
黄色	小	小孩	用手打	不爆炸
黄色	小	小孩	用脚踩	爆炸
黄色	小	小孩	用脚踩	爆炸
黄色	小	小孩	用脚踩	爆炸
黄色	大	成人	用手打	爆炸
黄色	大	成人	用脚踩	爆炸
黄色	大	小孩	用手打	不爆炸
紫色	小	成人	用手打	不爆炸
紫色	小	小孩	用手打	不爆炸
紫色	大	小孩	用手打	不爆炸

该数据集的电子版本可以参见 https://github.com/carefree0910/MachineLearning/blob/master/_Data/balloon1.5.txt。可以看到，这个数据集是"不太均衡"的：它对样本"黄色小气球，小孩用脚踩"重复进行了三次实验，而对所有紫色气球样本实验的结果都是"不爆炸"。如果我们此时想预测"紫色小气球，小孩用脚踩"的结果，虽然从直观上来说应该是"爆炸"，但我们会发现，此时由于

$$p(用脚踩|不爆炸) = p(紫色|爆炸) = 0$$

所以会直接导致

$$\hat{p}(不爆炸) = \hat{p}(爆炸) = 0$$

从而我们只能随机进行决策，这不是一个令人满意的结果。此时加入平滑项就显得比较重要了，我们以拉普拉斯平滑为例，知（注意类别的先验概率仍然不造成影响）：

$$p(黄色|不爆炸) = \frac{3+1}{6+2}, \qquad p(紫色|不爆炸) = \frac{3+1}{6+2}$$

$$p(黄色|爆炸) = \frac{6+1}{6+2}, \qquad p(紫色|爆炸) = \frac{0+1}{6+2}$$

$$p(小气球|不爆炸) = \frac{4+1}{6+2}, \qquad p(大气球|不爆炸) = \frac{2+1}{6+2}$$

$$p(小气球|爆炸) = \frac{4+1}{6+2}, \qquad p(大气球|爆炸) = \frac{2+1}{6+2}$$

$$p(成人|不爆炸) = \frac{2+1}{6+2}, \qquad p(小孩|不爆炸) = \frac{4+1}{6+2}$$

$$p(成人|爆炸) = \frac{3+1}{6+2}, \qquad p(小孩|爆炸) = \frac{3+1}{6+2}$$

$$p(用手打|不爆炸) = \frac{6+1}{6+2}, \qquad p(用脚踩|不爆炸) = \frac{0+1}{6+2}$$

$$p(用手打|爆炸) = \frac{1+1}{6+2}, \qquad p(用脚踩|爆炸) = \frac{5+1}{6+2}$$

从而可算得：

$$\hat{p}(不爆炸) = \frac{25}{1024}, \qquad \hat{p}(爆炸) = \frac{15}{512}$$

因此，我们确实应该认为给定样本所导致的结果是"爆炸"。

接下来我们来看看如何进行三种模型的实现。考虑到代码重用和可拓展性，需要搭建一个基本架构，它应该定义好三种模型都会用到的通用的功能，例如：

- 定义获取训练集里类别先验概率的函数；
- 将核心训练步骤以外的训练步骤进行定义，其中核心训练步骤需要训练出一个决策函数，该决策函数能够输出给定数据的后验概率；
- 利用决策函数定义预测函数和评估函数。

我们先来看看这个基本架构的基本框架：

代码 2–1　朴素贝叶斯模型基本架构的搭建：b_NaiveBayes\Basic.py

```python
01  # 导入需要用到的库
02  import numpy as np
03  # 定义朴素贝叶斯模型的基类，方便以后的拓展
04  class NaiveBayes:
05      """
06          初始化结构
07          self._x, self._y: 记录训练集的变量
08          self._data: 核心数组，存储实际使用的条件概率的相关信息
09          self._func: 模型核心——决策函数，能够根据输入的 x、y 输出对应的后验概率
10          self._n_possibilities: 记录各个维度特征取值个数的数组：[S₁, S₂, ..., Sₙ]
11          self._labelled_x: 记录按类别分开后的输入数据的数组
12          self._label_zip: 记录类别相关信息的数组，视具体算法，定义会有所不同
13          self._cat_counter: 核心数组，记录第 i 类数据的个数（cat 是 category 的缩写）
14          self._con_counter: 核心数组，用于记录数据条件概率的原始极大似然估计
15              self._con_counter[d][c][p] = p̂(X^(d) = p|y = c)（con 是 conditional 的缩写）
16          self.label_dic: 核心字典，用于记录数值化类别时的转换关系
17          self._feat_dics: 核心字典，用于记录数值化各维度特征（feat）时的转换关系
18      """
19      def __init__(self):
20          self._x = self._y = None
21          self._data = self._func = None
22          self._n_possibilities = None
23          self._labelled_x = self._label_zip = None
24          self._cat_counter = self._con_counter = None
25          self.label_dic = self._feat_dics = None
26
27      # 重载 __getitem__ 运算符以避免定义大量 property
28      def __getitem__(self, item):
29          if isinstance(item, str):
30              return getattr(self, "_" + item)
31
32      # 留下抽象方法让子类定义，这里的 tar_idx 参数和 self._tar_idx 的意义一致
33      def feed_data(self, x, y, sample_weight=None):
34          pass
35
36      # 留下抽象方法让子类定义，这里的 sample_weight 参数代表着样本权重
37      def feed_sample_weight(self, sample_weight=None):
38          pass
```

注意：让模型支持输入样本权重，更多的是为了使模型能够应用在提升方法中。具体的讨论会放在第 4 章，这里只说一个直观理解：样本权重体现了各个样本的"重要性"。

上面这些代码定义的基本框架会在本书接下来的很多算法中出现，所以如果在接下来的代码中出现同样的结构，我们就不会再进行太过详尽的相关注释。同样的，即使是在接下来要介绍的朴素贝叶斯相关算法的实现中，也有不少是具有普适意义的；如果在今后的章节中出现了类似的结构，同样不会进行太过详尽的介绍。

```python
39    # 定义计算先验概率的函数，lb 就是各个估计中的平滑项λ
40    # lb 的默认值是 1，也就是说默认采取拉普拉斯平滑（下同）
41    def get_prior_probability(self, lb=1):
42        return [(_c_num + lb) / (len(self._y) + lb * len(self._cat_counter))
43                for _c_num in self._cat_counter]
44
45    # 定义具有普适性的训练函数
46    def fit(self, x=None, y=None, sample_weight=None, lb=1):
47        # 如果有传入 x、y，那么就用传入的 x、y 初始化模型
48        if x is not None and y is not None:
49            self.feed_data(x, y, sample_weight)
50        # 调用核心算法得到决策函数
51        self._func = self._fit(lb)
52
53    # 留下抽象核心算法让子类定义
54    def _fit(self, lb):
55        pass
```

以上是模型训练相关的过程，下面就是模型的预测和评估过程。由浅入深，我们先进行一个"朴素的"实现：

```python
56    # 定义预测单一样本的函数
57    # 参数 get_raw_result 控制该函数是输出预测的类别还是输出相应的后验概率
58    # get_raw_result=False 则输出类别，get_raw_result=True 则输出后验概率
59    def predict_one(self, x, get_raw_result=False):
60        # 在进行预测之前，要先把新的输入数据数值化
61        # 如果输入的是 Numpy 数组，要先将它转换成 Python 的数组
62        # 这是因为 Python 数组在数值化这个操作上要更快
63        if isinstance(x, np.ndarray):
64            x = x.tolist()
65        # 否则，对数组进行拷贝
66        else:
```

```
67              x = x[:]
68          # 调用相关方法进行数值化,该方法随具体模型的不同而不同
69          x = self._transfer_x(x)
70          m_arg, m_probability = 0, 0
71          # 遍历各类别、找到能使后验概率最大化的类别
72          for i in range(len(self._cat_counter)):
73              p = self._func(x, i)
74              if p > m_probability:
75                  m_arg, m_probability = i, p
76          if not get_raw_result:
77              return self.label_dic[m_arg]
78          return m_probability
79
80      # 定义预测多样本的函数,本质是不断调用上面定义的 predict_one 函数
81      def predict(self, x, get_raw_result=False):
82          return np.array([self.predict_one(xx, get_raw_result) for xx in x])
83
84      # 定义能对新数据进行评估的方法,这里暂以简单地输出准确率作为演示
85      def evaluate(self, x, y):
86          y_pred = self.predict(x)
87          print("Acc: {:12.6} %".format(100 * np.sum(y_pred == y) / len(y)))
```

注意： 之所以称上述实现是"朴素的"，是因为预测单一样本的函数只是在算法没有向量化时的一个临时产物。在算法完成向量化后，模型就能进行批量预测，该函数就可以删去了。有关算法向量化的讨论会放在最后一小节。

至此，一个完整的朴素贝叶斯基类就定义完了，我们接下来要做的就是将那些留下来的抽象方法根据不同的需求进行补充定义。

2.3.2　MultinomialNB 的实现与评估

对于离散型朴素贝叶斯模型的实现，由于核心算法都是在进行"计数"工作，所以问题的关键就转换为了如何进行计数。幸运的是，Numpy 中的一个方法：bincount 就是专门用来计数的，它能够非常快速地数出一个数组中各个数字出现的频率；而且由于它是 Numpy 自带的方法，其速度比 Python 标准库 collections 中的计数器 Counter 还要快上非常多。不幸的是，该方法有如下两个缺点：

- 只能处理非负整数型的数组；
- 向量中的最大值即为返回的数组的长度，换句话说，如果用 bincount 方法对一个长度为 1、元素为 1000 的数组计数，返回的结果就是 999 个 0 加 1 个 1。

所以我们做数据预处理时就要充分考虑到这两点，具体代码如下：

代码 2-2　离散型朴素贝叶斯的实现：b_NaiveBayes\MultinomialNB.py

```
01  # 导入基本架构 Basic
02  from b_NaiveBayes.Original.Basic import *
03
04  class MultinomialNB(NaiveBayes):
05      # 定义预处理数据的方法
06      def feed_data(self, x, y, sample_weight=None):
07          # 分情况将输入向量 x 进行转置
08          if isinstance(x, list):
09              features = map(list, zip(*x))
10          else:
11              features = x.T
12          # 利用 Python 中内置的高级数据结构——集合，获取各个维度的特征和类别种类
13          # 为了利用 bincount 方法来优化算法，将所有特征从 0 开始数值化
14          # 注意：需要将数值化过程中的转换关系记录成字典，否则无法对新数据进行判断
15          features = [set(feat) for feat in features]
16          feat_dics = [{_l: i for i, _l in enumerate(feats)} for feats in features]
17          label_dic = {_l: i for i, _l in enumerate(set(y))}
18          # 利用转换字典更新训练集
19          x = np.array([[feat_dics[i][_l] for i, _l in enumerate(sample)] for sample in x])
20          y = np.array([label_dic[yy] for yy in y])
21          # 利用 Numpy 中的 bincount 方法，获得各类别的数据的个数
22          cat_counter = np.bincount(y)
23          # 记录各维度特征的取值个数
24          n_possibilities = [len(feats) for feats in features]
25          # 获得各类别数据的下标
26          labels = [y == value for value in range(len(cat_counter))]
27          # 利用下标获取记录按类别分开后的输入数据的数组
28          labelled_x = [x[ci].T for ci in labels]
29          # 更新模型的各个属性
30          self._x, self._y = x, y
31          self._labelled_x, self._label_zip = labelled_x, list(zip(labels, labelled_x))
32          (self._cat_counter, self._feat_dics, self._n_possibilities) = (
33              cat_counter, feat_dics, n_possibilities)
34          self.label_dic = {i: _l for _l, i in label_dic.items()}
35          # 调用处理样本权重的函数，以更新记录条件概率的数组
36          self.feed_sample_weight(sample_weight)
37
38      # 定义处理样本权重的函数
```

```
39      def feed_sample_weight(self, sample_weight=None):
40          self._con_counter = []
41          # 利用 Numpy 的 bincount 方法获取带权重的条件概率的极大似然估计
42          for dim, _p in enumerate(self._n_possibilities):
43              if sample_weight is None:
44                  self._con_counter.append([
45                      np.bincount(xx[dim], minlength=_p) for xx in self._labelled_x])
46              else:
47                  self._con_counter.append([
48                      np.bincount(xx[dim], weights=sample_weight[
49                          label] / sample_weight[label].mean(), minlength=_p)
50                      for label, xx in self._label_zip])
```

注意：这样做确实会让训练过程加速很多，但是同时也会使预测过程的速度下降一些（因为预测时要先将输入数据数值化）；视具体情况的不同，数据预处理这一块的实现可以有所不同。

由于在数据预处理这一块我们做了大量的工作，核心函数就变为调用与整合数据预处理时记录下来的信息的过程：

```
51      # 定义核心训练函数
52      def _fit(self, lb):
53          n_dim = len(self._n_possibilities)
54          n_category = len(self._cat_counter)
55          p_category = self.get_prior_probability(lb)
56          # data 即为存储加了平滑项后的条件概率的数组
57          data = [None] * n_dim
58          for dim, n_possibilities in enumerate(self._n_possibilities):
59              data[dim] = [[
60                  (self._con_counter[dim][c][p] + lb) / (self._cat_counter[c] + lb * n_possibilities)
61                  for p in range(n_possibilities)
62              ] for c in range(n_category)]
63          self._data = [np.array(dim_info) for dim_info in data]
64          # 利用 data 生成决策函数
65          def func(input_x, tar_category):
66              rs = 1
67              # 遍历各个维度，利用 data 和条件独立性假设计算联合条件概率
68              for d, xx in enumerate(input_x):
69                  rs *= data[d][tar_category][xx]
70              # 利用先验概率和联合条件概率计算后验概率
71              return rs * p_category[tar_category]
72          # 返回决策函数
```

```
73          return func
74
75      # 定义数值化数据的函数
76      def _transfer_x(self, x):
77          # 遍历每个元素，利用转换字典进行数值化
78          for j, char in enumerate(x):
79              x[j] = self._feat_dics[j][char]
80          return x
```

至此，我们第一个能用的朴素贝叶斯模型就完全搭建完毕了，可以拿之前的气球数据集 1.0、1.5 来简单地评估我们的模型。首先要定义一个能够将文件中的数据转化为 Python 数组的类：

代码 2-3　实现获取数据的类：Util.py

```
01  class DataUtil:
02      # 定义一个方法使其能从文件中读取数据
03      # 该方法接受五个参数：
04      #   数据集的名字、数据集的路径、训练样本数、类别所在列、是否打乱数据
05      def get_dataset(name, path, train_num=None, tar_idx=None, shuffle=True):
06          x = []
07          # 将编码设为utf8 以便读入中文等特殊字符
08          with open(path, "r", encoding="utf8") as file:
09              # 如果是气球数据集的话，直接依逗号分割数据即可
10              if "balloon" in name:
11                  for sample in file:
12                      x.append(sample.strip().split(","))
13          # 默认打乱数据
14          if shuffle:
15              np.random.shuffle(x)
16          # 默认类别在最后一列
17          tar_idx = -1 if tar_idx is None else tar_idx
18          y = np.array([xx.pop(tar_idx) for xx in x])
19          x = np.array(x)
20          # 默认全都是训练样本
21          if train_num is None:
22              return x, y
23          # 若传入了训练样本数，则依之将数据集切分为训练集和测试集
24          return (x[:train_num], y[:train_num]), (x[train_num:], y[train_num:])
```

需要指出的是，今后获取各种数据的过程都会放在上述 DataUtil 中的这个 get_dataset 方法中，其完整版本可以参见 https://github.com/carefree0910/MachineLearning/blob/master/Util/Util.py。下面就放出 MultinomialNB 的评估用代码：

```
81   if __name__ == '__main__':
82       # 导入标准库 time 以计时，导入 DataUtil 类以获取数据
83       import time
84       from Util import DataUtil
85       # 遍历 1.0、1.5 两个版本的气球数据集
86       for dataset in ("balloon1.0", "balloon1.5"):
87           # 读入数据
88           _x, _y = DataUtil.get_dataset(dataset, "../../_Data/{}.txt".format(dataset))
89           # 实例化模型并进行训练、同时记录整个过程花费的时间
90           learning_time = time.time()
91           nb = MultinomialNB()
92           nb.fit(_x, _y)
93           learning_time = time.time() - learning_time
94           # 评估模型的表现，同时记录评估过程花费的时间
95           estimation_time = time.time()
96           nb.evaluate(_x, _y)
97           estimation_time = time.time() - estimation_time
98           # 将记录下来的耗时输出
99           print(
100              "Model building  : {:12.6} s\n"
101              "Estimation      : {:12.6} s\n"
102              "Total           : {:12.6} s".format(
103                  learning_time, estimation_time,
104                  learning_time + estimation_time
105              )
106          )
```

上面这段代码的运行结果如图 2.1 所示。

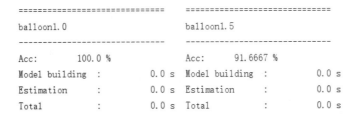

图2.1　气球数据集1.0、1.5上MultinomialNB的表现

　　由于数据量太少，所以建模和评估的过程耗费的时间已是可以忽略不计的程度。同时正如前文所提及的，气球数据集 1.5 是"不太均衡"的数据集，所以朴素贝叶斯在其上的表现会比较差。

仅仅在一个虚构的数据集上进行评估可能不太有说服力，可以再拿 UCI 上比较出名的"蘑菇数据集（Mushroom Data Set）"来评估我们的模型。该数据集大致描述如下：它有8124 个样本、22 个属性，类别取值有两个："能吃"或"有毒"；该数据每个单一样本都占一行，属性之间使用逗号隔开。选择该数据集的原因是它无须进行额外的数据预处理，样本量和属性量都相对合适，二类分类问题也相对来说具有代表性。更重要的是，它所有维度的特征取值都是离散的，从而非常适合用来测试我们的 MultinomialNB 模型。

完整的数据集可以参见 https://github.com/carefree0910/MachineLearning/blob/master/_Data/mushroom.txt（第一列数据是类别），我们的模型在其上的表现如图 2.2 所示。

```
Acc:            95.5 %
Acc:            95.6685 %
Model building  :    0.0350649 s
Estimation      :    0.127869 s
Total           :    0.162934 s
```

图2.2　蘑菇数据集上MultinomialNB的表现

其中第一和第二行分别是训练集、测试集上的准确率，接下来的三行则分别是建立模型、评估模型和总花费时间的记录。正如之前提到过的，我们这种实现方式能使建模速度加快，但是会拖慢预测的速度。不过这里这个问题如此突出，主要是因为我们为了简洁，还没将算法向量化。有关算法向量化的讨论将会放在本节的最后一小节，届时我们将会展示向量化强大的威力。

当然，仅仅看一个结果没有什么意思，也完全无法知道模型到底干了什么。为了获得更好的直观效果,可以进行一定的可视化,比如说将极大似然估计法得到的条件概率画出：

```
107    # 导入 matplotlib 库以进行可视化
108    import matplotlib.pyplot as plt
109    # 进行一些设置使得 matplotlib 能够显示中文
110    from pylab import mpl
111    # 将字体设为"仿宋"
112    mpl.rcParams['font.sans-serif'] = ['FangSong']
113    mpl.rcParams['axes.unicode_minus'] = False
114    # 利用 MultinomialNB 搭建过程中记录的变量获取条件概率
115    data = nb["data"]
116    # 定义颜色字典，将类别 e（能吃）设为天蓝色，类别 p（有毒）设为橙色
117    colors = {"e": "lightSkyBlue", "p": "orange"}
```

```
118    # 利用转换字典定义其"反字典"，后面可视化会用上
119    _rev_feat_dics = [{_val: _key for _key, _val in _feat_dic.items()}
120        for _feat_dic in self._feat_dics]
121    # 遍历各维度进行可视化
122    # 利用 MultinomialNB 搭建过程中记录的变量，获取画图所需的信息
123    for _j in range(nb["x"].shape[1]):
124        sj = nb["n_possibilities"][_j]
125        tmp_x = np.arange(1, sj+1)
126        # 利用 matplotlib 对 LaTeX 的支持来写标题，两个$之间的即是 LaTeX 语句
127        title = "$j = {}; S_j = {}$".format(_j+1, sj)
128        plt.figure()
129        plt.title(title)
130        # 根据条件概率的大小画出柱状图
131        for _c in range(len(nb.label_dic)):
132            plt.bar(tmp_x-0.35*_c, data[_j][_c, :], width=0.35,
133                    facecolor=colors[nb.label_dic[_c]], edgecolor="white",
134                    label="class: {}".format(nb.label_dic[_c]))
135        # 利用上文定义的"反字典"将横坐标转换成特征的各个取值
136        plt.xticks([i for i in range(sj + 2)], [""] + [_rev_dic[i] for i in range(sj)]
+ [""])
137        plt.ylim(0, 1.0)
138        plt.legend()
139        # 保存画好的图像
140        plt.savefig("d{}".format(j+1))
```

　　由于蘑菇数据一共有 22 维，所以上述代码会生成 22 张图，从这些图可以非常清晰地看出训练数据集各维度特征的分布。以下选出几组有代表性的图片进行说明。

　　一般来说，一组数据特征中会有相对"重要"的特征和相对"无足轻重"的特征，通过以上实现的可视化可以比较轻松地辨析出在离散型朴素贝叶斯中这两者的区别。比如说，在离散型朴素贝叶斯里，相对重要的特征的表现会如图 2.3 和图 2.4 所示。

　　可以看出，蘑菇数据集在第 19 维上两个类别各自的"优势特征"都非常明显，第 5 维上两个类别各自特征的取值更是基本没有交集。可以想象，即使只根据第 5 维的取值来进行类别的判定，最后的准确率也一定会非常高（这一点在第 3 章讲解决策树时就会体现出来）。

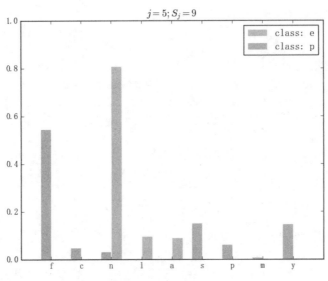

图2.3　蘑菇数据集第5维的条件概率分布

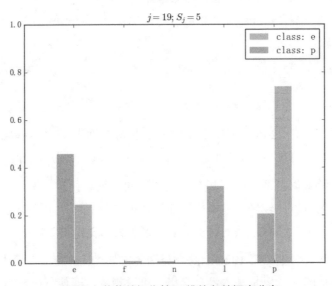

图2.4　蘑菇数据集第19维的条件概率分布

那么与之相反的，相对没那么重要的特征的表现则会形如图 2.5 和图 2.6 所示。

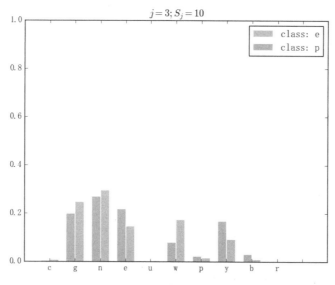

图2.5　蘑菇数据集第3维的条件概率分布

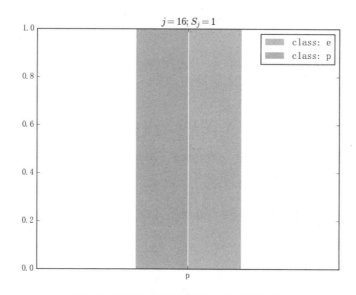

图2.6　蘑菇数据集第16维的条件概率分布

可以看出，蘑菇数据集在第 3 维上两个类的特征取值基本没有什么差异，第 16 维数据更是似乎完全没有存在的价值。像这样的数据就可以考虑直接剔除掉。

2.3.3 GaussianNB 的实现与评估

在有了实现离散型朴素贝叶斯的经验后，我们就可以触类旁通地实现连续型朴素贝叶斯模型了。在介绍实现之前，需要先知道连续型朴素贝叶斯的算法是怎样的。

处理连续型变量有一个最直观的方法：使用小区间切割，直接使其离散化。由于这种方法较难控制小区间的大小，而且对训练集质量的要求比较高，所以我们选用第二种方法：假设该变量服从正态分布（或称高斯分布，Gaussian Distribution），再利用极大似然估计来计算该变量的"条件概率"。具体而言，有（仅展示和离散型算法中不同的部分）：

算法 2-2　连续型朴素贝叶斯算法

过程：

（2）计算"条件概率" $p(X^{(j)} = a_{jl} | y = c_k)$：

$$p(X^{(j)} = a_{jl} | y = c_k) = \frac{1}{\sqrt{2\pi}\sigma_{jk}} e^{-\frac{(a_{jl} - \mu_{jk})^2}{2\sigma_{jk}^2}}$$

这里有两个参数：μ_{jk}、σ_{jk}，它们可以用极大似然估计法定出：

$$\hat{\mu}_{jk} = \frac{1}{N_k} \sum_{i=1}^{N} x_i^{(j)} I(y_i = c_k)$$

$$\hat{\sigma}_{jk}^2 = \frac{1}{N_k} \sum_{i=1}^{N} \left(x_i^{(j)} - \mu_{jk} \right)^2 I(y_i = c_k)$$

其中，$N_k = \sum_{i=1}^{N} I(y_i = c_k)$ 是类别 c_k 的样本数

注意：这里的"条件概率"其实是"条件概率密度"，真正的条件概率其实是 0（因为连续型变量单点概率为 0）。这样做的合理性涉及比较深的概率论知识，此处不表。

所以在实现 GaussianNB 之前，需要先实现一个能够计算正态分布密度和进行正态分布极大似然估计的类：

```
01    import numpy as np
02    from math import pi, exp
03
```

```
04    # 记录√2π，避免该项的重复运算
05    sqrt_pi = (2 * pi) ** 0.5
06
07    class NBFunctions:
08        # 定义正态分布的密度函数
09        @staticmethod
10        def gaussian(x, mu, sigma):
11            return exp(-(x - mu) ** 2 / (2 * sigma ** 2)) / (sqrt_pi * sigma)
12
13        # 定义进行极大似然估计的函数
14        # 它能返回一个存储着计算条件概率密度的函数的列表
15        @staticmethod
16        def gaussian_maximum_likelihood(labelled_x, n_category, dim):
17            mu = [np.sum(
18                labelled_x[c][dim]) / len(labelled_x[c][dim]) for c in range(n_category)]
19            sigma = [np.sum(
20                (labelled_x[c][dim]-mu[c])**2) / len(labelled_x[c][dim]) for c in range(n_category)]
21            # 利用极大似然估计得到的μ和σ，定义生成计算条件概率密度的函数的函数 func
22            def func(_c):
23                def sub(xx):
24                    return NBFunctions.gaussian(xx, mu[_c], sigma[_c])
25                return sub
26        # 利用 func 返回目标列表
27            return [func(_c=c) for c in range(n_category)]
```

对于 GaussianNB 本身，由于算法中只有条件概率相关的定义变了，所以只需要将相关的函数重新定义即可。此外，由于输入数据肯定是数值数据，所以数据预处理会简单不少（至少不用因为要对输入进行特殊的数值化处理而记录其转换字典了）。考虑到 MultinomialNB 处的注释基本上把框架的思想都说明清楚了，故在接下来的 GaussianNB 的代码实现中，会适当地减少注释以提高阅读流畅度。

代码 2-4　连续型朴素贝叶斯的实现：b_NaiveBayes\GaussianNB.py

```
01    from b_NaiveBayes.Original.Basic import *
02
03    class GaussianNB(NaiveBayes):
04        def feed_data(self, x, y, sample_weight=None):
05            # 简单地调用 Python 自带的 float 方法将输入数据数值化
06            x = np.array([list(map(lambda c: float(c), sample)) for sample in x])
07            # 数值化类别向量
08            labels = list(set(y))
09            label_dic = {label: i for i, label in enumerate(labels)}
10            y = np.array([label_dic[yy] for yy in y])
```

```
11          cat_counter = np.bincount(y)
12          labels = [y == value for value in range(len(cat_counter))]
13          labelled_x = [x[label].T for label in labels]
14          # 更新模型的各个属性
15          self._x, self._y = x.T, y
16          self._labelled_x, self._label_zip = labelled_x, labels
17          self._cat_counter, self.label_dic = cat_counter, {i: _l for _l, i in label_dic.items()}
18          self.feed_sample_weight(sample_weight)
```

可以看到，数据预处理这一步确实要轻松很多。接下来只需要再定义训练用的代码就可以了，它们和 MultinomialNB 中的实现也大同小异：

```
19      # 定义处理样本权重的函数
20      def feed_sample_weight(self, sample_weight=None):
21          if sample_weight is not None:
22              local_weights = sample_weight * len(sample_weight)
23              for i, label in enumerate(self._label_zip):
24                  self._labelled_x[i] *= local_weights[label]
25
26      def _fit(self, lb):
27          n_category = len(self._cat_counter)
28          p_category = self.get_prior_probability(lb)
29          # 利用极大似然估计获得计算条件概率的函数，使用数组变量 data 进行存储
30          data = [
31              NBFunctions.gaussian_maximum_likelihood(
32                  self._labelled_x, n_category, dim) for dim in range(len(self._x))]
33          self._data = data
34          def func(input_x, tar_category):
35              rs = 1
36              for d, xx in enumerate(input_x):
37                  # 由于 data 中存储的是函数，所以需要调用它来进行条件概率的计算
38                  rs *= data[d][tar_category](xx)
39              return rs * p_category[tar_category]
40          return func
```

由于数据本身就是数值的，所以数据转换函数只需直接返回输入值即可：

```
41      @staticmethod
42      def _transfer_x(x):
43          return x
```

至此，连续型朴素贝叶斯模型就搭建完毕了，可以尝试强行使用之前测试 MultinomialNB 时用到的、数值化后的蘑菇数据集来评估它。可以想象效果将会很差，但至

少可以带给我们一些信息。结果图 2.7 所示。

```
Acc:         48.3333 %
Acc:         47.8343 %
Model building :     0.0551443 s
Estimation    :     0.715473 s
Total         :     0.770618 s
```

图2.7　蘑菇数据集上GaussianNB的表现

可以看到，建模的速度会比 MultinomialNB 要快（因为它各个步骤都要更简单一些），但是它预测的速度非常慢（比 MultinomialNB 慢四五倍）。这是因为 GaussianNB 在预测时要进行大量正态分布密度的计算，而我们还没有进行算法的向量化。

连续型朴素贝叶斯同样能够进行和离散型朴素贝叶斯类似的可视化，不过由于我们接下来就要实现适用范围最广的朴素贝叶斯模型：混合型朴素贝叶斯了，所以这里不打算进行 GaussianNB 合理的评估，而打算把它归结到对混合型朴素贝叶斯的评估中。

2.3.4　MergedNB 的实现与评估

混合型朴素贝叶斯算法主要有两种提法：

- 用某种分布的密度函数算出训练集中各个样本连续型特征相应维度的密度之后，根据这些密度的情况将该维度离散化，最后再训练离散型朴素贝叶斯模型。
- 直接结合离散型朴素贝叶斯和连续型朴素贝叶斯：

$$y = f(x^*) = \arg\max_{c_k} p(y = c_k) \prod_{j \in S_1} p(X^{(j)} = x^{*(j)}|y = c_k) \prod_{j \in S_2} p(X^j = x^{*(j)}|y = c_k)$$

其中，S_1 和 S_2 代表离散、连续维度的集合，条件概率由 2.3.1 节和 2.3.3 节的算法给出。

可以直观看出，第二种提法可能会比第一种提法要"激进"一些，因为如果某个连续型维度采用的分布特别"大起大落"，该维度可能就会直接"主导"整个决策。但是考虑到实现的简捷和直观，我们还是演示第二种提法的实现。感兴趣的读者可以尝试实现第一种提法，思路和过程都没有太本质的区别，只是会烦琐不少。

可以对气球数据集 1.0 稍作变动，将"气球大小"这个特征改成"气球直径"，然后我们再手动做一次分类，以加深对混合型朴素贝叶斯算法的理解。新数据集如表 2.3 所示。

表 2.3　气球数据集 2.0

颜色	直径	测试人员	测试动作	结果
黄色	10	成人	用手打	不爆炸
黄色	15	成人	用脚踩	爆炸
黄色	9	小孩	用手打	不爆炸
黄色	9	小孩	用脚踩	不爆炸
黄色	19	成人	用手打	爆炸
黄色	21	成人	用脚踩	爆炸
黄色	16	小孩	用手打	不爆炸
黄色	22	小孩	用脚踩	爆炸
紫色	10	成人	用手打	不爆炸
紫色	12	小孩	用手打	不爆炸
紫色	22	成人	用脚踩	爆炸
紫色	21	小孩	用脚踩	爆炸

该数据集的电子版本可以参见 https://github.com/carefree0910/MachineLearning/blob/master/_Data/balloon2.0.txt。我们想预测的是样本：

紫色	10	小孩	用脚踩

除了"大小"变成了"直径"，其余特征都一点未变，所以我们只需再计算直径的条件概率（密度）即可。由 GaussianNB 的算法可知：

$$\hat{\mu}_{不爆炸} = \frac{10 + 9 + 9 + 16 + 10 + 12}{6} = 11$$

$$\hat{\mu}_{爆炸} = \frac{15 + 19 + 21 + 22 + 22 + 21}{6} = 20$$

$$\hat{\sigma}_{不爆炸} = \frac{1}{6}\left[\left(10 - \hat{\mu}_{不爆炸}\right)^2 + \cdots + \left(12 - \hat{\mu}_{不爆炸}\right)^2\right] = 6$$

$$\hat{\sigma}_{爆炸} = \frac{1}{6}\left[\left(15 - \hat{\mu}_{爆炸}\right)^2 + \cdots + \left(21 - \hat{\mu}_{爆炸}\right)^2\right] = 6$$

从而

$$\hat{p}(\text{不爆炸}) = \frac{1}{\sqrt{2\pi}\hat{\sigma}_{\text{不爆炸}}} e^{-\frac{\left(10-\hat{\mu}_{\text{不爆炸}}\right)^2}{2\hat{\sigma}^2_{\text{不爆炸}}}} \times p(\text{小孩}|\text{不爆炸}) \times p(\text{用脚踩}|\text{不爆炸}) \approx 0.0073$$

$$\hat{p}(\text{爆炸}) = \frac{1}{\sqrt{2\pi}\hat{\sigma}_{\text{爆炸}}} e^{-\frac{\left(10-\hat{\mu}_{\text{爆炸}}\right)^2}{2\hat{\sigma}^2_{\text{爆炸}}}} \times p(\text{小孩}|\text{爆炸}) \times p(\text{用脚踩}|\text{爆炸}) \approx 0.0046$$

因此我们应该认为给定样本所导致的结果是"不爆炸"，这和直观大体相符。接下来看看具体应该如何进行实现：

代码 2-5　混合型朴素贝叶斯的实现：b_NaiveBayes\MergedNB.py

```
01  from b_NaiveBayes.Original.Basic import *
02  from b_NaiveBayes.Original.MultinomialNB import MultinomialNB
03  from b_NaiveBayes.Original.GaussianNB import GaussianNB
04
05  class MergedNB(NaiveBayes):
06      """
07          初始化结构
08          self._whether_discrete: 记录各个维度的变量是否是离散型变量
09          self._whether_continuous: 记录各个维度的变量是否是连续型变量
10          self._multinomial, self._gaussian: 离散型、连续型朴素贝叶斯模型
11      """
12      def __init__(self, whether_continuous):
13          self._multinomial, self._gaussian = MultinomialNB(), GaussianNB()
14          if whether_continuous is None:
15              self._whether_discrete = self._whether_continuous = None
16          else:
17              self._whether_continuous = np.array(whether_continuous)
18              self._whether_discrete = ~self._whether_continuous
```

接下来放出和模型的训练相关的实现，这一块将会大量重用之前在 MultinomialNB 和 GaussianNB 里面写过的东西：

```
19      # 分别利用 MultinomialNB 和 GaussianNB 的数据预处理方法进行数据预处理
20      def feed_data(self, x, y, sample_weight=None):
21          if sample_weight is not None:
22              sample_weight = np.array(sample_weight)
23          # 这里的 quantize_data 方法正是之前离散型朴素贝叶斯数值化数据过程的抽象，详可参见
24          # https://github.com/carefree0910/MachineLearning/blob/master/Util/Util.py
25          x, y, wc, features, feat_dics, label_dic = DataUtil.quantize_data(
26              x, y, wc=self._whether_continuous, separate=True)
```

```
27          # 若没有指定哪些维度连续，则用 quantize_data 中朴素的方法判定哪些维度连续
28          if self._whether_continuous is None:
29              self._whether_continuous = wc
30              # 通过 Numpy 中对逻辑非的支持进行快速运算
31              self._whether_discrete = ~self._whether_continuous
32          self.label_dic = label_dic
33          discrete_x, continuous_x = x
34          cat_counter = np.bincount(y)
35          self._cat_counter = cat_counter
36          labels = [y == value for value in range(len(cat_counter))]
37          # 训练离散型朴素贝叶斯
38          labelled_x = [discrete_x[ci].T for ci in labels]
39          self._multinomial._x, self._multinomial._y = x, y
40          self._multinomial._labelled_x, self._multinomial._label_zip = (
41              labelled_x, list(zip(labels, labelled_x)))
42          self._multinomial._cat_counter = cat_counter
43          self._multinomial._feat_dics = [_dic
44              for i, _dic in enumerate(feat_dics) if self._whether_discrete[i]]
45          self._multinomial._n_possibilities = [len(feats)
46              for i, feats in enumerate(features) if self._whether_discrete[i]]
47          self._multinomial.label_dic = label_dic
48          # 训练连续型朴素贝叶斯
49          labelled_x = [continuous_x[label].T for label in labels]
50          self._gaussian._x, self._gaussian._y = continuous_x.T, y
51          self._gaussian._labelled_x, self._gaussian._label_zip = labelled_x, labels
52          self._gaussian._cat_counter, self._gaussian.label_dic = cat_counter, label_dic
53          # 处理样本权重
54          self.feed_sample_weight(sample_weight)
55
56  # 分别利用 MultinomialNB 和 GaussianNB 处理样本权重的方法来处理样本权重
57  def feed_sample_weight(self, sample_weight=None):
58      self._multinomial.feed_sample_weight(sample_weight)
59      self._gaussian.feed_sample_weight(sample_weight)
60
61  # 分别利用 MultinomialNB 和 GaussianNB 的训练函数来进行训练
62  def _fit(self, lb):
63      self._multinomial.fit()
64      self._gaussian.fit()
65      p_category = self._multinomial.get_prior_probability(lb)
66      discrete_func, continuous_func = self._multinomial["func"], self._gaussian["func"]
67      # 将 MultinomialNB 和 GaussianNB 的决策函数直接合成 MergedNB 的决策函数
68      # 由于这两个决策函数都乘了先验概率，需要除掉一个先验概率
69      def func(input_x, tar_category):
```

```
70            input_x = np.array(input_x)
71            return discrete_func(
72                input_x[self._whether_discrete].astype(
73                    np.int), tar_category) * continuous_func(
74                input_x[self._whether_continuous], tar_category) / p_category[tar_category]
75        return func
```

上述实现有一个显而易见的可以优化的地方：我们一共在代码中重复计算了三次先验概率，但其实只用计算一次就可以。考虑到这一点不是性能瓶颈，为了代码的连贯性和可读性，就没有进行这个优化。

数据转换函数则相对而言要复杂一点，因为需要跳过连续维度，将离散维度挑出来进行数值化：

```
76        # 实现转换混合型数据的方法，要注意利用 MultinomialNB 的相应变量
77        def _transfer_x(self, x):
78            _feat_dics = self._multinomial["feat_dics"]
79            idx = 0
80            for d, discrete in enumerate(self._whether_discrete):
81                # 如果是连续维度，直接调用 float 方法将其转为浮点数
82                if not discrete:
83                    x[d] = float(x[d])
84                # 如果是离散维度，利用转换字典进行数值化
85                else:
86                    x[d] = _feat_dics[idx][x[d]]
87                if discrete:
88                    idx += 1
89            return x
```

至此，混合型朴素贝叶斯模型就搭建完毕了。为了比较合理地对它进行评估，我们不妨采用 UCI 上一个笔者认为有些病态的数据集进行测试。问题的描述大概可以概括如下：

"训练数据包含了某银行一项业务的目标客户的信息、电话销售记录以及后来他是否购买了这项业务的信息。我们希望做到：根据客户的基本信息和历史联系记录，预测他是否会购买这项业务"。UCI 上的原问题描述如图 2.8 所示。

概括其主要内容，就是它是一个有 17 个属性的二类分类问题。之所以笔者认为它是病态的，是因为发现即使是 17 个属性几乎完全一样的两个人，他们选择是否购买业务的结果也会截然相反。事实上从心理学的角度来说，想要很好地预测人的行为确实是一项非常困难的事情，尤其是当该行为直接牵扯到较大的利益时。

Data Set Characteristics:	Multivariate	Number of Instances:	45211	Area:	Business
Attribute Characteristics:	Real	Number of Attributes:	17	Date Donated:	2012-02-14
Associated Tasks:	Classification	Missing Values?	N/A	Number of Web Hits:	264545

图2.8　银行业务数据集的描述

完整的数据集可以参见 https://github.com/carefree0910/MachineLearning/blob/master/ _Data/bank1.0.txt（最后一列数据是类别）。按照数据的特性，可以通过和之前用来评估 MultinomialNB 的代码差不多的代码（注意额外定义一个记录离散型维度的数组即可）得出如图 2.9 所示的结果：

```
Acc:       89.285 %
Acc:       88.6202 %
Data cleaning   :    0.384526 s
Model building  :    0.948906 s
Estimation      :    2.71573 s
Total           :    4.04916 s
```

图2.9　银行业务数据集上MergedNB的表现

虽然准确率达到了 89%左右，但其实该问题不应该用准确率作为评判的标准。因为如果我们观察数据就会发现，数据存在着严重的非均衡现象。事实上，88%的客户最终都是没有购买这个业务的，但我们更关心的是那一小部分购买了业务的客户，这种情况我们通常会用 F1-score 来衡量模型的好坏。此外，该问题非常需要人为地进行数据清洗，因为其原始数据非常杂乱。此外，可以对该问题中的各个离散维度进行可视化。该数据共 9 个离散维度，可以将它们合并在同一张图中以方便获得该数据离散部分的直观展示（如图 2.10 所示；由于各个特征的各个取值通常比较长（比如"manager"之类的），为整洁起见，我们直接将横坐标置为等差数列而没有进行转换）：

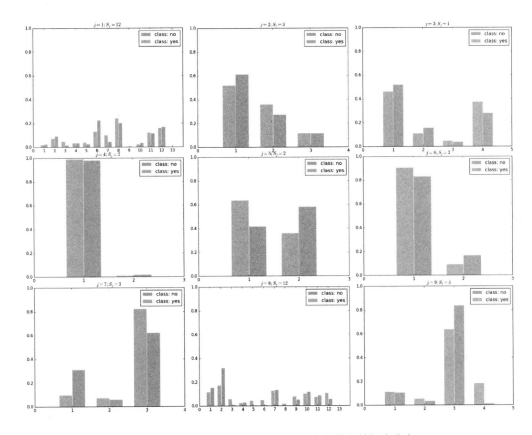

图2.10 银行业务数据集各离散维度上的条件概率分布

其中类别 yes 代表购买了业务；类别 no 代表没有购买业务。可以看到，所有离散维度的特征都是前面所说的"无足轻重"的特征。

连续维度的可视化是几乎同理的，唯一的差别在于它不是柱状图而是正态分布密度函数的函数曲线。具体的代码实现从略，留给感兴趣的读者作为练习，这里仅放出程序运行的结果。该数据共 7 个连续维度，同样把它们放在同一个图中（如图 2.11 所示）。

其中，一条曲线代表类别 yes，另一条曲线代表类别 no。可以看到，两种类别的数据在各个维度上的正态分布的均值、方差都几乎一致。

从以上的分析已经可以比较直观地感受到，该问题确实相当病态。特别是考虑到朴素贝叶斯的算法，不难想象此时的混合型朴素贝叶斯模型基本上就只是根据各类别的先验概率来进行分类决策。

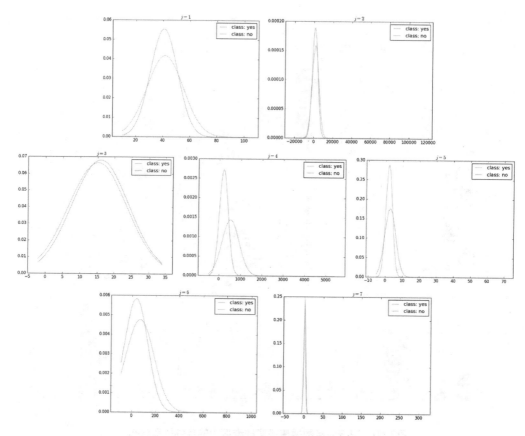

图2.11　银行业务数据集各连续维度上的条件概率分布

2.3.5　算法的向量化

到此为止的代码我们都是以清晰可读为主，而没有完全利用 Numpy 向量运算的优势，事实上这样做也符合"不要过早优化"的思想。在这一小节中，我们将会实现核心训练算法的向量化，并通过比较向量化后的程序耗时和向量化前的程序耗时来感受向量化的强大（回忆核心训练算法的实现我们知道：整个算法绝大多数的运算量都集中在核心算法生成的决策函数里，所以我们需要做的是决策函数的向量化）。

1. 基本框架的向量化

回忆之前对预测函数的定义可以发现，彼时是通过不断调用预测单一样本的函数来做到多样本预测的。所以在开始算法的向量化之前，可以把基本框架这一块的函数先进行向量化。

```
01  # 向量化基本框架中的预测函数
02  def predict(self, x, get_raw_result=False):
03      if isinstance(x, np.ndarray):
04          x = x.tolist()
05      else:
06          x = [xx[:] for xx in x]
07      x = self._transfer_x(x)
08      # 使用向量储存结果，初始化为全 0 向量
09      m_arg, m_possibility = np.zeros(len(x)), np.zeros(len(x))
10      for i in range(len(self._cat_counter)):
11          # 完成算法的向量化后，这里返回的将是一个向量
12          p = self._func(x, i)
13          # 利用 Numpy 的向量操作，更新储存结果的变量
14          _mask = p > m_possibility
15          m_arg[_mask], m_possibility[_mask] = i, p[_mask]
16      if not get_raw_result:
17          return np.array([self.label_dic[arg] for arg in m_arg])
18      return m_possibility
```

严格地说，以上进行的步骤可能不是真正意义上的向量化，而只是使用了 Numpy 向量操作的技巧，但是我们不必对这个概念抠得那么死，只需要理解向量运算的好处即可。今后我们在提及向量化时，所指的范畴都包括利用 Numpy 向量操作这一项。

2. MultinomialNB 的向量化

同样的，MultinomialNB 的向量化也只是在使用 Numpy 向量操作的技巧：

```
01  # 向量化 MultinomialNB 中的决策函数
02  def func(input_x, tar_category):
03      # 将输入转换成二维数组（矩阵）
04      input_x = np.atleast_2d(input_x).T
05      # 使用向量存储结果，初始化为全 1 向量
06      rs = np.ones(input_x.shape[1])
07      for d, xx in enumerate(input_x):
08          # 虽然代码没变，但是需要注意这里的 _x 其实是一个向量而不是一个数
09          # Numpy 对向量操作的支持，使得这样的语法合理且高效
10          rs *= self._data[d][tar_category][xx]
11      return rs * p_category[tar_category]
```

可以看到，得益于 Numpy 的强大，我们几乎没有怎么改变代码就完成了向量化。可以用蘑菇数据集测试它的性能，结果如图 2.12 所示。

```
Acc:          95.45 %
Acc:          95.8098 %
Model building   :   0.0351758 s
Estimation       :   0.0645974 s
Total            :   0.0997732 s
```

图2.12　向量化后蘑菇数据集上MultinomialNB的表现

可以看到，模型的表现一致，但预测时的速度快了一倍左右。

3. GaussianNB 的向量化

GaussianNB 的向量化就是真正意义上的向量化了。在向量化该算法之前，需要先把 NBFunctions 类中计算正态分布密度的函数向量化。代码实现很简单，只需要在 Python 标准库 math 中的 exp 函数前面加上 np.，从而把它变成 Numpy 中的向量运算即可：

```
01  def gaussian(x, mu, sigma):
02      return np.exp(-(x - mu) ** 2 / (2 * sigma)) / (sqrt_pi * sigma ** 0.5)
```

然后就是算法本体的向量化，从代码上来说同样几乎没有变：

```
01  # 向量化 GaussianNB 中的决策函数
02  def func(input_x, tar_category):
03      # 将输入转换成二维数组（矩阵）
04      input_x = np.atleast_2d(input_x).T
05      rs = np.ones(input_x.shape[1])
06      for d, xx in enumerate(input_x):
07          rs *= data[d][tar_category](xx)
08      return rs * p_category[tar_category]
```

该向量化效果的展示暂且按下，我们先来实现 MergedNB 的向量化，再统一进行展示。

4. MergedNB 的向量化

这一部分的向量化其实只是将输入数据按离散型和连续型进行分离，再分别调用上面定义的两种向量化算法并进行整合而已：

```
01  # 向量化 GaussianNB 中的决策函数
02  def func(input_x, tar_category):
03      # 将输入转换成二维数组（矩阵）
04      input_x = np.atleast_2d(input_x).T
05      return discrete_func(
06          input_x[:, self._whether_discrete].astype(
```

```
07              np.int), tar_category) * continuous_func(
08          input_x[:, self._whether_continuous], tar_category) / p_category[tar_category]
```

我们用银行业务数据集测试，结果如图 2.13 所示。

```
Acc:        88.9475 %
Acc:        89.3303 %
Data cleaning   :    0.357441 s
Model building  :    0.913402 s
Estimation      :    0.716906 s
Total           :    1.98775 s
```

图2.13　向量化后银行业务数据集上MergedNB的表现

可以看到，模型的表现一致，但预测时的速度整整快了三倍左右。

2.4　半朴素贝叶斯与贝叶斯网

朴素贝叶斯导出的分类器只是贝叶斯分类器中的一小类，它所作的独立性假设在绝大多数情况下都显得太强，现实任务中这个假设往往难以成立。为了做出改进，人们尝试在不过于增加模型复杂度的前提下，将独立性假设进行各种弱化。在由此衍生出来的模型中，比较经典的就是半朴素贝叶斯（Semi-Naïve Bayes）模型和贝叶斯网模型（Bayesian Network）两种。本节拟对它们进行概括性的介绍，详细的代码实现则留给感兴趣的读者作为练习。

2.4.1　半朴素贝叶斯

由于提出条件独立性假设的原因正是联合概率难以求解，所以在弱化假设的时候同样应该避免引入过多的联合概率，这也正是半朴素贝叶斯的基本想法。比较常见的半朴素贝叶斯算法有如下三种。

1.　ODE 算法（One-Dependent Estimator，可译为"独依赖估计"）

顾名思义，在该算法中各个维度的特征至多依赖一个其他维度的特征。从公式上来说，它在描述条件概率时会多出一个条件：

$$p(c_k|X=x) = p(y=c_k)\prod_{i=1}^{n} p\big(X^{(j)}=x^{(j)}|Y=c_k, X^{(pa_j)}=x^{(pa_j)}\big)$$

这里的 pa_j 代表维度 j 所"独依赖"的维度。

2. SPODE 算法（Super-Parent ODE，可译为"超父独依赖估计"）

这是 ODE 算法的一个特例。在该算法中，所有维度的特征都独依赖于同一个维度的特征，这个被共同依赖的特征就叫做"超父"（Super-Parent）。如果它的维度是第 pa 维，知：

$$p(c_k|X=x) = p(y=c_k)\prod_{i=1}^{n} p\big(X^{(j)}=x^{(j)}\big|Y=c_k, X^{(pa)}=x^{(pa)}\big)$$

一般而言，会选择通过交叉验证来选择超父。

3. AODE 算法（Averaged One-Dependent Estimator，可译为"集成独依赖估计"）

这种算法背后有提升方法的思想（提升方法可参见本书第 4 章）。AODE 算法会利用 SPODE 算法并尝试把许多个训练后的、有足够的训练数据量支撑的 SPODE 模型集成在一起来构建最终的模型。一般来说，AODE 会以所有维度的特征作为超父训练 n 个 SPODE 模型，然后线性组合出最终的模型。

2.4.2 贝叶斯网

贝叶斯网又称为"信念网（Belief Network）"，比起朴素贝叶斯来说，它背后还蕴含了图论的思想。贝叶斯网有许多奇妙的性质，详细的讨论不可避免地要使用到图论的术语，这里仅拟对其做一个直观的介绍。

贝叶斯网既然带了"网"字，它的结构自然可以直观地想成是一张网络，其中：

- 网络的节点就是单一样本的各个维度上的随机变量 $X^{(1)}, ..., X^{(n)}$。
- 连接节点的边就是节点之间的依赖关系。

注意：贝叶斯网一般要求这些边是"有方向的"，同时整张网络中不能出现"环"。无向的贝叶斯网通常是由有向贝叶斯网无向化得到的，此时它被称为 moral graph（除了把所有有向边改成无向边以外，moral graph 还需要将有向网络中不相互独立的随机变量之间连上一条无向边，细节不表），基于它能够非常直观，故可迅速地看出变量间的条件独立性。

显然，有了代表各个维度随机变量的节点和代表这些节点之间的依赖关系的边之后，各个随机变量之间的条件依赖关系都可以通过这张网络表示出来。类似的东西在条件随机场中也有用到，可以说是一个适用范围非常宽泛的思想。

贝叶斯网的学习在网络结构已经确定的情况下相对简单，其思想和朴素贝叶斯相去不多：只需要对训练集相应的条件进行"计数"即可，所以贝叶斯网的学习任务主要归结于如何找到最恰当的网络结构。常见的做法是定义一个用来打分的函数并基于该函数通过某种搜索手段来决定结构，但正如同很多最优化算法一样，在所有可能的结构空间中搜索最优结构是一个 NP 完全问题，无法在合理的时间内求解，所以一般会使用替代的方法求近似最优解。常见的方法有两种：一种是贪心法，比如：先定下一个初始的网络结构并从该结构出发，每次增添一条边、删去一条边或调整一条边的方向，期望通过这些手段能够使评分函数的值变大；另一种是直接限定假设空间，比如假设要求的贝叶斯网一定是一个树形的结构。

相比起学习方法来说，贝叶斯网的决策方法相对来说显得比较不简单。虽说最理想的情况是直接根据贝叶斯网的结构所决定的联合概率密度来计算后验概率，但是这样的计算被证明是 NP 完全问题[Cooper, 1990]。换句话说，只要贝叶斯网稍微复杂一点，这种精确的计算就无法在合理的时间内做完。所以同样要借助近似法求解，一种常见的做法是吉布斯采样（Gibbs Sampling），它的定义涉及马尔科夫链的相关知识，这里就不详细展开了。

2.5　相关数学理论

这一节会叙述之前一些没有解决的纯数学问题，会涉及概率论的一些虽然基础但不算普通的概念和知识。

2.5.1　贝叶斯公式与后验概率

贝叶斯公式的定义如下：

$$p(\tilde{X}|\theta)p(\theta) = p(\theta, \tilde{X}) = p(\theta|\tilde{X})p(\tilde{X})$$

它的直观是：样本 $\tilde{X}$ 在参数 θ 下的概率乘上参数本身的概率=样本和参数的"联合概率" $p(\theta, \tilde{X})$ =参数 θ 在样本 $\tilde{X}$ 下的概率×样本本身的概率。考虑到独立性假设，可以得知样本 $\tilde{X}$ 的概率就是它组成部分 X_i 的概率的乘积：

$$p(\tilde{X}|\theta) = \prod_{i=1}^{N} p(X_i|\theta) \triangleq \prod_{i=1}^{N} f(X_i, \theta)$$

$$p(\tilde{X}) = \prod_{i=1}^{N} p(X_i) = \prod_{i=1}^{N} \left[\int_{\Theta} p(X_i|\theta)p(\theta)\mathrm{d}\theta \right] = \int_{\Theta} \prod_{i=1}^{N} f(X_i, \theta)p(\theta)\mathrm{d}\theta$$

有了上面这些公式之后，我们就可以写出后验概率$p(\theta|\tilde{X})$的公式了：

$$p(\theta|\tilde{X}) = \frac{\prod_{i=1}^{N} f(X_i, \theta) p(\theta)}{\int_{\theta} \prod_{i=1}^{N} f(X_i, \theta) p(\theta) \mathrm{d}\theta}$$

如果参数空间θ是离散集合$\{\theta_1, \theta_2, ...\}$的话，有：

$$p(\theta|\tilde{X}) = \frac{\prod_{i=1}^{N} f(X_i, \theta) p(\theta)}{\sum_{j} \prod_{i=1}^{N} f(X_i, \theta_j) p(\theta_j)}$$

2.5.2 离散型朴素贝叶斯算法

离散型朴素贝叶斯算法的推导相对简单但比较烦琐，核心的思想是利用示性函数将对数似然函数写成比较"整齐"的形式，再运用拉格朗日方法进行求解。

在正式推导前，我们先说明如下的符号约定。

- 记已有的数据为$\tilde{X} = (x_1, x_2, ..., x_N)$，其中：

$$x_i = \left(x_i^{(1)}, x_i^{(2)}, \cdots, x_i^{(n)}\right)^{T} \ (i = 1,2,\cdots,N)$$

- $X^{(j)}$表示生成数据$x^{(j)}$的随机变量。

- 随机变量$X^{(j)}$的取值限制在集合$K_j = \{a_{j1}, a_{j2}, ..., a_{jS_j}\} \ (j = 1,2,\cdots,n)$中。

- 类别Y的可能取值集合为$S = \{c_1, c_2, ..., c_K\}$。
- 用$\theta^{c_k}(k = 1,2,...,K)$表示先验概率$p(Y = c_k)$。
- 用$\theta_{j,a_{jl}}^{c_k}$表示条件概率$p(X^{(j)} = a_{jl}|Y = c_k) \ (j \in \{1, ..., n\}, l \in \{1, ..., S_j\}, k \in \{1, ..., K\})$。

接下来就可以开始算法推导了。

1. 计算对数似然函数

$$\ln L = \ln \prod_{i=1}^{N} \left(\theta^{y_i} \cdot \prod_{j=1}^{n} \theta_{j,x_i^{(j)}}^{y_i}\right)$$

$$= \sum_{k=1}^{K} n_k \ln \theta^k + \sum_{j=1}^{n} \sum_{k=1}^{K} \sum_{l=1}^{S_j} n_{j,l}^{k} \ln \theta_{j,a_{jl}}^{c_k}$$

其中

$$n_s = \sum_{i=1}^{N} I(y_i = c_s)$$

$$n_{j,l}^k = \sum_{i=1}^{N} I\left(x_i^{(j)} = a_{jl}, y_i = c_k\right)$$

2. 极大化似然函数。

为此，只需分别最大化

$$f_1 = \sum_{k=1}^{K} n_k \ln \theta^k$$

和

$$f_2 = \sum_{j=1}^{n} \sum_{k=1}^{K} \sum_{l=1}^{S_j} n_{j,l}^k \ln \theta_{j,a_{jl}}^{c_k}$$

对于后者，由条件独立性假设可知、我们只需要对 $j = 1, 2, \ldots, n$ 分别最大化：

$$f_2^{(j)} = \sum_{k=1}^{K} \sum_{l=1}^{S_j} n_{j,l}^k \ln \theta_{j,a_{jl}}^{c_k}$$

即可。我们利用拉格朗日方法来求解该问题，用到的约束条件是：

$$\sum_{k=1}^{K} \theta^k = \sum_{k=1}^{K} p(Y = c_k) = 1$$

$$\sum_{l=1}^{S_j} \theta_{j,l}^k = \sum_{l=1}^{S_j} p(X^{(j)} = a_{jl} | Y = c_k) = 1 \ (\forall k \in \{1, \ldots, K\}, j \in \{1, \ldots, n\})$$

从而可知

$$L_1 = \sum_{k=1}^{K} n_k \ln \theta^k + \alpha \left(\sum_{k=1}^{K} \theta^k - 1 \right)$$

由一阶条件

$$\frac{\partial L_1}{\partial \theta_k} = \frac{\partial L_1}{\partial \alpha} = 0$$

可以解得

$$p(Y = c_k) = \theta^k = \frac{n_k}{N} = \frac{\sum_{i=1}^{N} I(y_i = c_k)}{N}$$

同理，对 $f_2^{(j)}$ 应用拉格朗日方法，可以得到

$$p\left(X^{(j)} = a_{jl} | Y = c_k\right) = \theta_{j,l}^k = \frac{n_{j,l}^k}{\sum_{i=1}^{N} I(y_i = c_k)} = \frac{\sum_{i=1}^{N} I(x_i^{(j)} = a_{jl}, y_i = c_k)}{\sum_{i=1}^{N} I(y_i = c_k)}$$

以上，我们完成了离散型朴素贝叶斯算法的推导。

2.5.3 朴素贝叶斯和贝叶斯决策

可以证明，应用朴素贝叶斯算法得到的模型所做的决策就是 0-1 损失函数下的贝叶斯决策。这里先说一个直观：在损失函数为 0-1 损失函数的情况下，决策风险，亦即训练集的损失的期望就是示性函数某种线性组合的期望，从而就是相对应的概率；朴素贝叶斯本身就是运用相应的概率做决策，所以可以想象它们很有可能等价。

下面给出推导过程，首先我们要叙述一个定理：令 $\rho(x_1, \dots, x_n)$ 满足：

$$\rho(x_1, \dots, x_n) = \inf_{a \in A} \int_{\Theta} L(\theta, a)\xi(\theta | x_1, \dots, x_n) d\theta$$

亦即 $\rho(x_1, \dots, x_n)$ 是已知训练集 $\tilde{X} = (x_1, \dots, x_n)$ 的最小后验期望损失。那么如果一个决策 $\delta^* = \delta^*(x_1, \dots, x_n)$ 能使任意一个含有 n 个样本的训练集的后验期望损失达到最小、亦即：

$$\int_{\Theta} L\big(\theta, \delta^*(x_1, \dots, x_n)\big)\xi(\theta | x_1, \dots, x_n) d\theta = \rho(x_1, \dots, x_n) \ (\forall x_1, \dots, x_n)$$

的话，那么 δ^* 就是贝叶斯决策。该定理的数学证明要用到比较深的数学知识，这里从略，但从直观上来说是可以理解的。

因此如果我们想证明朴素贝叶斯算法能导出贝叶斯决策，只需证明它能使任一个训练集 $\tilde{X}$ 上的后验期望损失 $R\big(\theta, \delta(\tilde{X})\big)$ 最小即可。为此，需要先计算 $R\big(\theta, \delta(\tilde{X})\big)$：

注意：这里的期望是对联合分布取的，所以可以取成条件期望。

$$R\big(\theta, \delta(\tilde{X})\big) = EL\big(\theta, \delta(\tilde{X})\big) = E_X \sum_{k=1}^{K} \tilde{L}(c_k, f(X)) p(c_k | X)$$

为了使上式达到最小，我们只需逐个对 $X = x$ 最小化，从而有：

$$f(x) = \arg\min_{y \in S} \sum_{k=1}^{K} \tilde{L}(c_k, y) p(c_k | X = x)$$

$$= \arg\min_{y \in S} \sum_{k=1}^{K} p(y \neq c_k | X = x)$$

$$= \arg\min_{c_k} [1 - p(c_k | X = x)]$$

$$= \arg\max_{c_k} p(c_k | X = x)$$

此即后验概率最大化准则，也就是朴素贝叶斯所采用的原理。

2.6　本章小结

- 贝叶斯学派强调概率的"主观性"，而频率学派则强调"自然属性"。
- 常见的参数估计有 ML 估计和 MAP 估计两种，其中 MAP 估计比 ML 估计多了对数先验概率 $\ln p(\theta)$ 这一项，体现了贝叶斯学派的思想。
- 朴素贝叶斯算法下的模型一般分为三类：离散型、连续型和混合型。其中，离散型朴素贝叶斯不但能够进行对离散型数据进行分类，还能进行特征提取和可视化。
- 朴素贝叶斯是简单而高效的算法，它是损失函数为 0-1 函数下的贝叶斯决策。朴素贝叶斯的基本假设是条件独立性假设，该假设一般来说太过苛刻，视情况可以通过另外两种贝叶斯分类器算法——半朴素贝叶斯和贝叶斯网来弱化。

第 3 章
决策树

第 2 章讲的朴素贝叶斯模型的理论基础大部分是数理统计和概率论相关的东西，可能从直观上不太好理解。这一章我们会讲解一种可以说是从直观上最好理解的模型——决策树。决策树是听上去比较厉害且又相对简单的模型，虽然它用到的数学知识确实不怎么多、但是在实现它的过程中可以获得对编程本身更深的理解，尤其是对递归的利用这一块可能会有更深的体会。

本章主要涉及的知识点有：

- 决策树的生成算法；
- 决策树的剪枝算法；
- 决策树的可视化。

3.1 数据的信息

本节首先简要地说明决策树生成算法背后的数学基础和思想，然后再叙述具体的算法。往大了说，决策树的生成可以算是信息论的一个应用，但它其实只用到了信息论中一小部分的思想。不过，先对信息论有个概括性的认知还是有必要的、因为这样我们就可以有个更宽的视野。

3.1.1　信息论简介 [1]

被誉为信息论创始人的是克劳德·艾尔伍德·香农（Claude Elwood Shannon，1916.4.30－2001.2.26），他是美国数学家、电子工程师和密码学家，是密歇根大学学士、麻省理工学院博士。他在 1948 年发表的划时代的论文——"通信的数学原理"奠定了现代信息论的基础。

信息论（Information Theory）涉及的领域相当多，包括但不限于信息的量化、存储和通信、统计推断、自然语言处理、密码学，等等。信息论的主要内容可以类比人类最广泛的交流手段——语言来阐述。一种简洁的语言（以英语为例）通常有如下两个重要特点。

- 最常用的一些词汇（比如"a"、"the"、"I"）应该要比相对而言不太常用的词（比如"Python"、"Machine"、"Learning"）要短一些。
- 如果句子的某一部分被漏听或者由于噪声干扰（比如身处闹市）而被误听，听者应该仍然可以抓住句子的大概意思。

其中第二点被称为"鲁棒性（Robustness）"。如果把电子通信系统比作一种语言的话，这种鲁棒性（Robustness）不可或缺。信息论的基本研究课题是信源编码和信道编码（通俗一点来讲，就是怎么发出信息和怎么传递信息），将鲁棒性引入通信正是通过其中的信道编码来完成的，由此可见信息论的重要性。

注意这些内容同消息的重要性之间是毫不相干的。例如，像"你好；再见"这样的话语和像"救命"这样的紧急请求，在说起来或写起来所花的时间是差不多的，然而明显后者更重要也更有意义。信息论却不会考虑一段消息的重要性或内在意义，因为这些属于信息的质量的问题而不是信息量和可读性方面的问题，后者只是由概率这一因素单独决定的。

既然我们关注的是信息量，我们就需要有一个度量方法。决策树生成算法背后的思想正是利用该度量方法来衡量一种"数据划分"的优劣，从而生成一个"判定序列"。具体而言，它会不断地寻找数据的划分方法，使得在该划分下能够获得的信息量最大（更详细的叙述会在后文给出）。

3.1.2　不确定性

在决策树的生成中，获得的信息量的度量方法是从反方向来定义的：若一种划分能使数据的"不确定性"减少得越多，就意味着该划分能获得越多信息。这是很符合直观的，

---

[1]　注：本小节有许多内容节选、修改、总结自维基百科。

关键问题就在于应该如何度量数据的不确定性（或说不纯度，Impurity）。常见的度量标准有两个：信息熵（Entropy）和基尼系数（Gini Index），接下来我们就说说它们的定义和性质。

1. 信息熵

先来看看它的公式：

$$H(y) = -\sum_{k=1}^{K} p_k \log p_k$$

对于具体的、随机变量 y 生成的数据集 $D = \{y_1, \dots, y_N\}$ 而言，在实际操作中通常会利用经验熵来估计真正的信息熵：

$$H(y) = H(D) = -\sum_{k=1}^{K} \frac{|C_k|}{|D|} \log \frac{|C_k|}{|D|}$$

这里假设随机变量 y 的取值空间为 $\{c_1, \dots, c_K\}$，p_k 表示 y 取 c_k 的概率：$p_k = p(y = c_k)$；$|C_k|$ 代表由随机变量 y 中类别为 c_k 的样本的个数，$|D|$ 代表 D 的总样本个数（亦即 $|D| = N$）。可以看到，经验公式背后的思想其实就是"频率估计概率"。

通常来说，公式中对数的底会取为 2，此时信息熵 $H(y)$ 的单位叫做比特（bit）；如果把底取为 e（亦即取自然对数）的话，$H(y)$ 的单位就称为纳特（nat）。

接下来说明为何上式能够度量数据的不确定性。可以证明（详细推导可参见倒数第二节），当：

$$p_1 = p_2 = \dots = p_K = \frac{1}{K}$$

时，$H(y)$ 达到最大值 $-\log \frac{1}{K}$、亦即 $\log K$。由于 $p_k = p(y = c_k)$，上式即意味着随机变量 y 取每一个类的概率都是一样的，亦即 y 完全没有规律可循，想要预测它的取值只能靠运气。换句话说，由 y 生成出来的数据 $\{y_1, \dots, y_N\}$ 的不确定性是在取值空间为 $\{c_1, \dots, c_K\}$、样本数为 N 的数据中最大的（想象预测 N 次正 K 面体骰子的结果）。

我们的目的是想让 y 的不确定性减小、亦即想让 y 变得有规律以方便我们预测。稍微严谨地来说，就是 y 取某个类的概率特别大、取其他类的概率都特别小。极端的例子自然就是存在某个 k^*，使得 $p(y = c_{k^*}) = 1$、$p(y = c_k) = 0, \forall k \neq k^*$，亦即 y 生成的样本总属于

c_{k^*}类。带入$H(y)$的定义式，可以发现此时$H(y) = 0$，亦即y生成的样本没有不确定性。

注意：由于$p \log p \to 0 \, (p \to 0)$，所以认为$0 \log 0 = 0$。

特殊的情况就是二类问题，亦即$K = 2$的情况。先不妨设y只取 0、1 二值，再设：

$$p(y = 0) = p, \ p(y = 1) = 1 - p, 0 \leqslant p \leqslant 1$$

那么此时的信息熵$H(y)$即为：

$$H(y) = -p \log p - (1 - p) \log(1 - p)$$

由此可得$H(y)$随p变化的函数曲线。底为 2 时函数图像如图 3.1 所示。

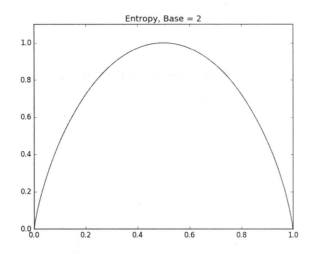

图3.1　底为2时二值随机变量信息熵的图像

如前文所述，在$p = 0.5$时$H(y)$取得最大值 1。底为 e 时函数图像则如图 3.2 所示。

虽然最大值仍在$p = 0.5$时取得，但是此时$H(y)$仅有 0.693（$\ln 2$）左右。

如果对上述二类问题稍作推广：$y \in \{Y_1, Y_2\}$、其中Y_1、Y_2都是一个集合，那么此时信息熵的定义式即为：

$$H(y) = -p(y \in Y_1) \log p(y \in Y_1) - p(y \in Y_2) \log p(y \in Y_2)$$

且易知：

$$p(y \in Y_1) + p(y \in Y_2) = 1$$

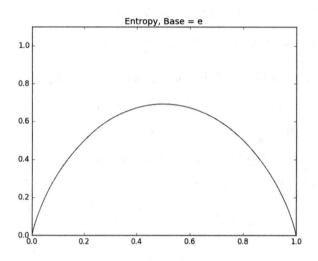

图3.2　底为e时二值随机变量信息熵的图像

如无特殊说明，今后谈及二类问题时讨论的范围都包括推广后的二类问题。

以上的叙述说明，y 越乱意味着$H(y)$越大，y 越有规律意味着$H(y)$越小，亦即$H(y)$确实可以作为不确定性的度量标准。

2. 基尼系数

基尼系数的定义会更简洁一些：

$$\text{Gini}(y) = \sum_{k=1}^{K} p_k(1 - p_k) = 1 - \sum_{k=1}^{K} p_k^2$$

同样可以利用经验基尼系数来进行估计：

$$\text{Gini}(y) = \text{Gini}(D) = 1 - \sum_{k=1}^{K} \left(\frac{|D_k|}{|D|} \right)^2$$

以及同样可以证明，当

$$p_1 = p_2 = \cdots = p_K = \frac{1}{K}$$

时，$\text{Gini}(y)$取得最大值$1 - \frac{1}{K}$；当存在k^*使得$p_{k^*} = 1$时、$\text{Gini}(y) = 0$。特别地、当$K = 2$时，

可以导出：

$$\text{Gini}(y) = 2p(1-p)$$

此时 $\text{Gini}(y)$ 的函数图像如图 3.3 所示。

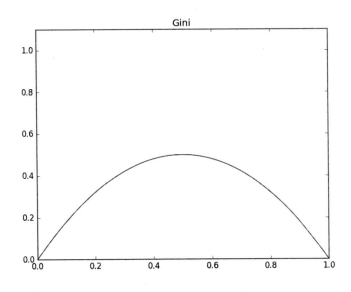

图3.3　Gini(y)函数的图像

虽然最大值仍在 $p = 0.5$ 时取得，但是此时 $\text{Gini}(y)$ 仅有 0.5。同样可以对二类问题进行推广，此时有：

$$\text{Gini}(y) = 1 - p^2(y \in Y_1) - p^2(y \in Y_2)$$

且

$$p(y \in Y_1) + p(y \in Y_2) = 1$$

以上的叙述说明 $\text{Gini}(y)$ 也可以用来度量不确定性。

3.1.3　信息的增益

在定义完不确定性的度量标准之后，我们就可以看看什么叫"获得信息"，亦即信息的增益了。从直观上来说，信息的增益是针对随机变量 y 和描述该变量的特征来定义的，此时数据集 $D = \{(x_1, y_1), \dots, (x_N, y_N)\}$，其中 $x_i = \left(x_i^{(1)}, \dots, x_i^{(n)}\right)^T$ 是描述 y_i 的特征向量，n 则是特征个数。可以先研究单一特征的情况（$n=1$）：不妨设该特征叫 A，数据集 $D=\{(A_1, y_1), …, (A_N, y_N)\}$；此时所谓信息的增益，反映的就是特征 A 所能给我们带来的关于 y 的"信息量"的大小。

可以引入条件熵 $H(y|A)$ 的概念来定义信息的增益，它同样有着比较好的直观：

- 所谓条件熵，就是根据特征 A 的不同取值 $\{a_1, …, a_m\}$ 对 y 进行限制后，先对这些被限制的 y 分别计算信息熵，再把这些信息熵（一共有 m 个）根据特征取值本身的概率加权求和，从而得到总的条件熵。换句话说，条件熵是由被 A 不同取值限制的各个部分的 y 的不确定性以取值本身的概率作为权重加总得到的。

所以，条件熵 $H(y|A)$ 越小、意味着 y 被 A 限制后的总的不确定性越小，从而意味着 A 更能够帮助我们做出决策。

接下来就是数学定义：

$$H(y|A) = \sum_{j=1}^{m} p(A=a_j)H(y|A=a_j)$$

其中

$$H(y|A=a_j) = -\sum_{k=1}^{K} p(y=c_k|A=a_j)\log p(y=c_k|A=a_j)$$

同样可以用经验条件熵来估计真正的条件熵：

$$H(y|A) = H(y|D) = -\sum_{j=1}^{m} \frac{|D_j|}{|D|} \sum_{k=1}^{K} \frac{|D_{jk}|}{|D_j|} \log \frac{|D_{jk}|}{|D_j|}$$

这里的 D_j 表示在 $A=a_j$ 限制下的数据集。通常可以记 D_j 中的样本 y_i 满足 $y_i^A = a_j$，亦即：

$$y_i^A = a_j \Leftrightarrow (A_i, y_i) \in Y_j \Leftrightarrow A_i = a_j$$

而公式中的 $|D_{jk}|$ 则代表着 D_j 中第 k 类样本的个数。

从条件熵的直观含义，信息的增益就可以自然地定义为：

$$g(y, A) = H(y) - H(y|A)$$

这里的 $g(y, A)$ 常被称为互信息（Mutual Information），决策树中的 ID3 算法就是利用它来作为特征选取标准的（相关定义会在后文给出）。但是，如果简单地以 $g(y, A)$ 作为标准的话，会存在偏向于选择取值较多的特征，也就是 m 比较大的特征的问题。我们仍然可以从直观上去理解为什么会偏向于选取 m 较大的特征以及为什么这样做是不尽合理的。

- 我们希望得到的决策树应该是比较深（又不会太深）的决策树，从而它可以基于多个方面而不是片面地根据某些特征来判断。
- 如果单纯以 $g(y, A)$ 作为标准，由于 $g(y, A)$ 的直观意义是 y 被 A 划分后不确定性的减少量，可想而知，当 A 的取值很多时，y 会被 A 划分成很多份，于是其不确定性自然会减少很多、从而 ID3 算法会倾向于选择 A 作为划分依据。但如果这样做的话，可以想象，我们最终得到的决策树将会是一颗很胖很矮的决策树，而这并不是我们想要的。

为解决该问题，可以给 m 一个惩罚，由此可以得到信息增益比（Information Gain Ratio）的概念，该概念对应着 C4.5 算法：

$$g_R(y, A) = \frac{g(y, A)}{H_A(y)}$$

其中 $H_A(y)$ 是 y 关于 A 的熵，它的定义为：

$$H_A(y) = -\sum_{j=1}^{m} p(y^A = a_j) \log p(y^A = a_j)$$

同样可以用经验熵来进行估计：

$$H_A(y) = H_A(D) = -\sum_{j=1}^{m} \frac{|D_j|}{|D|} \log \frac{|D_j|}{|D|}$$

该定义式和信息熵的定义式很像，它们的性质也有相通之处。

需要指出的是，只需要类比上述的过程，同样可以使用基尼系数来定义信息的增益。具体而言，可以先定义条件基尼系数：

$$\text{Gini}(y|A) = \sum_{j=1}^{m} p(A = a_j) \text{Gini}(y|A = a_j)$$

其中

$$\text{Gini}(y|A = a_j) = 1 - \sum_{k=1}^{K} p^2(y = c_k|A = a_j)$$

同样可以用经验条件基尼系数来进行估计：

$$\text{Gini}(y|A) = \text{Gini}(y|D) = \sum_{j=1}^{m} \frac{|D_i|}{|D|}\left[1 - \sum_{k=1}^{K}\left(\frac{|D_{jk}|}{|D_j|}\right)^2\right]$$

$$= 1 - \sum_{j=1}^{m} \frac{|D_j|}{|D|} \sum_{k=1}^{K}\left(\frac{|D_{Jk}|}{|D_j|}\right)^2$$

信息的增益则自然地定义为（不妨称之为"基尼增益"）：

$$g_{\text{Gini}}(y, A) = \text{Gini}(y) - \text{Gini}(y|A)$$

决策树算法中的 CART 算法通常会应用这种定义。

3.1.4 决策树的生成

虽然我们之前已经用了许多文字来描述决策树，但可能还是显得过于抽象。为了能有直观的认知，在此援引维基百科上一张很好的图来进行说明（如图 3.4 所示）。

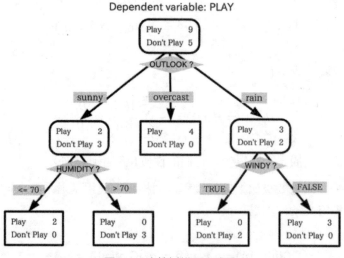

图3.4 决策树模型示意图

这张图基本蕴含了决策树中所有的关键结构，下面我们分开来分析它们。

首先是之前分析过的"划分标准"这个概念。在图 3.4 中，被菱形方框框起来的就是作为划分标准的特征，被长方形方框框起来的就是对应特征的各个取值。

然后是"节点"（Node）的概念。如果读者有学过数据结构，那么想必在提起"树"（Tree）的同时会自然而然地联想到 Node。考虑到可能有读者没有学过相关知识，这里就简要说一些相关的定义。决策树，顾名思义，确实是一个 Tree 模型。在图 3.4 中，可以直观地把整张图想象成一棵 Tree、把被黑色边框框起来的部分理解为一个 Node，这些 Node 是 Tree 的组成部分、Tree 本身可以协助 Node 之间的数据传输和参数调用。最上方的 Node 酷似整棵树的根，我们一般称其为"根节点"（Root）；用黑色方框（亦即四个角是直角而不是圆弧）框起来的 Node 是整棵树"生长的终点"，酷似树的叶子，我们一般称其为"叶节点"（Leaf）。比如，第三排的所有 Node 都是叶节点。

通常来说，我们还会称一个非叶节点有一些"下属的叶节点"。比如，所有的叶节点都是根节点下属的叶节点，第三排左数第一、第二个叶节点是第二排左数第一个 Node 下属的叶节点。

决策树中的叶节点还有一个有趣的特性：每个叶节点都对应着原样本空间的一个子空间，这些叶节点对应的子空间彼此不会相交、且并起来的话就会恰好构成完整的样本空间。换句话说、决策树的行为可以概括为如下两步：

- 将样本空间划分为若干个互不相交的子空间；
- 给每个子空间贴一个类别标签。

此外，我们在图 3.4 中还可以看到许多箭头，这些箭头代表着树的"生长方向"。我们一般习惯称箭头的起点是终点的"父节点"（parent），终点是起点的"子节点"（child）；而当子节点只有两个时，通常把他们称为"左子节点"和"右子节点"。比如说，根节点是第二排所有 Node 的父节点，第二排所有 Node 都是根节点的子节点；第三排左数第一、第二个 Node 是第二排左数第一个 Node 的左、右子节点。

对决策树有一个直观认知后，我们关心的就是怎样去生成这么一个结构了。决策树的生成算法发展至今已经有许多变种，想要全面介绍它们不是短短一个章节所能做到的。本书拟介绍其中三个上一小节有所提及的，相对而言比较基本的算法：ID3、C4.5 和 CART。它们本身存在着某种递进关系。

- ID3 算法可说是"最朴素"的决策树算法，它给出了对离散型数据分类的解决方案。
- C4.5 算法在其基础上进一步发展，给出了对混合型数据分类的解决方案。
- CART 算法则更进一步，给出了对数据回归的解决方案。

虽说它们的功能越来越强大，但正如第一小节所言，它们的核心思想都是一致的：算法通过不断划分数据集来生成决策树，其中每一步的划分能够使当前的信息增益达到最大。

值得一提的是，该核心思想的背后其实也有着机器学习的一些普适性的思想。可以这样来看待决策树：模型的损失就是数据集的不确定性，模型的算法就是最小化该不确定性；同时，和许多其他模型一样，想要从整个参数空间中选出模型的最优参数是个 NP 完全问题，所以我们（和许多其他算法一样）采用启发式的方法，近似求解这个最优化问题。具体而言，我们每次会选取一个局部最优解（每次选取一个特征对数据集进行划分使得信息增益最大化），并把这些局部解合成最终解（合成一个划分规则的序列）。

可以这样直观地去想一个决策树的生成过程。

- 向根节点输入数据。
- 根据信息增益的度量，选择数据的某个特征来把数据划分成（互不相交的）好几份并分别喂给一个新 Node。
- 如果分完数据后发现：

  ○ 某份数据的不确定较小，亦即其中某一类别的样本已经占了大多数，此时就不再对这份数据继续进行划分，将对应的 Node 转化为叶节点。
  ○ 某份数据的不确定性仍然较大，那么这份数据就要继续分割下去（转第 2 个项目符号）。

注意：虽然划分的规则是根据数据定出的，但是划分本身其实是针对整个输入空间进行划分的。

从上述过程可知，决策树的生成过程就是根据某个度量从数据集中训练出一系列的划分规则，使得这些规则能够在数据集有好的表现。事实上，上文说的 3 种不同算法在分类问题上的区别亦仅表现在度量信息增益和划分数据的方法的不同上。

1. ID3（Interactive Dichotomizer-3，"交互式二分法"）

虽说 ID3 的名字里面带了个"二分"，但该方法完全适用于"多分"的情况。它选择互信息作为信息增益的度量，针对离散型数据进行划分。其算法叙述如下：

算法 3-1　ID3 算法

输入：训练数据集 $D = \{(x_1, y_1), ..., (x_N, y_N)\}$

过程：

（1）将数据集 D 喂给一个 Node；

（2）若 D 中的所有样本同属于类别 c_k，则该 Node 不再继续生成，并将其类别标记为 c_k 类；

（3）若 x_i 已经是 0 维向量，亦即已没有可选特征，则将此时 D 中样本个数最多的类别 c_k 作为该 Node 的类别；

（4）否则，按照互信息定义的信息增益：

$$g\left(y, x^{(j)}\right) = H(y) - H\left(y | x^{(j)}\right)$$

来计算第 j 维特征的信息增益，然后选择使得信息增益最大的特征 $x^{(j^*)}$ 作为划分标准，亦即：

$$j^* = \arg\max_j g\left(y, x^{(j)}\right)$$

（5）若 $x^{(j^*)}$ 满足停止条件，则不再继续生成并则将此时 D 中样本个数最多的类别 c_k 作为类别标记；

（6）否则，依 $x^{(j^*)}$ 的所有可能取值 $\{a_1, ..., a_m\}$ 将数据集 D 划分为 $\{D_1, ..., D_m\}$，使：

$$(x_i, y_i) \in D_j \Leftrightarrow x_i^{(j^*)} = a_j, \forall i = 1, ..., N$$

同时，将 $x_1, ..., x_N$ 的第 j^* 维去掉，使它们成为 $n-1$ 维的特征向量

（7）对每个 D_j 从（1）开始调用算法。

输出：原始数据对应的 Node（亦即根节点）。

其中算法第（5）步的"停止条件"（也可称为"预剪枝"；有关剪枝的讨论会放在第二节）有许多种提法，常用的是如下两种：

- 若选择 $x^{(j^*)}$ 作为特征时信息增益 $g\left(y, x^{(j^*)}\right)$ 仍然很小（通常会传入一个参数 ϵ 作为阈值），则停止；
- 事先把数据集分为训练集与测试集（交叉验证的思想），若由训练集得到的 $x^{(j^*)}$ 并不能使得决策树在测试集上的错误率更小，则停止。

这两种停止条件的提法通用于 C4.5 和 CART，后文将不再赘述。同时，正如本章一开始有所提及的，决策树会在许多地方应用到递归的思想，上述算法中的第（6）步正是经典的递归。

可以对气球数据集 1.0（第 2 章表 2.1）过一遍 ID3 算法以加深理解。由算法可知，因为每个 Node 的信息熵是确定的，所以选择互信息最大的特征等价于选择条件熵最小的特征，因此我们只需要在每个 Node 上计算各个可选特征的条件熵。很容易知道在根节点上：

$$H(\text{不爆炸}|\text{颜色}) = -p_{11}\log p_{11} - p_{12}\log p_{12} = 1$$
$$H(\text{不爆炸}|\text{大小}) = -p_{21}\log p_{01} - p_{22}\log p_{22} \approx 0.65$$
$$H(\text{不爆炸}|\text{人员}) = -p_{31}\log p_{01} - p_{32}\log p_{32} \approx 0.92$$
$$H(\text{不爆炸}|\text{动作}) = -p_{41}\log p_{01} - p_{42}\log p_{42} \approx 0.65$$

其中

$$p_{11} \triangleq p(\text{不爆炸}|\text{黄色}) = \frac{1}{2}, \qquad p_{12} \triangleq p(\text{不爆炸}|\text{紫色}) = \frac{1}{2}$$

$$p_{21} \triangleq p(\text{不爆炸}|\text{小}) = \frac{5}{6}, \qquad p_{22} \triangleq p(\text{不爆炸}|\text{大}) = \frac{1}{6}$$

$$p_{31} \triangleq p(\text{不爆炸}|\text{成人}) = \frac{1}{3}, \qquad p_{32} \triangleq p(\text{不爆炸}|\text{小孩}) = \frac{2}{3}$$

$$p_{41} \triangleq p(\text{不爆炸}|\text{手打}) = \frac{5}{6}, \qquad p_{42} \triangleq p(\text{不爆炸}|\text{脚踩}) = \frac{1}{6}$$

且很容易知道

$$H(\text{不爆炸}|A) = H(\text{爆炸}|A), \qquad \forall A \in \{\text{颜色}, \text{大小}, \text{人员}, \text{动作}\}$$

从而可知，应选测试动作或者气球大小作为根节点的划分标准。不妨选择气球大小作为划分标准，此时的决策树如图 3.5 所示（图片是使用 ProcessOn 在线绘制而成的）。

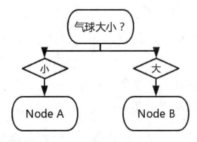

图3.5　气球数据集1.0上执行一次ID3算法所生成的决策树

图中 Node A 和 Node B 所对应的数据集，分别如表 3.1 和表 3.2 所示。

表 3.1　气球数据集 1.0（气球大小：小）

颜色	测试人员	测试动作	结果
黄色	成人	用手打	不爆炸
黄色	成人	用脚踩	爆炸
黄色	小孩	用手打	不爆炸
黄色	小孩	用脚踩	不爆炸
紫色	成人	用手打	不爆炸
紫色	小孩	用手打	不爆炸

表 3.2　气球数据集 1.0（气球大小：大）

颜色	测试人员	测试动作	结果
黄色	成人	用手打	爆炸
黄色	成人	用脚踩	爆炸
黄色	小孩	用手打	不爆炸
黄色	小孩	用脚踩	爆炸
紫色	成人	用脚踩	爆炸
紫色	小孩	用脚踩	爆炸

注意：此时气球大小已经不是可选特征了。我们接下来要分别对 Node A 和 Node B 调
用 ID3 算法，计算过程和根节点上的计算过程大同小异。以此类推，最终可以
得到如图 3.6 所示的决策树。

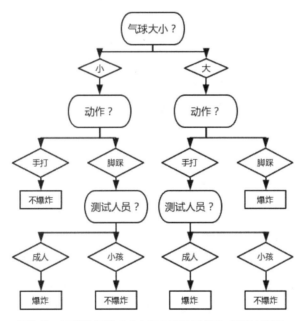

图3.6　气球数据集1.0上ID3算法最终生成的决策树

可知该决策树在气球数据集 1.0 上的正确率为 100%，且它做的决策都很符合直观。

2. C4.5

C4.5 使用信息增益比作为信息增益的度量，从而缓解了 ID3 算法会倾向于选择 m 比较
大的特征 A 作为划分依据这个问题；也正因如此，C4.5 算法可以处理 ID3 算法比较难处理

的混合型数据。我们先来看看它在离散型数据上的算法（仅展示和 ID3 算法中不同的部分）：

算法 3-2　C4.5 算法

过程：

（4）否则，按照信息增益比定义的信息增益：

$$g_R\left(y, x^{(j)}\right) = \frac{g\left(y, x^{(j)}\right)}{H_{x^{(j)}}(y)}$$

来计算第 j 维特征的信息增益，然后选择使得信息增益最大的特征 $x^{(j^*)}$ 作为划分标准，亦即：

$$j^* = \arg\max_j g_R\left(y, x^{(j)}\right)$$

注意： C4.5 算法虽然不会倾向于选择 m 比较大的特征、但有可能会倾向于选择 m 比较小的特征。针对这个问题，Quinlan 在 1993 年提出了这么一个启发式的方法：先选出互信息比平均互信息要高的特征，然后从这些特征中选出信息增益比最高的。

混合型数据的处理方法大同小异，本书拟介绍一种常用且符合直观的，同时亦是 C4.5 所采用的方法：使用二类问题的解决方案处理连续型特征。具体而言，当二类问题和决策树结合起来时，在连续的情况下我们通常可以把它转述为：

$$Y_1 = \{y: y^A < a_1\}, Y_2 = \{y: y^A \geqslant a_1\}$$

相对应的，同样可以用处理二类问题的思想来处理离散型特征，此时：

$$A \in \{a_1, a_2\};\ Y_1 = \{y: y^A = a_1\}, Y_2 = \{y: y^A = a_2\}$$

更进一步，我们通常会将它表示为：

$$Y_1 = \{y: y^A = a_1\}, Y_2 = \{y: y^A \neq a_1\}$$

我们通常称以上各式中的 a_1 为"二分标准"。一般而言，如何处理连续型特征这个问题会归结于如何选择"二分标准"这个问题。一个比较容易想到的做法如下。

- 若 $x^{(j)}$ 在当前数据集中有 m 个取值，不妨假设它们为 $u_1, \dots, u_m$；不失一般性、再不妨假设它们满足 $u_1 < \dots < u_m$（若不然，进行一次排序操作即可），那么依次选择 $v_1, \dots, v_p$ 作为二分标准并决出最好的一个，其中 $v_1 \sim v_p$ 构成等差数列、且：

$$v_1 = u_1, v_p = u_m$$

p 的选取则视情况而定，一般而言会取 p 反比于"深度"。这意味着当数据越分越细时，对特征的划分会越分越粗，从直观上来说这有益于防止过拟合。

但这样可能会产生许多"冗余"的二分标准。试想如果这些取值满足：

$$u_1 = 0, u_2 = 100, u_3 = 101, u_4 = 102, ...$$

那么我们就会在u_1和u_2之间尝试大量的划分标准，但显然这些划分标准算出来的结果都是一样的。为了处理类似于这种不合理的情况，C4.5 采用如下做法。

- 依次选择$v_1 = \frac{u_1 + u_2}{2}, ..., v_{m-1} = \frac{u_{m-1} + u_m}{2}$作为二分标准，计算它们的信息增益比，从而决出最好的二分标准来划分数据。

在这之上还有另一种如下可行的做法。

- 设$u_1, ..., u_m$所对应的类别是$y_1, ..., y_m$，那么在$v_1 \sim v_{m-1}$中只选取使得：
$$y_i \neq y_{i+1}, \quad (i = 1, ..., m-1)$$
的v_i作为二分标准，计算它们的信息增益比，从而决出最好的二分标准来划分数据。

这种做法在某些情况下会表现得更好，但在某些情况下也会显得不合理。鉴于此，本书会采用更稳定的上一种做法来进行实现。

注意：从以上讨论可知，我们完全可以把 ID3 算法推广成可以处理连续型特征的算法。只不过如果数据集是混合型数据集的话，ID3 就会倾向于选择离散型特征作为划分标准而已。如果数据集的所有特征都是连续型特征，那么 ID3 和 C4.5 之间孰优孰劣是难有定论的。

这里需要特别指出的是，C4.5 也有一个比较糟糕的性质：由信息增益比的定义可知，如果是二分的话、它会倾向于把数据集分成很不均匀的两份；因为此时$H_A(y)$将非常小，导致$g_R(y, A)$很大（即使$g(y, A)$比较小）。举个例子：如果当前划分标准为连续特征，那么 C4.5 可能会倾向于直接选择v_1, v_2, v_3等作为二分标准。

之所以说该性质比较糟糕，是因为它将直接导致如下结果：当 C4.5 进行二叉分枝时，它可能总会直接分出一个比较小的 Node 作为叶节点，然后剩下一个大的 Node 继续进行生成。这种行为会导致决策树倾向于往深处发展，从而导致很容易产生过拟合现象，而这并不是我们期望的结果。

3. CART（Classification and Regression Tree，"分类与回归树"）

顾名思义，CART 既可做分类亦可做回归。囿于篇幅，本书会介绍分类问题的算法和实现，对于回归问题则只叙述算法，感兴趣的读者可以尝试触类旁通地实现它。

CART 算法一般会使用基尼增益作为信息增益的度量（当然也可以使用互信息和信息增益比作为度量，需要视具体场合而定），其一大特色就是它假设了最终生成的决策树为二叉树，亦即它在处理离散型特征时也会通过决出二分标准来划分数据。

算法 3-3　CART 算法

过程：

（4）否则，不妨设$x^{(j)}$在当前数据集中有S_j个取值$u_1^{(j)}, ..., u_{S_j}^{(j)}$且它们满足$u_1^{(j)} < \cdots < u_{S_j}^{(j)}$，那么：

（a）若$x^{(j)}$是离散型的，则依次选取$u_1^{(j)}, ..., u_{S_j}^{(j)}$作为二分标准$a_p$，此时：

$$A_{jp} = \{x^{(j)} = a_p, x^{(j)} \neq a_p\}$$

（b）若$x^{(j)}$是连续型的，则依次选取$\frac{u_1^{(j)}+u_2^{(j)}}{2}, ..., \frac{u_{S_j-1}^{(j)}+u_{S_j}^{(j)}}{2}$作为二分标准$a_p$，此时：

$$A_{jp} = \{x^{(j)} < a_p, x^{(j)} \geqslant a_p\}$$

按照基尼系数定义的信息增益：

$$g_{\text{Gini}}(y, A_{jp}) = \text{Gini}(y) - \text{Gini}(y|A_{jp})$$

来计算第j维特征在这些二分标准下的信息增益，然后选择使得信息增益最大的特征$x^{(j^*)}$和相应的二分标准$u_{p^*}^{(j^*)}$作为划分标准，亦即：

$$(j^*, p^*) = \arg\max_{j,p} g_{\text{Gini}}(y, A_{jp})$$

从分类问题到回归问题不是一个不简单的问题，它们的区别仅在于：回归问题除了特征是连续型的以外，"类别"也是连续型的，此时我们一般把"类别向量"改称为"输出向量"。正如前文所提及，决策树可以转化为最小化损失的问题。我们之前讨论的分类问题中的损失都是数据的不确定性，而在回归问题中，一种常见的做法就是将损失定义为平方损失：

$$L(D) = \sum_{i=1}^{N} I(y_i \neq f(x_i))[y_i - f(x_i)]^2$$

这里的I是示性函数，f是我们的模型、$f(x_i)$是x_i在我们模型下的预测输出，y_i是真实输出。平方损失其实就是我们熟悉的"（欧氏）距离"（预测向量和输出向量之间的距离），我们会在许多分类、回归问题中见到它的身影。在损失为平方损失时，一般称此时生成的回归决策树为最小二乘回归树。

在分类问题中决策树是一个划分规则的序列，在回归问题中也差不多。具体而言，假设该序列一共会将输入空间划分为$R_1, ..., R_M$（这M个子空间彼此不相交）、那么：

- 对于分类问题，模型可表示为：

$$f(x_i) = \sum_{m=1}^{M} y_m I(x_i \in R_m)$$

这里 $y_m \in \{c_1, \dots, c_K\}$ 由具体的算法（ID3，C4.5 等）定出。

- 对于回归问题，模型可表示为：

$$f(x_i) = \sum_{m=1}^{M} c_m I(x_i \in R_m)$$

这里 $c_m = \arg\min_c L_m(c) \triangleq \arg\min_c \sum_{(x_i,y_i) \in R_m}(y_i - c)^2$。那么由一阶条件：

$$\frac{\partial L_m(c)}{\partial c} = 0 \Leftrightarrow -2 \sum_{(x_i,y_i) \in R_m}(y_i - c_m) = 0$$

可解得 $c_m = \text{avg}(y_i|(x_i, y_i) \in R_m) \triangleq \frac{1}{|R_m|}\sum_{(x_i,y_i) \in R_m} y_i$。

最小二乘回归树的算法和 CART 做分类时的算法几乎完全一样，区别只在于如下。

- 解决分类问题时，我们会在特征和二分标准选好后，通过求解：

$$(j^*, p^*) = \arg\max_{j,p} g_{\text{Gini}}(y, A_{jp})$$

来选取划分标准。

- 解决回归问题时，我们会在特征和二分标准选好后，通过求解：

$$(j^*, p^*) = \arg\min_{j,p} \left[\sum_{x_i < p} \left(y_i - c_{jp}^{(1)}\right)^2 + \sum_{x_i \geqslant p} \left(y_i - c_{jp}^{(2)}\right)^2 \right]$$

来选取划分标准，其中 $c_{jp}^{(1)} = \text{avg}(y_i|x_i < p)$、$c_{jp}^{(2)} = \text{avg}(y_i|x_i \geqslant p)$，$p$（切分点）

的选取则视情况而定（可以模仿分类问题中二分标准的选取方法）。

3.1.5 相关的实现

由于决策树的生成算法中会用到各种定义下的信息量的计算，所以我们应该先把这些计算信息量相关的算法实现出来。注意到这些算法同样是在不断地进行计数工作，所以同样需要尽量尝试利用好第 2 章讲述过的 bincount 方法。由于我们是在决策树模型中调用这些算法的，所以数据预处理应该交由决策树来做，这里就只需要专注于算法本身。值得一提的是，这一套算法不仅能够应用在决策树中，在遇到任何其他需要计算信息量的场合时都能够进行应用。

首先实现其如下的基本结构。

代码 3-1　实现计算信息量的相关算法：c_CvDTree\Cluster.py

```
01  import math
02  import numpy as np
03
04  class Cluster:
05      """
06          初始化结构
07          self._x, self._y: 记录数据集的变量
08          self._counters: 类别向量的计数器，记录第 i 类数据的个数
09              self._sample_weight: 记录样本权重的属性
10          self._con_chaos_cache, self._ent_cache, self._gini_cache: 记录中间结果的属性
11              self._base: 记录对数的底的属性
12      """
13      def __init__(self, x, y, sample_weight=None, base=2):
14          # 这里我们要求输入的是 Numpy 向量（矩阵）
15          self._x, self._y = x.T, y
16          # 利用样本权重对类别向量 y 进行计数
17          if sample_weight is None:
18              self._counters = np.bincount(self._y)
19          else:
20              self._counters = np.bincount(self._y,
21                  weights=sample_weight*len(sample_weight))
22          self._sample_weight = sample_weight
23          self._con_chaos_cache = self._ent_cache = self._gini_cache = None
24          self._base = base
```

接下来就需要定义计算不确定性的两个函数。由于一个 Cluster 只接受一份数据，所以其实总的不确定性只用计算一次：

```
25      # 定义计算信息熵的函数
26      def ent(self, ent=None, eps=1e-12):
27          # 如果已经计算过且调用时没有额外给各类别样本的个数，就直接调用结果
28          if self._ent_cache is not None and ent is None:
29              return self._ent_cache
30          _len = len(self._y)
31          # 如果调用时没有给各类别样本的个数，就利用结构本身的计数器来获取相应个数
```

```
32      if ent is None:
33          ent = self._counters
34      # 使用eps来让算法的数值稳定性更好
35      _ent_cache = max(eps, -sum(
36          [_c / _len * math.log(_c / _len, self._base) if _c != 0 else 0 for _c in ent]))
37      # 如果调用时没有给各类别样本的个数，就将计算好的信息熵储存下来
37      if ent is None:
38          self._ent_cache = _ent_cache
39      return _ent_cache
40
41  # 定义计算基尼系数的函数和计算信息熵的函数很类似，所以略去注释
42  def gini(self, p=None):
43      if self._gini_cache is not None and p is None:
44          return self._gini_cache
45      if p is None:
46          p = self._counters
47      _gini_cache = 1 - np.sum((p / len(self._y)) ** 2)
48      if p is None:
49          self._gini_cache = _gini_cache
50      return _gini_cache
```

然后就需要定义计算 $H(y|A)$ 和 $Gini(y|A)$ 的函数。从算法公式可以看出它们具有形式一致性，所以可以把它们的实现整合在一起：

```
51      # 定义计算H(y|A)和Gini(y|A)的函数
52      def con_chaos(self, idx, criterion="ent", features=None):
53          # 根据不同的准则，调用不同的方法
54          if criterion == "ent":
55              _method = lambda cluster: cluster.ent()
56          elif criterion == "gini":
57              _method = lambda cluster: cluster.gini()
58          # 根据输入获取相应维度的向量
59          data = self._x[idx]
60          # 如果调用时没有给该维度的取值空间features，就调用set方法获得该取值空间
61          # 由于调用set方法比较耗时，在决策树实现时应努力将features传入
62          if features is None:
63              features = set(data)
64          # 获得该维度特征各取值所对应的数据的下标
65          # 用self._con_chaos_cache记录下相应结果以加速后面定义的相关函数
66          tmp_labels = [data == feature for feature in features]
67          self._con_chaos_cache = [np.sum(_label) for _label in tmp_labels]
68          # 利用下标获取相应的类别向量
69          label_lst = [self._y[label] for label in tmp_labels]
```

```
70          rs, chaos_lst = 0, []
71          # 遍历各下标和对应的类别向量
72          for data_label, tar_label in zip(tmp_labels, label_lst):
73              # 获取相应的数据
74              tmp_data = self._x.T[data_label]
75              # 根据相应数据、类别向量和样本权重计算出不确定性
76              if self._sample_weight is None:
77                  _chaos = _method(Cluster(tmp_data, tar_label, base=self._base))
78              else:
79                  _new_weights = self._sample_weight[data_label]
80                  _chaos = _method(Cluster(tmp_data, tar_label, _new_weights / np.sum(
81                      _new_weights), base=self._base))
82              # 依概率加权，同时把各个初始条件不确定性记录下来
83              rs += len(tmp_data) / len(data) * _chaos
84              chaos_lst.append(_chaos)
85          return rs, chaos_lst
```

> **注意**：如果仅仅是为了获得总的条件不确定性，是不用将划分后数据的各个部分的条件不确定记录下来的；之所以我们把它记录下来，是因为在决策树生成的过程里会用到这个中间变量。我们会在后面讲解决策树结构时进行相应的说明。

最后需要定义计算信息增益的函数。我们将会实现涉及过的三种定义方法，而且由于它们同样具有形式一致性，所以它们的实现同样可以整合在一起：

```
86          # 定义计算信息增益的函数，参数 get_chaos_lst 用于控制输出
87          def info_gain(self, idx, criterion="ent", get_chaos_lst=False, features=None):
88              # 根据不同的准则，获取相应的"条件不确定性"
89              if criterion in ("ent", "ratio"):
90                  _con_chaos, _chaos_lst = self.con_chaos(idx, "ent", features)
91                  _gain = self.ent() - _con_chaos
92                  if criterion == "ratio":
93                      _gain /= self.ent(self._con_chaos_cache)
94              elif criterion == "gini":
95                  _con_chaos, _chaos_lst = self.con_chaos(idx, "gini", features)
96                  _gain = self.gini() - _con_chaos
97              return (_gain, _chaos_lst) if get_chaos_lst else _gain
```

考虑到二类问题的特殊性，需要定义专门处理二类问题的、计算信息增益相关的函数。它们大部分和以上定义的函数没有区别，代码也有大量重复，只是它会多传进一个代表二分标准的参数。为简洁起见，我们略去上文已经给出过的注释。

```
98          # 定义计算二类问题条件不确定性的函数
```

```
99      # 参数 tar 即是二分标准，参数 continuous 则告诉我们该维度的特征是否连续
100     def bin_con_chaos(self, idx, tar, criterion="gini", continuous=False):
101         if criterion == "ent":
102             _method = lambda cluster: cluster.ent()
103         elif criterion == "gini":
104             _method = lambda cluster: cluster.gini()
105         data = self._x[idx]
106         # 根据二分标准划分数据，注意要分离散和连续两种情况讨论
107         tar = data == tar if not continuous else data < tar
108         tmp_labels = [tar, ~tar]
109         self._con_chaos_cache = [np.sum(_label) for _label in tmp_labels]
110         label_lst = [self._y[label] for label in tmp_labels]
111         rs, chaos_lst = 0, []
112         for data_label, tar_label in zip(tmp_labels, label_lst):
113             tmp_data = self._x.T[data_label]
114             if self._sample_weight is None:
115                 _chaos = _method(Cluster(tmp_data, tar_label, base=self._base))
116             else:
117                 _new_weights = self._sample_weight[data_label]
118                 _chaos = _method(Cluster(tmp_data, tar_label, _new_weights / np.sum(
119                     _new_weights), base=self._base))
120             rs += len(tmp_data) / len(data) * _chaos
121             chaos_lst.append(_chaos)
122         return rs, chaos_lst
```

　　定义计算二类问题信息增益的函数时，只需将之前定义过的、计算信息增益的函数中计算条件不确定性的函数替换成计算二类问题条件不确定性的函数即可，囿于篇幅、这里无法展开讨论，笔者实现的版本可以参见 https://github.com/carefree0910/MachineLearning/blob/master/c_CvDTree/Cluster.py。

　　在实现完计算各种信息量的函数之后，我们就可以着手实现决策树本身了。由前文的讨论可知，组成决策树主体的是一个个的 Node，所以我们接下来首先要实现的就是 Node 这个结构。而且由于我们所关心的 ID3、C4.5 和 CART 分类树的 Node 在大多数情况下表现一致，只有少数几个地方有所不同，因此可以写一个统一的 Node 结构的基类 CvDNode 来囊括我们所有关心的决策树生成算法，该基类需要实现如下功能：

- 根据离散型特征划分数据（ID3、C4.5、CART）；
- 根据连续型特征划分数据（C4.5、CART）；
- 根据当前的数据判定所属的类别。

　　虽然说起来显得轻巧，但这之中的抽象还是比较烦琐的。我们先看看这个基类的基本

框架该如何搭建：

代码 3-2 实现决策树中 Node 结构的基类：c_CvDTree\Node.py

```
01  import numpy as np
02  # 导入之前定义的 Cluster 类以计算各种信息量
03  from c_Tree.Cluster import Cluster
04
05  # 定义一个足够抽象的基类以囊括所有我们关心的算法
06  class CvDNode:
07      """
08          初始化结构
09      self._x, self._y：记录数据集的变量
10      self.base, self.chaos：记录对数的底和当前的不确定性
11          self.criterion, self.category：记录该 Node 计算信息增益的方法和所属的类别
12      self.left_child, self.right_child：针对连续型特征和 CART、记录该 Node 的左右子节点
13          self._children, self.leafs：记录该 Node 的所有子节点和所有下属的叶节点
14      self.sample_weight：记录样本权重
15      self.wc：记录各个维度的特征是否连续的列表（whether continuous 的缩写）
16      self.tree：记录该 Node 所属的 Tree
17      self.feature_dim, self.tar, self.feats：记录该 Node 划分标准的相关信息。具体而言：
18          self.feature_dim：记录作为划分标准的特征所对应的维度j*
19          self.tar：针对连续型特征和 CART，记录二分标准
20          self.feats：记录该 Node 能进行选择的、作为划分标准的特征的维度
21      self.parent, self.is_root：记录该 Node 的父节点以及该 Node 是否为根节点
22      self._depth, self.prev_feat：记录 Node 的深度和其父节点的划分标准
23      self.is_cart：记录该 Node 是否使用了 CART 算法
24      self.is_continuous：记录该 Node 选择的划分标准对应的特征是否连续
25      self.pruned：记录该 Node 是否已被剪掉，后面实现局部剪枝算法时会用到
26      """
27      def __init__(self, tree=None, base=2, chaos=None,
28              depth=0, parent=None, is_root=True, prev_feat="Root"):
29          self._x = self._y = None
30          self.base, self.chaos = base, chaos
31          self.criterion = self.category = None
32          self.left_child = self.right_child = None
33          self._children, self.leafs = {}, {}
34          self.sample_weight = None
35          self.wc = None
36          self.tree = tree
37          # 如果传入了 Tree 的话就进行相应的初始化
38          if tree is not None:
39              # 由于数据预处理是由 Tree 完成的
40              # 所以各个维度的特征是否是连续型随机变量也是由 Tree 记录的
```

```
41            self.wc = tree.whether_continuous
42            # 这里的 nodes 变量是 Tree 中记录所有 Node 的列表
43            tree.nodes.append(self)
44        self.feature_dim, self.tar, self.feats = None, None, []
45        self.parent, self.is_root = parent, is_root
46        self._depth, self.prev_feat = depth, prev_feat
47        self.is_cart = self.is_continuous = self.pruned = False
48
49    def __getitem__(self, item):
50        if isinstance(item, str):
51            return getattr(self, "_" + item)
52
53    # 重载 __lt__ 方法，使得 Node 之间可以比较谁更小、进而方便调试和可视化
54    def __lt__(self, other):
55        return self.prev_feat < other.prev_feat
56
57    # 重载 __str__ 和 __repr__ 方法，同样是为了方便调试和可视化
58    def __str__(self):
59        if self.category is None:
60            return "CvDNode ({}) ({} -> {})".format(
61                self._depth, self.prev_feat, self.feature_dim)
62        return "CvDNode ({}) ({} -> class: {})".format(
63            self._depth, self.prev_feat, self.tree.label_dic[self.category])
64    __repr__ = __str__
```

可以看到，除了重载 __getitem__ 方法以外，我们还重载 __lt__、__str__ 和 __repr__ 方法。这是因为决策树模型的结构比起朴素贝叶斯模型而言要复杂一些，为了开发过程中的调试和最后的可视化更加便利，通常来说最好让我们模型的表现更贴近内置类型的表现。

然后需要定义几个 property 以使开发过程变得便利：

```
65    # 定义 children 属性，主要是区分开连续+CART 的情况和其余情况
66    # 有了该属性后，想要获得所有子节点时就不用分情况讨论了
67    @property
68    def children(self):
69        return {
70            "left": self.left_child, "right": self.right_child
71        } if (self.is_cart or self.is_continuous) else self._children
72
73    # 递归定义 height（高度）属性：
74    # 叶节点高度都定义为 1，其余节点的高度定义为最高的子节点的高度+1
75    @property
76    def height(self):
```

```
77          if self.category is not None:
78              return 1
79          return 1 + max([_child.height if _child is not None else 0
80              for _child in self.children.values()])
81
82      # 定义info_dic（信息字典）属性，它记录了该Node的主要信息
83      # 在更新各个Node的叶节点时，被记录进各个self.leafs属性的就是该字典
84      @property
85      def info_dic(self):
86          return {"chaos": self.chaos, "y": self._y}
```

以上就是 CvDNode 的基本框架，接下来就可以在这个框架的基础上实现决策树的各种生成算法了。首先需要指出的是，由于 Node 结构是会被 Tree 结构封装的，所以我们应该将数据预处理操作交给 Tree 来做。其次，由于实现的是抽象程度比较高的基类，所以我们要做比较完备的分情况讨论。

> **注意**：把 ID3、C4.5 和 CART 这三种算法分开实现是可行且高效的，此时各个部分的代码都会显得更加简洁可读一些；但这样做的话，整体的代码量就会不可避免地骤增。具体应当选择何种实现方案需要看具体的需求。

我们先来看看实现生成算法所需要做的一些准备工作，比如定义停止继续生成的准则，定义停止后该 Node 的行为等。

```
87      # 定义第一种停止准则：当特征维度为0或当前Node的数据的不确定性小于阈值ε时停止
88      # 同时，如果用户指定了决策树的最大深度，那么当该Node的深度太深时也停止
89      # 若满足了停止条件，该函数会返回True，否则会返回False
90      def stop1(self, eps):
91          if (
92              self._x.shape[1] == 0 or (self.chaos is not None and self.chaos <= eps)
93              or (self.tree.max_depth is not None and self._depth >= self.tree.max_depth)
94          ):
95              # 调用处理停止情况的方法
96              self._handle_terminate()
97              return True
98          return False
99
100     # 定义第二种停止准则，当最大信息增益仍然小于阈值ε时停止
101     def stop2(self, max_gain, eps):
102         if max_gain <= eps:
103             self._handle_terminate()
104             return True
```

```
105        return False
106
107    # 利用 bincount 方法定义根据数据生成该 Node 所属类别的方法
108    def get_category(self):
109        return np.argmax(np.bincount(self._y))
110
111    # 定义处理停止情况的方法，核心思想就是把该 Node 转化为一个叶节点
112    def _handle_terminate(self):
113        # 首先要生成该 Node 所属的类别
114        self.category = self.get_category()
115        # 然后一路回溯，更新父节点、父节点的父节点，等等，记录叶节点的属性 leafs
116        _parent = self.parent
117        while _parent is not None:
118            _parent.leafs[id(self)] = self.info_dic
119            _parent = _parent.parent
```

接下来就要实现生成算法的核心了，可以将它分成三步以使逻辑清晰：

- 定义一个方法使其能将一个有子节点的 Node 转化为叶节点（局部剪枝）；
- 定义一个方法使其能挑选出最好的划分标准；
- 定义一个方法使其能根据划分标准进行生成。

我们先来看看如何进行局部剪枝：

```
120    def prune(self):
121        # 调用相应方法进行计算该 Node 所属类别
122        self.category = self.get_category()
123        # 记录由于该 Node 转化为叶节点而被剪去的、下属的叶节点
124        _pop_lst = [key for key in self.leafs]
125        # 然后一路回溯，更新各个 parent 的属性 leafs（使用 id 作为 key 以避免重复）
126        _parent = self.parent
127        while _parent is not None:
128            for _k in _pop_lst:
129                # 删去由于局部剪枝而被剪掉的叶节点
130                _parent.leafs.pop(_k)
131            _parent.leafs[id(self)] = self.info_dic
132            _parent = _parent.parent
133        # 调用 mark_pruned 方法将自己所有的子节点、子节点的子节点……
134        # 的 pruned 属性置为 True，因为它们都被"剪掉"了
135        self.mark_pruned()
136        # 重置各个属性
137        self.feature_dim = None
138        self.left_child = self.right_child = None
```

```
139        self._children = {}
140        self.leafs = {}
```

第 135 行的 mark_pruned 方法用于给各个被局部剪枝剪掉的 Node 打上一个标记、从而今后 Tree 可以根据这些标记将被剪掉的 Node 从它记录所有 Node 的列表 nodes 中删去。该方法同样是通过递归实现的，代码十分简洁：

```
141    def mark_pruned(self):
142        self.pruned = True
143        # 遍历各个子节点
144        for _child in self.children.values():
145            # 如果当前的子节点不是 None 的话，递归调用 mark_pruned 方法
146            #（连续型特征和 CART 算法有可能导致 children 中出现 None，
147            # 因为此时 children 由 left_child 和 right_child 组成，它们有可能是 None）
148            if _child is not None:
149                _child.mark_pruned()
```

有了能够进行局部剪枝的方法后，我们就能实现拿来挑选最佳划分标准的方法了。开发时需要时刻注意分清楚二分（连续/CART）和多分（其他）的情况：

```
150    def fit(self, x, y, sample_weight, eps=1e-8):
151        self._x, self._y = np.atleast_2d(x), np.array(y)
152        self.sample_weight = sample_weight
153        # 若满足第一种停止准则，则退出函数体
154        if self.stop1(eps):
155            return
156        # 用该 Node 的数据实例化 Cluster 类以计算各种信息量
157        _cluster = Cluster(self._x, self._y, sample_weight, self.base)
158        # 对于根节点，需要额外算其数据的不确定性
159        if self.is_root:
160            if self.criterion == "gini":
161                self.chaos = _cluster.gini()
162            else:
163                self.chaos = _cluster.ent()
164        _max_gain, _chaos_lst = 0, []
165        _max_feature = _max_tar = None
166        # 遍历还能选择的特征
167        for feat in self.feats:
168            # 如果是连续型特征或是 CART 算法，需要额外计算二分标准的取值集合
169            if self.wc[feat]:
170                _samples = np.sort(self._x.T[feat])
171                _set = (_samples[:-1] + _samples[1:]) * 0.5
```

```
172          elif self.is_cart:
173              _set = self.tree.feature_sets[feat]
174          # 然后遍历这些二分标准并调用二类问题相关的计算信息量的方法
175          if self.is_cart or self.wc[feat]:
176              for tar in _set:
177                  _tmp_gain, _tmp_chaos_lst = _cluster.bin_info_gain(
178                      feat, tar, criterion=self.criterion,
179                      get_chaos_lst=True, continuous=self.wc[feat])
180                  if _tmp_gain > _max_gain:
181                      (_max_gain, _chaos_lst), _max_feature, _max_tar = (
182                          _tmp_gain, _tmp_chaos_lst), feat, tar
183          # 对于离散型特征的 ID3 和 C4.5 算法，调用普通的计算信息量的方法
184          else:
185              _tmp_gain, _tmp_chaos_lst = _cluster.info_gain(
186                  feat, self.criterion, True, self.tree.feature_sets[feat])
187              if _tmp_gain > _max_gain:
188                  (_max_gain, _chaos_lst), _max_feature = (
189                      _tmp_gain, _tmp_chaos_lst), feat
190      # 若满足第二种停止准则，则退出函数体
191      if self.stop2(_max_gain, eps):
192          return
193      # 更新相关的属性
194      self.feature_dim = _max_feature
195      if self.is_cart or self.wc[_max_feature]:
196          self.tar = _max_tar
197          # 调用根据划分标准进行生成的方法
198          self._gen_children(_chaos_lst)
199          # 如果该 Node 的左子节点和右子节点都是叶节点且所属类别一样
200          # 那么就将它们合并，亦即进行局部剪枝
201          if (self.left_child.category is not None and
202              self.left_child.category == self.right_child.category):
203              self.prune()
204              # 调用 Tree 的相关方法，将被剪掉的该 Node 的左右子节点
205              # 从 Tree 的记录所有 Node 的列表 nodes 中除去
206              self.tree.reduce_nodes()
207      else:
208          # 调用根据划分标准进行生成的方法
209          self._gen_children(_chaos_lst)
```

　　根据划分标准进行生成的方法相当冗长，因为需要进行相当多的分情况讨论。它的实现用到了递归的思想，真正写起来就会发现其实并不困难，只不过会有些烦琐。囿于篇幅，我们略去它的实现细节，其算法描述则如下。

- 根据划分标准将数据划分成若干份。
- 依次用这若干份数据实例化新 Node（新 Node 即是当前 Node 的子节点），同时将当前 Node 的相关信息传给新 Node。这里需要注意的是，如果划分标准是离散型特征的话：

  ○ 若算法是 ID3 或 C4.5，需将该特征对应的维度从新 Node 的 self.feats 属性中除去。
  ○ 若算法是 CART，需要将二分标准从新 Node 的二分标准取值集合中除去。

- 最后对新 Node 调用 fit 方法，完成递归。

笔者实现的版本可以参见 https://github.com/carefree0910/MachineLearning/blob/master/c_CvDTree/Node.py。

以上，我们在 Node 结构上实现了决策树的生成算法，接下来我们要做的就是实现 Tree 结构将各个 Node 封装起来。由前文的诸多讨论可知，Tree 结构需要做到如下几点。

- 定义好需要在各个 Node 上调用的"全局变量"。
- 做好数据预处理的工作，保证传给 Node 的数据是合乎要求的。
- 对各个 Node 进行合适的封装，做到：

  ○ 生成决策树时能够正确地调用它们的生成算法。
  ○ 进行后剪枝时能够正确地调用它们的局部剪枝函数。

- 定义预测函数和评估函数以供用户调用。

既然 Node 可以抽象出一个基类 CvDNode，自然也能相应地对 Tree 结构抽象出一个基类 CvDBase。下面我们先来看看如何搭建该基类的基本框架：

代码 3-3　实现决策树中 Tree 结构的基类：c_CvDTree\Tree.py

```
01    from copy import deepcopy
02    # 导入 Node 结构以进行封装
03    from c_CvDTree.Node import *
04
05    # 定义一个足够抽象的 Tree 结构的基类以适应我们 Node 结构的基类
06    class CvDBase:
07        """
08            初始化结构
09            self.nodes: 记录所有 Node 的列表
10            self.roots: 主要用于 CART 剪枝的属性，可先按下不表
```

```
11     (用于存储算法过程中产生的各个决策树)
12             self.max_depth: 记录决策树最大深度的属性
13         self.root, self.feature_sets: 根节点和记录可选特征维度的列表
14            self.label_dic: 和朴素贝叶斯里面相应的属性意义一致、是类别的转换字典
15         self.prune_alpha, self.layers: 主要用于 ID3 和 C4.5 剪枝的两个属性,可先按下不表
16     (self.prune_alpha 是"惩罚因子", self.layers 则记录着每一"层"的 Node)
17         self.whether_continuous: 记录着各个维度的特征是否连续的列表
18     """
19     def __init__(self, max_depth=None, node=None):
20         self.nodes, self.layers, self.roots = [], [], []
21         self.max_depth = max_depth
22         self.root = node
23         self.feature_sets = []
24         self.label_dic = {}
25         self.prune_alpha = 1
26         self.whether_continuous = None
27
28     def __str__(self):
29         return "CvDTree ({})".format(self.root.height)
30
31     __repr__ = __str__
```

回忆朴素贝叶斯的实现,可以知道在第 2 章的混合型朴素贝叶斯中,我们要求用户告诉程序哪些维度的特征是连续的;这里我们介绍一种非常简易却有一定合理性的做法,从而可以让程序在进行数据预处理时自动识别出连续特征对应的维度。

- 将训练集中每个维度特征的所有可能的取值算出来,这一步可以用 Python 内置的数据结构 set 来完成。
- 如果第 i 维可能的取值个数 S_i 比上训练集总样本数 N 大于某个阈值 β,亦即若:

$$S_i \geqslant \beta N$$

那么就认为第 i 维的特征是连续型随机变量。

β 的具体取值需要视情况而定。一般来说在样本数 N 足够大时、β 可以取得比较小(比如取 $\beta = 0.05$ 就是个不错的选择);但是样本数 N 比较小时,我们可能需要将 β 取得大一些(比如取 $\beta = 0.2$)。具体应该取什么值还是要看具体的任务和数据,毕竟这种自动识别的方法还是过于朴素了。

以上所叙述的数据预处理的实现如下:

```
32     def feed_data(self, x, continuous_rate=0.2):
```

```
33          # 利用 set 获取各个维度特征的所有可能取值
34          self.feature_sets = [set(dimension) for dimension in x.T]
35          data_len, data_dim = x.shape
36          # 判断是否连续
37          self.whether_continuous = np.array(
38              [len(feat) >= continuous_rate * data_len for feat in self.feature_sets])
39          self.root.feats = [i for i in range(x.shape[1])]
40          self.root.feed_tree(self)
```

最后一行我们对根节点调用了 feed_tree 方法，该方法会做以下三件事：

- 让决策树中所有的 Node 记录它们所属的 Tree 结构；
- 将自己记录在 Tree 中记录所有 Node 的列表 nodes 里；
- 根据 Tree 的相应属性更新记录连续特征的列表。

实现的时候同样利用上了递归：

```
01      def feed_tree(self, tree):
02          self.tree = tree
03          self.tree.nodes.append(self)
04          self.wc = tree.whether_continuous
05          for child in self.children.values():
06              if child is not None:
07                  child.feed_tree(tree)
```

注意：以上代码应定义在 CvDNode 里面。

接下来就是对生成算法的封装了。考虑到第二节会讲到的剪枝算法，需要做的是：

- 将类别向量数值化（和朴素贝叶斯里面的数值化类别向量的方法一样）；
- 将数据集切分成训练集和交叉验证集，同时处理好样本权重；
- 对根节点调用决策树的生成算法；
- 调用自己的剪枝算法。

具体的代码实现如下：

```
41      # 参数 alpha 和剪枝有关、可按下不表
42      # cv_rate 用于控制交叉验证集的大小，train_only 则控制程序是否进行数据集的切分
43      def fit(self, x, y, alpha=None, sample_weight=None, eps=1e-8,
44              cv_rate=0.2, train_only=False):
45          # 数值化类别向量
46          _dic = {c: i for i, c in enumerate(set(y))}
```

```
47        y = np.array([_dic[yy] for yy in y])
48        self.label_dic = {value: key for key, value in _dic.items()}
49        x = np.array(x)
50        # 根据特征个数定出 alpha
51        self.prune_alpha = alpha if alpha is not None else x.shape[1] / 2
52        # 如果需要划分数据集的话
53        if not train_only and self.root.is_cart:
54            # 根据 cv_rate 将数据集随机分成训练集和交叉验证集
55            # 实现的核心思想是利用下标来进行各种切分
56            _train_num = int(len(x) * (1-cv_rate))
57            _indices = np.random.permutation(np.arange(len(x)))
58            _train_indices = _indices[:_train_num]
59            _test_indices = _indices[_train_num:]
60            if sample_weight is not None:
61                # 注意对切分后的样本权重做归一化处理
62                _train_weights = sample_weight[_train_indices]
63                _test_weights = sample_weight[_test_indices]
64                _train_weights /= np.sum(_train_weights)
65                _test_weights /= np.sum(_test_weights)
66            else:
67                _train_weights = _test_weights = None
68            x_train, y_train = x[_train_indices], y[_train_indices]
69            x_cv, y_cv = x[_test_indices], y[_test_indices]
70        else:
71            x_train, y_train, _train_weights = x, y, sample_weight
72            x_cv = y_cv = _test_weights = None
73        self.feed_data(x_train)
74        # 调用根节点的生成算法
75        self.root.fit(x_train, y_train, _train_weights, eps)
76        # 调用对 Node 剪枝算法的封装
77        self.prune(x_cv, y_cv, _test_weights)
```

这里我们用到了 np.random.permutation 方法，它其实可以看成两行代码的缩写、亦即：

```
_indices = np.random.permutation(np.arange(n))
```

从效果上来说等价于

```
_indices = np.arange(n)
np.random.shuffle(_indices)
```

不过前者不仅写起来更便利，而且运行速度也要稍微快一点，因此我们选择了前一种方法来进行实现。

除了 fit 这个函数以外，回忆 Node 中生成算法的实现过程，可知彼时我们调用了 Tree 的 reduce_nodes 方法来将被剪掉的 Node 从 nodes 中除去。该方法的实现如下：

```
78      def reduce_nodes(self):
79          for i in range(len(self.nodes)-1, -1, -1):
80              if self.nodes[i].pruned:
81                  self.nodes.pop(i)
```

注意：虽然该实现相当简单直观，不过其中却蕴含了一个具有普适意义的编程思想：如果要在遍历列表的同时进行当前列表元素的删除操作，就一定要从后往前遍历。

3.2 过拟合与剪枝

在知道怎么得到一颗决策树后，我们当然就想知道：这样建立起来的决策树的表现究竟如何？从直观上来说，只要决策树足够深，划分标准足够细，它在训练集上的表现就能接近完美；但同时也容易想象，由于它可能把训练集的一些"特性"当作所有数据的"共性"来看待，它在未知的测试数据上的表现可能就会比较一般，亦即会出现过拟合的问题。我们知道，模型出现过拟合问题一般是因为模型太过复杂。所以决策树解决过拟合的方法是采取适当的"剪枝"，我们在上一节中也已经大量接触了这一概念。剪枝通常分为两类："预剪枝（Pre-Pruning）"和"后剪枝（Post-Pruning）"，其中"预剪枝"的概念在生成算法中已有定义，彼时我们采取的说法是"停止条件"；而一般提起剪枝时指的都是"后剪枝"，它是指在决策树生成完毕后再对其进行修剪，把多余的节点剪掉。换句话说，后剪枝是从全局出发，通过某种标准对一些 Node 进行局部剪枝，这样就能减少决策树中 Node 的数目，从而有效地降低模型复杂度。

因此问题的关键在于如何定出局部剪枝的标准。通常来说我们有两种做法：

- 应用交叉验证的思想，若局部剪枝能够使得模型在测试集上的错误率降低，则进行局部剪枝（预剪枝中也应用了类似的思想）；
- 应用正则化的思想，综合考虑不确定性和模型复杂度来定出一个新的损失（此前我们的损失只考虑了不确定性），用该损失作为一个 Node 是否进行局部剪枝的标准。

第二种做法又涉及另一个关键问题：如何定量分析决策树中一个 Node 的复杂度？一个直观且合理的方法是：直接使用该 Node 下属叶节点的个数作为复杂度。基于此，第二种做法的数学描述就是：

- 定义新损失（T 代表一个 Node）

$$C_\alpha(T) = C(T) + \alpha|T|$$

其中，$C(T)$ 即是该 Node 和不确定性相关的损失，$|T|$ 则是该 Node 下属叶节点的个数。不妨设第 t 个叶节点含有 N_t 个样本且这 N_t 个样本的不确定性为 $H_t(T)$，那么新损失一般可以直接定义为加权不确定性：

$$C(T) = \sum_{t=1}^{|T|} N_t H_t(T)$$

而 α 则通常被称为"惩罚因子"，描述对模型复杂度的惩罚。$\alpha = 0$ 时意味着不进行修剪，α 越大意味着我们修剪出的决策树越小。

我们会采取这种做法来进行实现。需要指出的是，在这种做法下，仍然可以分支出两种不同的算法。

- 直接比较一个 Node 局部剪枝前的损失 $C_\alpha(T)$ 和局部剪枝后的损失 $C_\alpha(t)$ 的大小，若：

$$C_\alpha(T) \leqslant C_\alpha(t)$$

就对该 Node 进行局部剪枝。

- 获取一系列的剪枝阈值：$0 = \alpha_0 < \alpha_1 < \cdots < \alpha_p < +\infty$，在每个剪枝阈值 α_i 上对相应的 Node 进行局部剪枝并将局部剪枝后得到的决策树 T_i 储存在一个列表中。在 α_p 上我们会对根节点进行局部剪枝，此时剩下来的决策树 T_p 就只包含根节点这一个 Node。最后，通过交叉验证选出 $T_0, \ldots, T_p$ 中最好的决策树作为最终生成的决策树（注意其中的 T_0 即是没有剪过枝的原始树）。

第一种算法清晰易懂，第二种算法则稍显复杂；一般我们会在 ID3 和 C4.5 中应用第一种剪枝算法，在 CART 中应用第二种剪枝算法。上述这个第二种算法的说明可能有些过于简略，让人摸不着头脑；由于详细的算法叙述会在后文再次进行，所以这里只要有一个大概的直观感受即可，细节可以暂时按下，不必太过纠结。

3.2.1 ID3、C4.5 的剪枝算法

首先我们来看看第一种算法的详细叙述。虽说算法本身的思想很简单，但由于其中涉及许多中间变量，所以我们采取类似于伪代码的形式来进行叙述：

算法 3–4　（ID3、C4.5）剪枝算法

输入：生成算法产生的原始决策树 T，惩罚因子 α

过程：

（1）从下往上地获取 T 中所有 Node，存入列表 _tmp_nodes

（2）对 _tmp_nodes 中的所有 Node 计算损失，存入列表 _old

（3）计算 _tmp_nodes 中所有 Node 进行局部剪枝后的损失，存入列表 _new

（4）进入循环体：

（a）若 _new 中所有损失都大于 _old 中对应的损失、则退出循环体

（b）否则，设 p 满足：

$$p = \arg\min_p \_new[p] \leqslant \_old[p]$$

则对_tmp_nodes[p] 进行局部剪枝。

（c）在完成局部剪枝后，更新 _old、_new、_tmp_nodes 等变量。具体而言，我们无须重新计算它们，只需更新"被影响到的"Node 所对应的位置的值即可。

（5）最后调用 self.reduce_nodes 方法，将被剪掉的 Node 从 nodes 中除去。

输出：修剪过后的决策树 T_α

可以在我们之前用气球数据集 1.0 根据 ID3 算法生成的决策树（如图 3.6 所示）上过一遍剪枝算法以加深理解。由于算法顺序是从下往上，所以我们先考察最右下方的 Node（该 Node 的划分标准是"测试人员"），该 Node 所包含的数据集如表 3.3 所示。

表 3.3　气球数据集 1.0（气球大小：大；测试动作：用手打）

颜色	测试人员	结果
黄色	成人	爆炸
黄色	小孩	不爆炸

从而：

- 局部剪枝前，该 Node 的损失为：

$$C_\alpha(T) = C(T) + \alpha|T| = 0 + 2\alpha = 2\alpha$$

- 局部剪枝后，该 Node 的损失为：

$$C_\alpha(t) = C(t) + \alpha|t| = C(t) + \alpha$$

其中

$$C(t) = N_t H_t = 2 \times (-\frac{1}{2}\log\frac{1}{2} - \frac{1}{2}\log\frac{1}{2}) = 2$$

故

$$C_\alpha(t) = 2 + \alpha$$

回忆生成算法的实现，我们彼时将α定义为$\alpha = \frac{\text{特征个数}}{2}$（**注意**：这只是$\alpha$的一种朴素的定义方法，很难说它有什么合理性，只能说它从直观上有一定道理；如果想让模型表现得更好，需要结合具体的问题来分析α应该取何值）。由于气球数据集 1.0 一共有四个特征，所以此时$\alpha = 2$；结合各个公式，我们发现：

$$C_\alpha(t) = 2\alpha = 4 = 2 + \alpha = C_\alpha(t)$$

所以我们应该对该 Node 进行局部剪枝。局部剪枝后的决策树如图 3.7 所示。

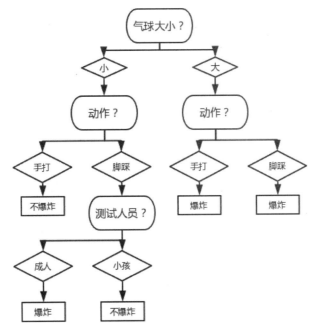

图3.7 执行一次剪枝算法后的决策树

注意：进行局部剪枝后，由于该 Node 中样本只有两个，且一个样本类别为"不爆炸"另一个为"爆炸"，所以给该 Node 标注为"不爆炸"、"爆炸"，甚至以 50% 的概率标注为"不爆炸"等做法都是合理的。为简洁，我们如图 3.7 中所做的一般，将其标注为"爆炸"。

然后需要考察最左下方的 Node（该 Node 的划分标准也是"测试人员"），很容易知道计算过程和上述的没有区别。对其进行局部剪枝后的决策树如图 3.8 所示。

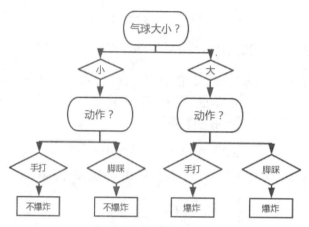

图3.8　执行两次剪枝算法后的决策树

然后需要考察右下方的 Node（该 Node 的划分标准是"动作"），该 Node 所包含的数据集如表 3.4 所示（该表与表 3.2 没有区别）：

表 3.4　气球数据集 1.0（气球大小：大）

颜色	测试人员	测试动作	结果
黄色	成人	用手打	爆炸
黄色	成人	用脚踩	爆炸
黄色	小孩	用手打	不爆炸
黄色	小孩	用脚踩	爆炸
紫色	成人	用脚踩	爆炸
紫色	小孩	用脚踩	爆炸

从而

- 局部剪枝前，该 Node 的损失为：

$$C_\alpha(T) = C(T) + \alpha|T| = C(T) + 2\alpha$$

其中

$$C(T) = N_{手打}H_{手打} + N_{脚踩}H_{脚踩}$$

$$= 2 \times \left(-\frac{1}{2}\log\frac{1}{2} - \frac{1}{2}\log\frac{1}{2}\right) + 4 \times 0 = 2$$

故

$$C_\alpha(T) = 2 + 2\alpha$$

- 局部剪枝后，该 Node 的损失为：

$$C_\alpha(t) = C(t) + \alpha|t| = C(t) + \alpha$$

其中

$$C(t) = N_t H_t = 6 \times \left(-\frac{1}{6}\log\frac{1}{6} - \frac{5}{6}\log\frac{5}{6} \right) \approx 3.9$$

故

$$C_\alpha(t) \approx 3.9 + \alpha$$

将 $\alpha = 2$ 代入，知：

$$C_\alpha(T) = 2 + 2\alpha = 6 > 5.9 = 3.9 + \alpha \approx C_\alpha(t)$$

故应该对该 Node 进行局部剪枝。局部剪枝后的决策树如图 3.9 所示。

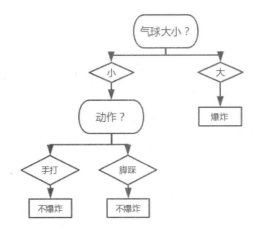

图3.9　执行三次剪枝算法后的决策树

然后需要考察左下方的 Node（该 Node 的划分标准也是"动作"），容易知道计算过程和上述的没有区别。对其进行局部剪枝后的决策树如图 3.10 所示。

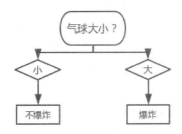

图3.10　执行四次剪枝算法后的决策树

通过计算知道不应对根节点进行局部剪枝，所以图 3.10 所示的决策树即是当 $\alpha = 2$ 时最终修剪出来的决策树。

下面我们就来看如何用代码来实现这种剪枝算法。不过在此之前，为了获取"从下往上"这个顺序，我们还需要在 CvDNode 中利用递归定义一个函数来更新 Tree 的 self.layers 属性：

```
01    def update_layers(self):
02        # 根据该 Node 的深度，在 self.layers 对应位置的列表中记录自己
03        self.tree.layers[self._depth].append(self)
04        # 遍历所有子节点，完成递归
05        for _node in sorted(self.children):
06            _node = self.children[_node]
07            if _node is not None:
08                _node.update_layers()
```

然后，在 CvDBase 中定义一个对应的函数进行封装：

```
82    def _update_layers(self):
83        # 根据整棵决策树的高度，在 self.layers 里面放相应数量的列表
84        self.layers = [[] for _ in range(self.root.height)]
85        self.root.update_layers()
```

同时，为了做到合理的代码重用，可以先在 CvDNode 中定义一个计算损失的函数：

```
01    def cost(self, pruned=False):
02        if not pruned:
03            return sum([leaf["chaos"] * len(leaf["y"]) for leaf in self.leafs.values()])
04        return self.chaos * len(self._y)
```

有了以上两个函数，算法本身的实现就很直观了：

```
86    def _prune(self):
87        self._update_layers()
88        _tmp_nodes = []
89        # 更新完决策树每一"层"的 Node 之后，从后往前地向 _tmp_nodes 中加 Node
90        for _node_lst in self.layers[::-1]:
91            for _node in _node_lst[::-1]:
92                if _node.category is None:
93                    _tmp_nodes.append(_node)
94        _old = np.array([node.cost() + self.prune_alpha * len(node.leafs)
95            for node in _tmp_nodes])
96        _new = np.array([node.cost(pruned=True) + self.prune_alpha
```

```
97              for node in _tmp_nodes])
98          # 使用 _mask 变量存储 _old 和 _new 对应位置的大小关系
99          _mask = _old >= _new
100         while True:
101             # 若只剩根节点就退出循环体
102             if self.root.height == 1:
103                 return
104             p = np.argmax(_mask)
105             # 如果 _new 中有比 _old 中对应损失小的损失、则进行局部剪枝
106             if _mask[p]:
107                 _tmp_nodes[p].prune()
108                 # 根据被影响了的 Node，更新 _old、_mask 对应位置的值
109                 for i, node in enumerate(_tmp_nodes):
110                     if node.affected:
111                         _old[i] = node.cost() + self.prune_alpha * len(node.leafs)
112                         _mask[i] = _old[i] >= _new[i]
113                         node.affected = False
114                 # 根据被剪掉的 Node，将各个变量对应的位置除去（注意从后往前遍历）
115                 for i in range(len(_tmp_nodes) - 1, -1, -1):
116                     if _tmp_nodes[i].pruned:
117                         _tmp_nodes.pop(i)
118                         _old = np.delete(_old, i)
119                         _new = np.delete(_new, i)
120                         _mask = np.delete(_mask, i)
121             else:
122                 break
123         self.reduce_nodes()
```

上述代码的第 110 行和第 113 行出现了 Node 的 affected 属性，这是我们之前没有进行定义的（因为若在彼时定义会显得很突兀）；不过由剪枝算法可知，这个属性的用处与其名字一致——标记一个 Node 是否是"被影响到的" Node。事实上，在一个 Node 进行了局部剪枝后，会有两类 Node "被影响到"：

- 该 Node 的子节点、子节点的子节点等，它们属于被剪掉的 Node，应该要将它们在_old、_tmp_nodes 中对应的位置从这些列表中除去；
- 该 Node 的父节点、父节点的父节点等，它们存储叶节点的列表会因局部剪枝而发生改变，所以要更新 _old 和 _mask 列表中对应位置的值。

其中，我们之前定义的 Node 中是用 pruned 属性来标记该 Node 是否已被剪掉，且介绍了如何通过递归来更新 pruned 属性；affected 属性和 pruned 属性的本质几乎没什么区别，所以同样可以通过递归来更新 affected 属性。具体而言，我们只需：

- 在初始化时令 self.affected = False；
- 在代码 3-2 中定义的局部剪枝函数内部（第 125 行处）插入 _parent.affected = True 即可，其余部分可以保持不变。

3.2.2 CART 剪枝

第二种剪枝算法（CART 剪枝）中的许多定义可能还不是很清晰，所以我们先对相关概念进行详细一点的直观说明。

首先需要指出的是：关于第二种算法中出现的一系列的阈值，它们的含义其实和第一种算法中的α一样，都是模型复杂度的"惩罚因子"；不同的是，第一种算法的α是人为给定的，第二种算法中一系列的阈值则是算法生成出来的。其中，$\alpha_0 = 0$意味着算法初始不对模型复杂度进行惩罚，此时最优树即是原始树T_0。然后，我们设想α缓慢增大，亦即缓慢增大对模型复杂度的惩罚，那么到某个阈值α_1时，对决策树中某个 Node 进行局部剪枝就是一个更好的选择。我们将该 Node 进行局部剪枝后的决策树T_1存进一个列表中，然后继续缓慢增加惩罚因子α，继而到某个阈值α_2后，对某个 Node 进行局部剪枝就又会是一个更好的选择……依此类推，直到α变成一个充分大的数α_p后，只保留根节点这一个 Node 会是最好的选择，此时就终止算法并通过交叉验证从$T_0, ..., T_p$中选出最好的T_p作为修剪后的决策树。

那么这个相对比较复杂的算法有什么优异之处呢？可以证明：在 CART 剪枝里得到的决策树$T_0, ..., T_p$中，对$\forall i = 0, ..., p$，T_i都是当惩罚因子$\alpha \in [\alpha_i, \alpha_{i+1}]$时的最优决策树。这条性质保证了 CART 算法最终通过交叉验证选出来的决策树T_p具有一定的优良性。

该算法的详细叙述则如下：

算法 3–5　CART 剪枝算法

输入：在训练集上调用生成算法所产生的原始决策树 T，交叉验证集

过程：

（1）从下往上地获取 T 中所有 Node，存入列表 _tmp_nodes；

（2）对_tmp_nodes 中的所有 Node 计算阈值，存入列表_thresholds；其中，第 t 个 Node 的阈值α_t应满足：

$$C(T_t) + \alpha_t |T_t| = C_{\alpha_t}(T_t) = C_{\alpha_t}(t) = C(t) + \alpha_t$$

其中$C(t)$即是第 t 个 Node 自身数据的不确定性；换言之，$C_{\alpha_t}(T_t)$代表第 t 个 Node 进行局部剪枝前的新损失，$C_{\alpha_t}(t)$代表局部剪枝后的新损失。由上式可求出：

$$\alpha_t = \frac{C(t) - C(T_t)}{|T_t| - 1}$$

此即阈值的计算公式。

（3）进入循环体。

    ⓐ 将当前决策树存入列表 self.roots。

    ⓑ 若当前决策树中只剩根节点，则退出循环体。

    ⓒ 否则，取 p 满足：

$$p = \arg\min_{p} \_thresholds$$

    然后对 _tmp_nodes[p] 进行局部剪枝。

    ⓓ 在完成局部剪枝后，更新 _thresholds、_tmp_nodes 等变量。具体而言，我们无须重新计算它们，只需更新"被影响到的" Node 所对应的位置的值即可。

（4）然后调用 self.reduce_nodes 方法，将被剪掉的 Node 从 nodes 中除去。

（5）最后利用交叉验证，从 self.roots 中选出表现最好的决策树 T_p。

输出：修剪过后的决策树 T_p。

同样的，为了做到合理的代码重用、我们先利用之前实现的 cost 函数，在 CvDNode 里面定义一个获取 Node 阈值的函数：

```
01    def get_threshold(self):
02        return (self.cost(pruned=True) - self.cost()) / (len(self.leafs) - 1)
```

由于算法本身实现思想以及用到的工具都和第一种算法大同小异，所以代码写起来也差不多：

```
124    def _cart_prune(self):
125        # 暂时将所有节点记录所属 Tree 的属性置为 None
126        # 这样做的必要性会在后文进行说明
127        self.root.cut_tree()
128        _tmp_nodes = [node for node in self.nodes if node.category is None]
129        _thresholds = np.array([node.get_threshold() for node in _tmp_nodes])
130        while True:
131            # 利用 deepcopy 对当前的根节点进行深拷贝，存入 self.roots 列表
132            # 如果前面没有把记录 Tree 的属性置为 None，那么这里就也会对整个 Tree 做
133            # 深拷贝。可以想象，这样会引发严重的内存问题，速度也会被拖慢非常多
134            root_copy = deepcopy(self.root)
135            self.roots.append(root_copy)
136            if self.root.height == 1:
137                break
138            p = np.argmin(_thresholds)
139            _tmp_nodes[p].prune()
```

```
140        for i, node in enumerate(_tmp_nodes):
141            # 更新被影响的 Node 的阈值
142            if node.affected:
143                _thresholds[i] = node.get_threshold()
144                node.affected = False
145        for i in range(len(_tmp_nodes) - 1, -1, -1):
146            # 去除掉各列表相应位置的元素
147            if _tmp_nodes[i].pruned:
148                _tmp_nodes.pop(i)
149                _thresholds = np.delete(_thresholds, i)
150        self.reduce_nodes()
```

代码第 117 行对根节点调用的 cut_tree 方法同样是利用递归实现的：

```
01    def cut_tree(self):
02        self.tree = None
03        for child in self.children.values():
04            if child is not None:
05                child.cut_tree()
```

注意：以上代码应定义在 CvDNode 里面。

然后就是最后一步，通过交叉验证选出最优树了。注意到之前我们封装生成算法时，最后一行（第 77 行）调用了剪枝算法的封装——self.prune 方法。由于该方法是第一个接收了交叉验证集 x_cv 和 y_cv 的方法，所以我们应该让该方法来做交叉验证。为简洁起见，我们直接选用加权正确率作为交叉验证的标准：

```
151    # 定义计算加权正确率的函数
152    @staticmethod
153    def acc(y, y_pred, weights):
154        if weights is not None:
155            return np.sum((np.array(y) == np.array(y_pred)) * weights) / len(y)
156        return np.sum(np.array(y) == np.array(y_pred)) / len(y)
157
158    def prune(self, x_cv, y_cv, weights):
159        if self.root.is_cart:
160            # 如果该 Node 使用 CART 剪枝，那么只有在确实传入了交叉验证集的情况下
161            # 才能调用相关函数，否则没有意义
162            if x_cv is not None and y_cv is not None:
163                self._cart_prune()
164                _arg = np.argmax([CvDBase.acc(
165                    y_cv, tree.predict(x_cv), weights) for tree in self.roots])
```

```
166                    _tar_root = self.roots[_arg]
167                    # 由于 Node 的 feed_tree 方法会递归地更新 nodes 属性，所以要先重置
168                    self.nodes = []
169                    _tar_root.feed_tree(self)
170                    self.root = _tar_root
171            else:
172                    self._prune()
```

以上就完成了一个相当完整的决策树模型的搭建。对于预测函数和评估函数，因为在朴素贝叶斯模型的实现中我们已经展示过相关的实现，且因为决策树这方面的实现和朴素贝叶斯中的实现相差无几，我们就不在这里写出相关的细节了。笔者实现的版本可以参见 https://github.com/carefree0910/MachineLearning/blob/master/c_CvDTree/Tree.py。

3.3 评估与可视化

上一节实现了一个 Node 基类 CvDNode 和一个 Tree 基类 CvDBase；为了评估决策树模型的表现，需要先在这两个基类的基础上根据不同的算法实现各种具体的决策树。由于我们在基类里面已经完成了绝大部分工作，所以在其上进行扩展是很简单的：

```
01  # 在 CvDNode 的基础上，定义 ID3、C4.5 和 CART 算法对应的 Node 结构
02  class ID3Node(CvDNode):
03      def __init__(self, *args, **kwargs):
04          CvDNode.__init__(self, *args, **kwargs)
05          self.criterion = "ent"
06
07  class C45Node(CvDNode):
08      def __init__(self, *args, **kwargs):
09          CvDNode.__init__(self, *args, **kwargs)
10          self.criterion = "ratio"
11
12  class CartNode(CvDNode):
13      def __init__(self, *args, **kwargs):
14          CvDNode.__init__(self, *args, **kwargs)
15          self.criterion = "gini"
16          self.is_cart = True
```

在 CvDBase 的基础上定义三种算法对应的 Tree 结构的方法是类似的，囿于篇幅，这里就不进行详细说明。笔者实现的版本（利用了元类）可以参见上一节最后提供的链接。

同样可以使用蘑菇数据集来评估决策树模型的表现，结果如图 3.11~图 3.13 所示。

```
Acc:     100.0 %
Acc:     100.0 %
Model building  :     0.0340896 s
Estimation      :     0.0145733 s
Total           :     0.0486629 s
```

图3.11　蘑菇数据集上ID3算法的表现

```
Acc:     100.0 %
Acc:     100.0 %
Model building  :     0.0405827 s
Estimation      :     0.0140369 s
Total           :     0.0546196 s
```

图3.12　蘑菇数据集上C4.5算法的表现

```
Acc:   99.9833 %
Acc:   99.9058 %
Model building  :     0.221616 s
Estimation      :     0.0260746 s
Total           :     0.24769 s
```

图3.13　蘑菇数据集上CART算法的表现

可以看到 CART 算法的表现相对来说要差不少，可能的原因有如下三条。

- CART 算法在选择划分标准时是从所有二分标准里面进行选择的，这里就会比 ID3 和 C4.5 算法多出不少倍的运算量。
- 由于我们在实现 CART 剪枝算法时为了追求简洁，直接调用了标准库 copy 中的 deepcopy 方法对整棵决策树进行了深拷贝。这一步可能会连不必要的东西也进行了拷贝，从而导致了一些不必要的开销。
- CART 算法生成的是二叉决策树，所以可能生成出来的树会更深，各叶节点中的样本数可能也会分布得比较均匀，从而无论是建模过程还是预测过程都会要慢一些。

当然，如果结合蘑菇数据集来说的话，笔者认为最大的问题在于：CART 算法不适合应用于蘑菇数据集。一方面是因为蘑菇数据集全是离散型特征且各特征取值都挺多，另一方面是因为蘑菇数据集相对简单，有一些特征非常具有代表性（我们在第 2 章有所提及），仅仅用二分标准划分数据的话，会显得比较没有效率。

为了更客观地评估我们模型的表现，可以对成熟第三方库 sklearn 中的决策树模型进行恰当的封装并看看它在蘑菇数据集上的表现（结果如图 3.14 和图 3.15 所示）：

```
Acc:      100.0 %
Acc:      100.0 %
Model building  :   0.00551486 s
Estimation      :   0.000501156 s
Total           :   0.00601602 s
```

图3.14　蘑菇数据集上sklearn决策树的表现（criterion=entropy）

```
Acc:      100.0 %
Acc:      100.0 %
Model building  :   0.00551462 s
Estimation      :   0.00100303 s
Total           :   0.00651765 s
```

图3.15　蘑菇数据集上sklearn决策树的表现（criterion=gini）

不得不承认，成熟第三方库的效率确实要高很多（比我们的要快 5 倍左右）；这是因为虽然算法思想可能大致相同，但 sklearn 的核心实现都经过了高度优化，且（如不出意料的话）应该都是用 C 或者其他底层语言直接写的。不过正如第 1 章说过的，要想应用 sklearn 中的决策树，就必须先将数据数值化（即使是离散型数据）；而实现的决策树在处理离散型数据时却无须这一步数据预处理，可以直接应用在原始数据上（但处理混合型数据时还是要先进行数值化处理的，而且将离散型数据数值化也能显著提升模型的运行速度）。

我们在本章开头曾说过，决策树可能是从直观上最好理解的模型；事实上，如图 3.6～图 3.10 所示的决策树也确实非常直观易懂，于是我们可能自然就会希望程序能将生成的决策树画成如图 3.6～图 3.10 所示的模样。虽然不能做得那么漂亮，不过我们确实是能在前两节实现的决策树模型的基础上做出类似效果的（如图 3.16～图 3.18 所示）：

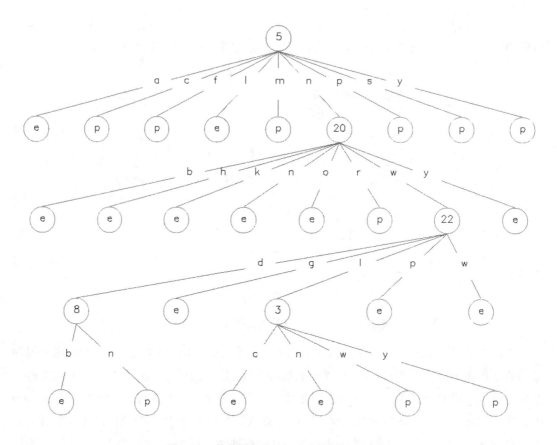

图3.16　蘑菇数据集上ID3决策树的可视化

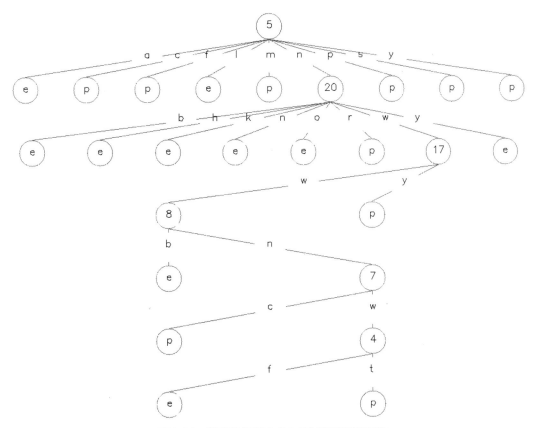

图3.17　蘑菇数据集上C4.5决策树的可视化

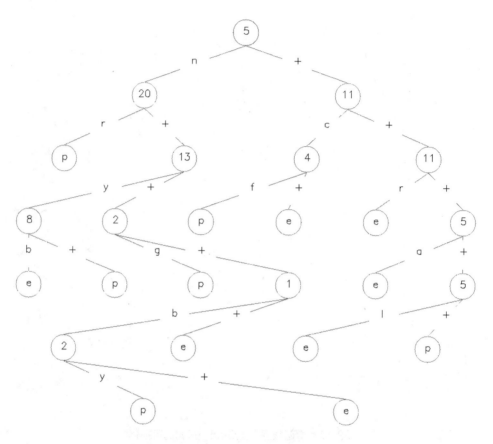

图3.18　蘑菇数据集上CART决策树的可视化

其中，各个数字代表该 Node 作为划分标准的特征所属的维度，位于各条连线中央的字母代表该维度特征的各个取值，加号"+"代表"其他"，各个圆圈中的字母代表类别标记。以上三张图在一定程度上验证了我们之前的很多说法，比如：ID3 会倾向选择取值比较多的特征，C4.5 可能会倾向选择取值比较少的特征且倾向于在每个二叉分枝处留下一个小 Node 作为叶节点，CART 各个叶节点上的样本分布较均匀且生成出的决策树会比较深，等等。

在第 2 章分析图 2.3 时曾经说过，即使只根据第 5 维的取值来进行类别的判定，最后的准确率也一定会非常高。验证这一命题的方法很简单——只需将决策树的最大深度设为1 即可，结果如图 3.19 所示。

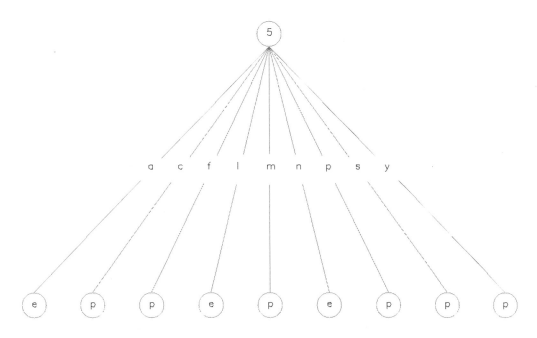

图3.19 蘑菇数据集上单层决策树的可视化

此时模型的表现如图 3.20 所示。

```
Acc:   98.5167 %
Acc:   98.5405 %
Model building  :    0.0265944 s
Estimation      :    0.0145061 s
Total           :    0.0411005 s
```

图3.20 蘑菇数据集上单层决策树的表现

可以看到其表现确实不错。值得一提的是，单层决策树又可称为"决策树桩（Decision Stump）"，它是有特殊应用场景的（比如我们在下一章讲 AdaBoost 时就会用到它）。

至此我们用到的数据集都是离散型数据集，为了更全面地进行评估，使用连续型数据集进行评估是有必要的；同时为了增强直观，可以用异或数据集来进行评估。原始数据集如图 3.21 所示。

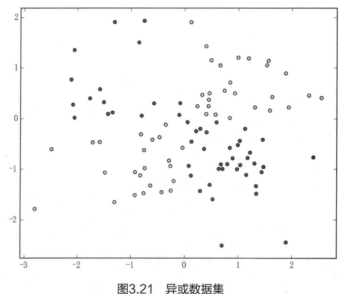

图3.21 异或数据集

生成异或数据集（及其他二维数据集）的代码定义在第 2 章提到过的 DataUtil 类中（可参见 https://github.com/carefree0910/MachineLearning/blob/master/Util/Util.py），读者也可以在下一章中找到相应的讲解。为使评估更具有直观性，可以把四种决策树（ID3、C4.5、CART决策树和 sklearn 的决策树）在异或数据集上的表现直接画出来（如图 3.22 和图 3.23 所示）：

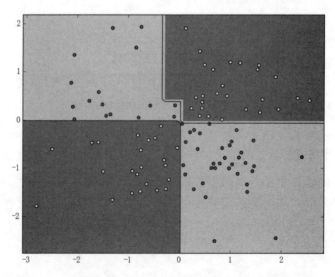

图3.22 异或数据集上ID3、CART和sklearn决策树的表现

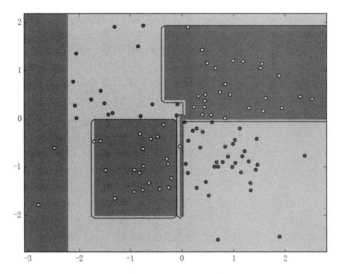

图3.23　异或数据集上C4.5决策树的表现

可以看到 C4.5 决策树的过拟合现象比较严重。正如我们之前所分析的一样，这很有可能是因为 C4.5 在二叉分枝时会倾向于进行"不均匀的二分"（从图 3.23 也可以大概看出）。

3.4　相关数学理论

这一节会叙述琴生不等式（Jensen's Inequality）及其一个简单的应用，为此需要知道凸函数的概念：

- 若函数$f(x)$对$\forall p \in [0,1]$，都满足

$$pf(x_1) + (1-p)f(x_2) \leqslant f(px_1 + (1-p)x_2)$$

  则称$f(x)$为凸函数（有时又叫上凸函数）。

琴生不等式是针对凸函数提出的：对于$[a,b]$上的凸函数，若

$$p_1,\ldots,p_K \in [0,1], \qquad p_1 + p_2 + \cdots + p_K = 1$$

则有

$$\sum_{k=1}^{K} p_i f(x_i) \leqslant f\left(\sum_{k=1}^{K} p_i x_i\right)$$

接下来我们会利用它来证明等概率分布具有最大熵。注意可以证明函数

$$\widehat{H}(p) = -p \log p$$

是一个凸函数，于是熵的定义式可以写成

$$H(y) = -\sum_{k=1}^{K} p_k \log p_k = \sum_{k=1}^{K} \widehat{H}(p_k)$$

从而

$$\frac{1}{K}H(y) = \frac{1}{K}\sum_{k=1}^{K}\hat{H}(p_k) \leqslant \hat{H}\left(\sum_{k=1}^{K}\frac{1}{K}p_k\right) = \hat{H}\left(\frac{1}{K}\right) = -\frac{1}{K}\log\frac{1}{K} = \frac{1}{K}\log K$$

亦即

$$H(y) \leqslant \log K$$

等式当且仅当

$$p_1 = p_2 = \cdots = p_K = \frac{1}{K}$$

时取得。

最后简要说明如何用数学归纳法证明琴生不等式：

- 当 $K = 2$ 时，由凸函数定义直接证毕，此为奠基。
- 假设 $K = n$ 时成立，考虑 $K = n + 1$ 的情况，令

$$s_n = \sum_{k=1}^{n} p_k$$

则

$$\sum_{k=1}^{n+1} p_k f(x_k) = s_n \sum_{k=1}^{n} \frac{p_k}{s_n} f(x_k) + p_{n+1} f(x_{n+1})$$

注意到

$$\sum_{k=1}^{n} \frac{p_k}{s_n} = 1$$

从而由 $K = n$ 时的琴生不等式可知

$$\sum_{k=1}^{n} \frac{p_k}{s_n} f(x_k) \leqslant f\left(\sum_{k=1}^{n} \frac{p_k}{s_n} f(x_k)\right)$$

注意到

$$s_n + p_{n+1} = 1$$

从而由凸函数定义知

$$s_n f\left(\sum_{k=1}^{n} \frac{p_k}{s_n} f(x_k)\right) + p_{n+1} f(x_{n+1}) \leqslant f\left(s_n \sum_{k=1}^{n} \frac{p_k}{s_n} f(x_k) + p_{n+1} x_{n+1}\right)$$

综上所述，即得

$$\sum_{k=1}^{n+1} p_k f(x_k) \leqslant f\left(\sum_{k=1}^{n+1} p_k f(x_k)\right)$$

琴生不等式的应用非常广泛，证明等概率分布具有最大熵只是其中一个小应用。在许许多多涉及凸问题的算法中，琴生不等式都显示出了强大的威力。

3.5　本章小结

- 决策树是从直观上很好理解的模型，可以把它理解为一个划分规则的序列。
- 决策树常用的生成算法包括：

  ○ ID3 算法，它使用互信息作为信息增益的度量。
  ○ C4.5 算法，它使用信息增益比作为信息增益的度量。
  ○ CART 算法，它规定生成出来的决策树为二叉树，且一般使用基尼增益作为信息增益的度量。

- 决策树常用的剪枝算法有两种，它们都是为了适当地降低模型复杂度，从而期望模型在未知数据上的表现更好。
- 决策树的代码实现自始至终都贯彻着递归的思想，可以说是递归的一个经典应用。

第 4 章
集成学习

到目前为止我们已经讲过了若干的分类器了。从它们的复杂程度可以感受到，它们有些是比较"强"的、有些是比较"弱"的。这一章我们将会阐述所谓的"强"与"弱"的定义，它们之间的联系以及阐述如何将一个"弱分类器"通过集成学习来集成出一个"强分类器"。而由于集成学习有许多种具体的方法，我们会挑选出其中的随机森林和 AdaBoost 来做比较详细的说明。

本章主要涉及的知识点有：

- 集成学习的基本思路和做法。
- 概率近似正确（Probably Approximately Correct，PAC）学习理论。
- 随机森林与 AdaBoost 的实现与评估。
- 前向分步算法与加法模型。

4.1 "集成"的思想

本节首先会介绍何谓"集成"，然后会介绍两种常见的集成学习方法：Bagging、AdaBoost 的基本定义。这些概念的背后有着深刻的数学理论，但是它们同时也拥有很好的直观。获得对它们的直观有助于加深对各种模型的分类性能的理解，同时也有助于根据具体的数据集来挑选相应的和合适的模型来进行学习。

4.1.1　众擎易举

集成学习基于这样的思想：对于比较复杂的任务，综合许多人的意见来进行决策会比"一家独大"要更好。换句话说，就是通过适当的方式集成许多"个体模型"所得到的最终模型要比单独的"个体模型"的性能更优。可以通过图 4.1 来直观感知这个过程。

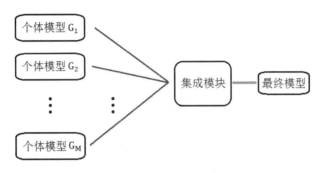

图4.1　集成学习的过程

所以问题的关键转化为了两点：如何选择、生成弱分类器和如何对它们进行提升（集成）。在此基础上，通常有三种不同的思路：

- 将不同类型的弱分类器进行提升；
- 将相同类型但参数不同的弱分类器进行提升；
- 将相同类型但训练集不同的弱分类器进行提升。

其中第一种思路的应用相对来说可能不太广泛，而第二、第三种思路则指导着两种常见的做法，这两种做法的区别主要体现在基本组成单元——弱分类器的生成方式：

第一种做法期望各个弱分类器之间依赖性不强，可以同时进行生成。这种做法又称为并行方法，其代表为 Bagging，而 Bagging 一个著名的拓展应用便是本章主题之一——随机森林（Random Forest，RF）。

在第二种做法中弱分类器之间具有强依赖性，只能序列生成。这种做法又称为串行方法，其代表为 Boosting，而 Boosting 族算法中的代表即是本章的另一主题——AdaBoost。

4.1.2　Bagging 与随机森林

Bagging 是于 1996 年由 Breiman 提出的，它的思想根源是数理统计中非常重要的

Bootstrap 理论。Bootstrap 可以翻译成"自举"，它通过模拟的方法来逼近样本的概率分布函数。可以想象这样一个场景：现在有一个包含 N 个样本的数据集$X = \{x_1, ..., x_N\}$，这 N 个样本是由随机变量 x 独立生成的。我们想要研究 x 的均值估计$\bar{x} = \frac{1}{N}\sum_{i=1}^{N} x_i$的统计特性（误差、方差，等等），但由于研究统计特性是需要大量样本的，而数据集X只能给我们提供一个$\bar{x}$的样本，从而导致无法进行研究。

在这种场景下，容易想到的一种解决方案是：通过 x 的分布生成出更多的数据集$X_1, ..., X_M$，每个数据集都包含 N 个样本。这 M 个数据集都能产生一个均值估计，从而就有了 M 个均值估计的样本。那么只要 M 足够大，我们就能研究$\bar{x}$的统计特性了。

当然这种解决方案的一个最大的困难就是：我们并不知道 x 的真实分布。Bootstrap 就是针对这个困难提出了一个解决办法：通过不断地"自采样"来模拟随机变量真实分布生成的数据集。具体而言，Bootstrap 的做法是：

- 从X中随机抽出一个样本（亦即抽出$x_1, ..., x_N$的概率相同）；
- 将该样本的拷贝放入数据集X_j；
- 将该样本放回X中。

以上三个步骤将重复 N 次，从而使得X_j中有 N 个样本。这个过程将对$j = 1, ..., M$都进行一遍，从而我们最终能得到 M 个含有 N 个样本的数据集$X_1, ..., X_M$。

简单来说，Bootstrap 其实就是一个有放回的随机抽样过程，所以原始数据$\{x_1, ..., x_N\}$中可能会在$X_1, ..., X_M$中重复出现，也有可能不出现在$X_1, ..., X_M$中。事实上，由于X中一个样本在 N 次采样中始终不被采到的概率为$\left(1 - \frac{1}{N}\right)^N$，且：

$$\lim_{N \to \infty} \left(1 - \frac{1}{N}\right)^N \to \frac{1}{e} \approx 0.368$$

所以在统计意义上可以认为，X_j中含有X中 63.2%的样本($\forall j = 1, ..., M$)。

这种模拟的方法在理论上是具有最优性的。事实上，这种模拟的本质和经验分布函数对真实分布函数的模拟几乎一致：

- Bootstrap 以$\frac{1}{N}$的概率，有放回地从X中抽取 N 个样本作为数据集，并以之估计真实分布生成的具有 N 个样本的数据集。
- 经验分布函数则是在 N 个样本点上以每点的概率为$\frac{1}{N}$作为概率密度函数，然后进行积分的函数。

经验分布函数的数学表达式为：

$$F_N(x) = \frac{1}{N} \sum_{i=1}^{N} I_{(-\infty, x]}(x_i)$$

可以看出，经验分布函数用到了频率估计概率的思想。用它来模拟真实分布函数是具有很好优良性的，详细的讨论可参见倒数第二节。

知道 Bootstrap 是什么之后，我们就可以来看 Bagging 的具体定义了。Bagging 的全称是 Bootstrap Aggregating，其思想非常简单：

- 用 Bootstrap 生成出 M 个数据集；
- 用这 M 个数据集训练出 M 个弱分类器；
- 最终模型即为这 M 个弱分类器的简单组合。

所谓简单组合就是：

- 对于分类问题使用简单的投票表决；
- 对于回归问题则进行简单的取平均。

简单组合虽说简单，其背后仍然是有数学理论支撑的。考虑二分类问题：

$$y \in \{-1, +1\}$$

假设样本空间到类别空间的真实映射为 f，我们得到的 M 个弱分类器模型 $G_1, \dots, G_M$ 所对应的映射为 $g_1, \dots, g_M$，那么简单组合下的最终模型对应的映射即为：

$$g(x) = \text{sign}\left(\sum_{j=1}^{M} g_j(x) \right)$$

这里的 sign 是符号函数，满足：

$$\text{sign}(x) = \begin{cases} -1, & if\ x < 0 \\ +1, & if\ x > 0 \end{cases}$$

sign(0) 则可为 -1 也可为 $+1$，令其有 50% 的概率输出 $-$、$+1$ 也是可行的。

如果我们此时假设每个弱分类器的错误率为 ϵ：

$$p\big(g_i(x) \neq f(x)\big) = \epsilon$$

如果我们假设弱分类器的错误率相互独立，那么由霍夫丁不等式（Hoeffding's Inequality）

可以得知：

$$p\big(G(x)\neq f(x)\big)=\sum_{j=0}^{\left[\frac{M}{2}\right]}\binom{M}{j}\big(1-\epsilon\big)^{j}\,\epsilon^{M-j}\leqslant\exp\left(-\frac{1}{2}M\big(1-2\epsilon\big)^{2}\right)$$

亦即最终模型的错误率随弱分类器的个数 M 的增加，将会以指数级下降并最终趋于 0。

虽说这个结果看上去很振奋人心，但需要注意的是，我们做了一个非常强的关键假设：假设弱分类器的错误率相互独立。这可以说是不可能做到的，因为这些弱分类器想要解决的都是同一个问题，且使用的训练集也都源自于同一份数据集。

但不管怎么说，以上的分析给了我们这样一个重要信息：弱分类器之间的"差异"似乎应该尽可能地大。基于此，结合 Bagging 的特点、可以得出这样一个结论：对于"不稳定"（或说对训练集敏感：若训练样本稍有改变，得到的从样本空间到类别空间的映射 g 就会产生较大的变化）的分类器，Bagging 能够显著地对其进行提升。这也是被大量实验结果所证实了的。

正如前文提过的，Bagging 有一个著名的拓展应用叫"随机森林"，从名字就容易想到，它是当个体模型为决策树时的 Bagging 算法。不过需要指出的是，随机森林算法不仅对样本进行 Bootstrap 采样，对每个 Node 调用生成算法时都会随机挑选出一个可选特征空间的子空间作为该决策树的可选特征空间；同时，生成好个体决策树后不进行剪枝，而是保持原始的形式。换句话说、随机森林算法流程大致如下：

- 用 Bootstrap 生成出 M 个数据集；
- 用这 M 个数据集训练出 M 棵不进行后剪枝决策树，且在每颗决策树的生成过程中，每次对 Node 进行划分时，都从可选特征（比如说有 d 个）中随机挑选出 k 个（$k\leqslant d$）特征，然后依信息增益的定义从这 k 个特征中选出信息增益最大的特征作为划分标准；
- 最终模型即为这 M 个弱分类器的简单组合。

注意：有一种说法是随机森林中的个体决策树模型只能使用 CART 树。

也就是说，除了和一般 Bagging 算法那样对样本进行随机采样以外，随机森林还对特征进行了某种意义上的随机采样。这样做的意义是直观的：通过对特征引入随机扰动，可以使个体模型之间的差异进一步增加，从而提升最终模型的泛化能力。而这个特征选取的随机性，恰恰被上述算法第二步中的参数 k 所控制：

- 若 $k = d$，那么训练出来的决策树和一般意义下的决策树别无二致，亦即特征选取这一部分不具有随机性；
- 若 $k = 1$，那么生成决策树的每一步都是在随机选择属性，亦即特征选取的随机性达到最大。

Breiman 在提出随机森林算法的同时指出，一般情况下，推荐取 $k = \log_2 d$。

4.1.3　PAC 框架与 Boosting

虽然同属集成学习方法，但 Boosting 和 Bagging 的数学理论根基不尽相同：Boosting 产生于计算学习理论（Computational Learning Theory）[Valiant, 1984]。一般而言，如果只是应用机器学习的话，我们无须对它进行太多的了解（甚至可以说，对它一知半解反而有害），所以本小节只打算对其最基本的概率近似正确（PAC）学习理论中的"可学习性（PAC Learnability）"进行简要的介绍。

PAC 学习整体来说是一个比较纯粹的数学理论。有一种说法是，PAC 学习是统计学家研究机器学习的方式，它关心模型的可解释性，然而机器学习专家通常更关心模型的预测能力。这也正是为何说无须太过了解它，因为我们的目的终究不是成为统计的专家，而是更希望成为一个能够应用机器学习的人。不过幸运的是，虽然为了叙述 Boosting，PAC 学习中"可学习性"的概念难以避开，但其本身却是具有很直观的解释的。下面我们就来看看这个直观解释。

PAC 提出的一个主要的假设，就是它要求数据是从某个稳定的概率分布中产生的。直观地说，就是样本在样本空间中的分布状况不能随时间的变化而变化，否则就失去了学习的意义（因为学习到的永远只是"某个时间"的分布，如果未知数据所处时间的分布状况和该时间数据的分布状况不同的话，模型就直接失效了）。然后所谓的 PAC 可学习性，就是看学习的算法是否能够在合理的时间（多项式时间）内，以足够大的概率输出一个错误率足够小的模型。由此，所谓的"强可学习"和"弱可学习"的概念就很直观了：

- 若存在一个多项式算法可以学习出准确率很高的模型，则称为强可学习；
- 若存在一个多项式算法可以学习但准确率仅仅略高于随机猜测，则称为弱可学习。

注意：由于进行机器学习时我们只能针对训练数据集进行学习，所以和真实情况相比肯定是有偏差的。这正是需要提出 PAC 可学习这个概念的原因之一。

虽然我们区分定义了这两个概念，不过神奇之处在于，这两个概念在 PAC 学习框架下是完全等价的[Schapire, 1990]。这意味着对于一个学习问题，只要我们找到了一个"弱学习算法"，就可以把它变成一个"强学习算法"。这当然是意义深刻的，因为往往粗糙的"弱学习算法"比较好找，而相对精确的"强学习算法"却难得一求。

那么具体而言应该怎么做呢？这里就需要用到所谓的 Boosting（提升方法）了。提升方法可以定义为用于将由"弱学习算法"生成的"弱模型"，提升成和"强学习算法"所生成的"强模型"性能差不多的模型的方法，它的基本组成单元是许许多多的"弱模型"。然后通过某种手段把它们集成为最终模型。虽然该过程听上去和上一小节介绍的 Bagging 差不多，但它们的思想和背后的数学理论却有较大区别，加以辨析是有必要的。

需要指出的是，Boosting 事实上是一族算法，该族算法有一个类似的框架。

- 根据当前的数据训练出一个弱模型。
- 根据该弱模型的表现调整数据的样本权重。具体而言：
  - 让该弱模型做错的样本在后续训练中获得更多的关注；
  - 让该弱模型做对的样本在后续训练中获得较少的关注。
- 最后再根据该弱模型的表现决定该弱模型的"话语权"，亦即投票表决时的"可信度"。自然，表现越好就越有话语权。

可以证明：当训练样本有无穷多时，Boosting 能让弱模型集成出一个对训练样本集的准确率任意高的模型。然而实际任务中训练样本当然不可能有无穷多，所以问题就转为了如何在固定的训练集上应用 Boosting 方法。而在 1996 年，由 Freund 和 Schapire 所提出的 AdaBoost（Adaptive Boosting）正是一个相当不错的解决方案，在理论和实验上均有优异的表现。虽然 AdaBoost 背后的理论深究起来可能会有些烦复，但它的思想并没有脱离 Boosting 族算法的那一套框架。值得一提的是，Boosting 还有一套比较有意思的解释方法；我们会在后文详细讨论其中的代表性算法——AdaBoost 的解释，这里就先按下不表。

4.2　随机森林算法

由前文讨论可知，我们在实现 RF 算法之前，需要先在决策树模型的生成过程中加一个参数，使得我们能够对特征选取加入随机性。这个过程相当简单，下面给出代码片段以进行粗略的说明。首先在 CvDBase 的 fit 方法中加入一个参数 feature_bound：

```
01  def fit(self, x, y, sample_weight=None, alpha=None, eps=1e-8,
02      cv_rate=0.2, train_only=False, feature_bound=None):
```

然后在同一个方法里面，把这个参数传给 CvDNode 的 fit 方法：

```
01  self.root.fit(x_train, y_train, _train_weights, feature_bound, eps)
```

在 CvDNode 的 fit 方法中，原始代码中有一个对可选特征空间的遍历：

```
01  for feat in self.feats:
```

根据参数 feature_bound 对它加入随机性：

```
01  feat_len = len(self.feats)
02  # 默认没有随机性
03  if feature_bound is None:
04      indices = range(0, feat_len)
05  elif feature_bound == "log":
06      # np.random.permutation(n): 将数组[0,1,...,n-1]打乱后返回
07      indices = np.random.permutation(feat_len)[:max(1, int(log2(feat_len)))]
08  else:
09      indices = np.random.permutation(feat_len)[:feature_bound]
10  tmp_feats = [self.feats[i] for i in indices]
11  for feat in tmp_feats:
```

然后要在同一个方法里面，把 feature_bound 传给 _gen_children 方法，而在 _gen_children 中，再把 feature_bound 传给子节点的 fit 方法即可。

以上所有实现细节可参见 https://github.com/carefree0910/MachineLearning/tree/master/c_CvDTree 中的 Tree.py 和 Node.py。

有了这些准备，我们就可以来看看 RF 的算法陈述了（以分类问题为例）。

算法 4-1　随机森林算法

输入：训练数据集（包含 N 个数据）、决策树模型、迭代次数 M

过程：

（1）对 $j = 1, 2, \dots, M$：

　　（a）通过 Bootstrap 生成包含 N 个数据的数据集 D_k

　　（b）利用 D_j 和输入的决策树模型进行训练，注意不用对训练好的决策树模型 g_j 进行剪枝。同时需要注意的是，在训练决策树的过程中，每一步的生成都要对特征的选取加入随机性。

（2）对个体决策树进行简单组合。不妨用符号 $\mathrm{freq}(c_k)$ 表示类别 c_k 在 M 个决策树模型的决策中出现的频率，那么：

$$g(x) = \arg\max_{c_k} \text{freq}(c_k)$$

输出：最终分类器$g(x)$。

从算法即可看出随机森林算法的实现（在实现好决策树模型后）是相当简单的，需要额外做的工作只有定义一个能够计算上述算法第（2）步中$\arg\max_{c_k} \text{freq}(c_k)$的函数而已。

代码 4-1 实现随机森林算法：d_Ensemble\RandomForest.py

```
01  # 导入我们自己实现的决策树模型
02  from c_CvDTree.Tree import *
03
04  class RandomForest(ClassifierBase):
05      # 建立一个决策树字典，以便调用
06      _cvd_trees = {
07          "id3": ID3Tree,
08          "c45": C45Tree,
09          "cart": CartTree
10      }
11
12      def __init__(self):
13          super(RandomForest, self).__init__()
14          self._trees = []
15
16      # 实现计算arg max_{c_k} freq(c_k)的函数
17      @staticmethod
18      def most_appearance(arr):
19          u, c = np.unique(arr, return_counts=True)
20          return u[np.argmax(c)]
21
22      # 默认使用 10 棵 CART 树，默认k = log_2 d
23      def fit(self, x, y, sample_weight=None, tree="cart", epoch=10, feature_bound="log",
24              *args, **kwargs):
25          x, y = np.atleast_2d(x), np.array(y)
26          n_sample = len(y)
27          for _ in range(epoch):
28              tmp_tree = RandomForest._cvd_trees[tree](*args, **kwargs)
29              _indices = np.random.randint(n_sample, size=n_sample)
30              if sample_weight is None:
31                  _local_weight = None
32              else:
33                  _local_weight = sample_weight[_indices]
34                  _local_weight /= _local_weight.sum()
```

```
35              tmp_tree.fit(x[_indices], y[_indices],
36                  sample_weight=_local_weight, feature_bound=feature_bound)
37              self._trees.append(deepcopy(tmp_tree))
38
39          # 对个体决策树进行简单组合
40          def predict(self, x):
41              _matrix = np.array([_tree.predict(x) for _tree in self._trees]).T
42              return np.array([RandomForest.most_appearance(rs) for rs in _matrix])
```

需要注意的是，实现的 RandomForest 类继承了一个叫 ClassifierBase 的基类，其实现是我们之前没有提及的。具体的代码可参见 https://github.com/carefree0910/Machine Learning/blob/master/Util/Bases.py，这里仅大致说说它的功能：由前两章的实现可知，模型中是有一些非常普适性的功能的，包括但不限于：

- 可视化二维数据；
- 重载 __str__、__repr__ 和 __getitem__ 方法；
- 根据 predict 方法，输出某个数据集上的准确率。

因此为了做到合理的代码重用，可以把这些功能抽象出来。事实上，前两章实现的朴素贝叶斯模型和决策树模型也可以通过适当的继承与元类的使用来减少代码量。

注意： ClassifierBase 较为详细的讲解都会放在附录中，有需要的读者可以先参见相应部分。

其次需要指出的是，most_appearance 函数用到了 Numpy 中的 unique 方法，它和标准库中 collections 的 Counter 具有差不多的用法。举个小例子：

```
01  x = np.array([i for i in "dcbabcd"])
02  np.unique(x, return_counts=True)
```

这两行代码会返回：

```
(
    array(['a', 'b', 'c', 'd'], dtype='<U1'),
    array([1, 2, 2, 2], dtype=int64)
)
```

换句话说，unique 方法能够提取出一个 Numpy 数组中出现过的元素并对它们计数，同时输出的 Numpy 数组是经过排序的。

以上就完成了一个简易可行的随机森林模型的实现，可以把对随机森林模型的评估与对 AdaBoost 的评估放在一起进行以便于对比，这里就先按下不表。

4.3 AdaBoost 算法

由前文的讨论可知，问题的关键主要在如下两点：

- 如何根据弱模型的表现更新训练集的权重；
- 如何根据弱模型的表现决定弱模型的话语权。

我们接下来就看看 AdaBoost 算法是怎样解决上述两个问题的。事实上，能够将这两个问题的解决方案有机地糅合在一起，正是 AdaBoost 的巧妙之处之一。

4.3.1 AdaBoost 算法陈述

不失一般性，我们以二类分类问题来进行讨论，很容易得知此时我们的弱模型、强模型和最终模型分别为弱分类器、强分类器和最终分类器。再不妨假设我们现有一个二类分类的训练数据集：

$$D = \{(x_1, y_1), (x_2, y_2), \ldots, (x_n, y_n)\}$$

其中，每个样本点都是由实例x_i和类别y_i组成，且：

$$x_i \in X \subseteq \mathbb{R}^n ; \ y_i \in Y = \{-1, +1\}$$

这里的 X 是样本空间，Y 是类别空间。AdaBoost 会利用如下的步骤，从训练数据中训练出一系列的弱分类器，然后把这些弱分类器集成为一个强分类器：

算法 4-2 AdaBoost 算法

输入：训练数据集（包含 N 个数据）、弱学习算法及对应的弱分类器、迭代次数 M

过程：

（1）初始化训练数据的权值分布

$$W_0 = (w_{01}, \ldots, w_{0N})$$

（2）对 $k = 0,1, \ldots, M-1$：

    ⓐ 使用权值分布为W_k的训练数据集训练弱分类器

$$g_{k+1}(x): \ X \to \{-1, +1\}$$

    ⓑ 计算$g_{k+1}(x)$在训练数据集上的加权错误率

$$e_{k+1} = \sum_{i=1}^{N} w_{ki} I(g_{k+1}(x_i) \neq y_i)$$

    ⓒ 根据加权错误率计算$g_{k+1}(x)$的"话语权"

$$\alpha_{k+1} = \frac{1}{2}\ln\frac{1 - e_{k+1}}{e_{k+1}}$$

ⓓ 根据 $g_{k+1}(x)$ 的表现更新训练数据集的权值分布：被 $g_{k+1}(x)$ 误分的样本（$y_i g_{k+1}(x_i) < 0$ 的样本）要相对地（以 $e^{\alpha_{k+1}}$ 为比例地）增大其权重，反之则要（以 $e^{-\alpha_{k+1}}$ 为比例地）减少其权重

$$w_{k+1,i} = \frac{w_{ki}}{Z_k} \cdot \exp(-\alpha_{k+1} y_i g_{k+1}(x_i))$$

$$W_{k+1} = (w_{k+1,1}, \dots, w_{k+1,N})$$

这里的 Z_k 是规范化因子

$$Z_k = \sum_{i=1}^{N} w_{ki} \cdot \exp(-\alpha_{k+1} y_i g_{k+1}(x_i))$$

它的作用是将 W_{k+1} 归一化成为一个概率分布

（3）加权集成弱分类器

$$f(x) = \sum_{k=1}^{M} \alpha_k g_k(x)$$

输出：最终分类器 $g(x)$

$$g(x) = \text{sign}(f(x)) = \text{sign}\left(\sum_{k=1}^{M} \alpha_k g_k(x)\right)$$

注意： （2）中的 ⓑ 步骤得到的加权错误率 e_{k+1} 如果足够小的话，可以考虑提前停止训练，但这样做往往不是最合理的选择（这点会在后文进行模型性能分析时进行较详细的说明）。

我们在分配弱分类器的话语权时用到了一个公式：$\alpha_{k+1} = \frac{1}{2}\ln\frac{1 - e_{k+1}}{e_{k+1}}$。在该公式中，话语权 α_{k+1} 会随着加权错误率 $e_{k+1} \in [0, 1]$ 的增大而减小。它们之间的函数关系如图 4.2 所示。

大多数情况下我们训练出来的弱分类器的 $e_k < 0.5$，对应着的是图 4.2 左半边的部分；不过即使我们的弱分类器非常差，以至于 $e_k > 0.5$，由于此时 $\alpha_k < 0$，亦即我们知道该分类器的表决应该反着来看，所以也不会出问题（有一种做法是如果训练到 $e_k > 0.5$ 的话就停止训练，笔者感觉也有道理）。

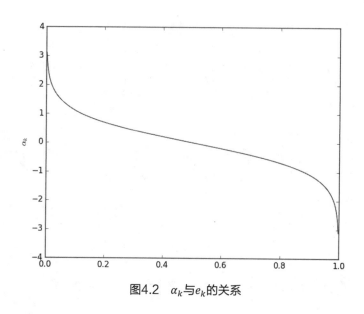

图4.2 α_k 与 e_k 的关系

4.3.2 弱模型的选择

看到这里，读者可能会产生这么一个疑问：如果我们不拘泥于对弱模型进行提升，转而对强模型或比较强的弱模型进行提升的话，会不会提升出更好的模型呢？从 Boosting 的思想来看，需要指出的是：用 Boosting 进行提升的弱模型的学习能力不宜太强，否则使用 Boosting 就没有太大的意义，甚至从原理上不太兼容。直观地说，Boosting 是为了让各个弱模型专注于"某一方面"，最后加权表决，如果使用了较强的弱模型，可能一个弱模型就包揽了好几方面，最后可能反而会模棱两可，起不到"提升"的效果。而且从迭代的角度来说，可以想象：如果使用较强弱模型的话，可能第一次产生的模型就已经达到"最优"，从而使得模型没有"提升空间"。

> **注意**：虽然笔者认为在 Boosting 中的弱模型就应该选择足够弱的模型，但确实亦有对强模型（如核 SVM）应用 Boosting 也很好的说法。详细而严谨的讨论会牵扯大量的数学理论，这里就不详细展开了。

可能读者此时又会产生一个新的疑问：如果说 Boosting 中的弱模型不宜太强的话，是不是说 Bagging 中的个体模型也不宜太强呢？需要指出的是，虽然从理论上来说使用弱模型进行集成就已足以获得一个相当不错的最终模型，但使用较强的模型来进行集成从原理上是不太矛盾的。考虑到不同的场合，有时确实可以选用较强的模型来作为个体模型。

那么所谓的不太强的弱模型大概是个什么东西呢？一个比较直观的例子就是限制层数的决策树。极端的情况就是限定它只能有一层，亦即上一章我们提到过的"决策树桩"，对应地进行了提升后的模型就是相当有名的提升树（Boosting Tree），它被认为是统计学习中性能最好的方法之一，既可以用来做分类也可以拿来做回归，是个相当强力的模型。

4.3.3　AdaBoost 的实现

从第一小节的算法讲解其实可以看出，虽然 AdaBoost 算法本身很不简单，但它给出的步骤都是相当便于实现的，基本上一个步骤就对应着 Python 里面的一行代码。在实现的过程中，困难之处可能主要在于如何让实现出来的 AdaBoost 框架易于扩展并具有方便调用的接口，而不在于实现算法本身。同时，为了能够更好地理解 AdaBoost 算法，需要对其性能作一系列的分析。

由于 AdaBoost 是一个用于提升弱模型的算法，所以我们整体的实现思路大致是（不失一般性，我们先讨论二类分类问题）：

- 搭建 AdaBoost 框架；
- 使用 sklearn 中的分类器对框架的正确性进行检验；
- 使用前两章实现的分类器进行对比实验。

所以我们要先把 AdaBoost 框架实现出来。为此，先来看 AdaBoost 框架的初始化步骤：

代码 4-2　搭建 AdaBoost 框架：AdaBoost.py

```
01    from math import log
02    # 导入我们之前实现的朴素贝叶斯模型和决策树模型
03    from b_NaiveBayes.Vectorized.MultinomialNB import MultinomialNB
04    from b_NaiveBayes.Vectorized.GaussianNB import GaussianNB
05    from c_CvDTree.Tree import *
06    # 导入 sklearn 的相应模型；这里我做了一定程度的拓展，详细情况可参见如下链接：
07    # https://github.com/carefree0910/MachineLearning/tree/master/_SKlearn
08    from _SKlearn.NaiveBayes import *
09    from _SKlearn.Tree import *
10
11    class AdaBoost:
12        # 弱分类器字典，如果想要测试新的弱分类器的话，只需将其加入该字典即可
13        _weak_clf = {
14            "SKMNB": SKMultinomialNB,
15            "SKGNB": SKGaussianNB,
16            "SKTree": SKTree,
17
```

```
18          "MNB": MultinomialNB,
19          "GNB": GaussianNB,
20          "ID3": ID3Tree,
21          "C45": C45Tree,
22          "Cart": CartTree
23      }
24      """
25      AdaBoost 框架的朴素实现
26      使用的弱分类器需要有如下两个方法：
27          1) 'fit'      方法，它需要支持输入样本权重
28          2) 'predict'  方法，它用于返回预测的类别向量
29      初始化结构
30      self._clf：记录弱分类器名称的变量
31      self._clfs：记录弱分类器的列表
32      self._clfs_weights：记录弱分类器"话语权"的列表
34      """
35      def __init__(self):
36          self._clf, self._clfs, self._clfs_weights = "", [], []
```

接下来就是训练和预测部分的代码：

```
37      def fit(self, x, y, sample_weight=None, clf=None, epoch=10, eps=1e-12, **kwargs):
38          # 默认使用 10 个 CART 决策树桩作为弱分类器
39          if clf is None or AdaBoost._weak_clf[clf] is None:
40              clf = "Cart"
41              kwargs = {"max_depth": 1}
42          self._clf = clf
43          if sample_weight is None:
44              sample_weight = np.ones(len(y)) / len(y)
45          else:
46              sample_weight = np.array(sample_weight)
47          # AdaBoost 算法的主循环，epoch 为迭代次数
48          for _ in range(epoch):
49              # 根据样本权重训练弱分类器
50              tmp_clf = AdaBoost._weak_clf[clf](**kwargs)
51              tmp_clf.fit(x, y, sample_weight)
52              # 调用弱分类器的 predict 方法进行预测
53              y_pred = tmp_clf.predict(x)
54              # 计算加权错误率；考虑到数值稳定性，在边值情况加了一个小的常数
55              em = min(max((y_pred != y).dot(self._sample_weight[:, None])[0], eps), 1 - eps)
56              # 计算该弱分类器的"话语权"
57              am = 0.5 * log(1 / em - 1)
58              # 更新样本权重并利用 deepcopy 将该弱分类器记录在列表中
```

```
59          sample_weight *= np.exp(-am * y * y_pred)
60          sample_weight /= np.sum(sample_weight)
61          self._clfs.append(deepcopy(tmp_clf))
62          self._clfs_weights.append(am)
63
64     def predict(self, x):
65         x = np.atleast_2d(x)
66         rs = np.zeros(len(x))
67         # 根据各个弱分类器的"话语权"进行决策
68         for clf, am in zip(self._clfs, self._clfs_weights):
69             rs += am * clf.predict(x)
70         # 将预测值大于 0 的判为类别 1，小于 0 的判为类别-1
71         return np.sign(rs)
```

4.4　集成模型的性能分析

正如前文所说，在实现完 AdaBoost 框架后，需要先用 sklearn 中的分类器进行检验，然后再用我们前两章实现的模型进行对比实验。检验的步骤就不在这里详述（毕竟只是一些调试的活），我们在此仅展示在随机森林模型和经过检验的 AdaBoost 模型上进行的一系列的分析。

为直观起见，我们先采用二维的数据进行实验，并通过可视化来加深对随机森林和 AdaBoost 的理解，然后再用蘑菇数据集做比较贴近现实的实验。为讨论方便，我们一律采用决策树作为 AdaBoost 的弱分类器（亦即采用提升树模型进行讨论），其强度可以通过调整其最深层数来控制。可以利用 DataUtil 类来生成或获取原始数据集，其完整代码可参见 https://github.com/carefree0910/MachineLearning/blob/master/Util/Util.py，生成数据集的代码则会在前三小节分别放出。

对于二维数据，我们拟打算使用三种数据集来进行评估。

- 随机数据集，该数据集主要用于直观地感受模型的分类能力。
- 异或数据集，该数据集主要用于直观地理解：
  - 集成模型正则化的能力；
  - 为何说 AdaBoost 不要选用分类能力太强的弱分类器。
- 螺旋线数据集，主要用于直观认知随机森林和提升树的不足。

4.4.1 随机数据集上的表现

生成随机数据集的代码如下：

```
01   def gen_random(size=100):
02       xy = np.random.rand(size, 2)
03       z = np.random.randint(2, size=size)
04       # 注意：我们的 AdaBoost 框架要求类别空间为{-1,+1}
05       z[z == 0] = -1
06       return xy, z
```

随机森林在随机数据集上的表现如图 4.3 所示。

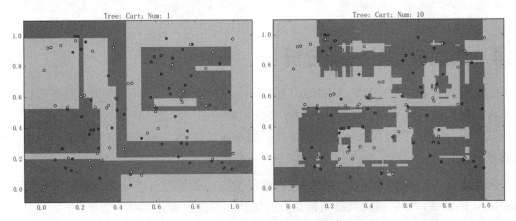

图4.3　随机数据集上随机森林的表现

左图为包含 1 棵 CART 树的随机森林，准确率为 78.0%；右图则为包含 10 棵 CART 树的随机森林，准确率为 93.0%。如果将树的数量继续往上抬，达到 100% 准确率并非难事。比如，包含 50 棵 CART 树的随机森林的表现如图 4.4 所示。

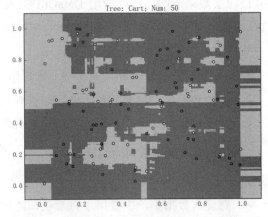

图4.4　随机数据集上准确率为100%的随机森林

提升树（弱模型为决策树的 AdaBoost）在随机数据集上的表现如图 4.5 所示。

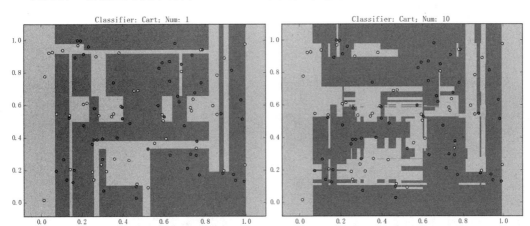

图4.5　随机数据集上提升树的表现

左图为包含 1 棵 CART 树的 AdaBoost，准确率为 93.0%；右图则为包含 10 棵 CART 树的 AdaBoost，准确率为 99.0%。

4.4.2　异或数据集上的表现

这里主要是想说明随机森林和提升树正则化的效果。从直观上来说，由于随机森林的理论基础是 Bootstrap，所以自然是包含越多树越好；至于 AdaBoost，可以想象它会对难以分类的数据特别在意，从而导致如下两种可能的结果：

- 太过注重噪声，导致过拟合；
- 专注于类似于下一章要讲的 SVM 中的"支持向量"，从而达到正则化。

事实上正如之前提到过的，即使 AdaBoost 在某一步迭代时所得的模型在训练集上的加权错误率已经达到了 0，继续进行训练仍然可以使模型进一步提升（因为单个模型的正确率没有那么高，从而能使模型继续专注于"支持向量"。所谓支持向量，可以暂时直观地理解为"非常重要的"样本）。为说明这一点，可以比较同一数据集上同样使用最深层数为 3 层的决策树作为弱分类器时，两种不同训练策略在异或数据集上的表现。为了比较准确地衡量正则化能力，需要进行交叉验证。

生成异或数据集的代码如下：

```
01   def gen_xor(size=100):
```

```
02      x = np.random.randn(size)
03      y = np.random.randn(size)
04      z = np.ones(size)
05      z[x * y < 0] = -1
06      return np.c_[x, y].astype(np.float32), z
```

随机森林在异或数据集上的表现如图 4.6 所示。

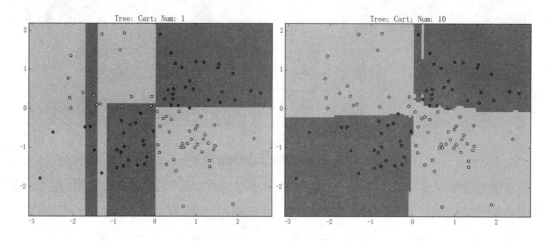

图4.6　异或数据集上随机森林的表现

注意：该异或数据集和上一章用到的异或数据集是同一个数据集，感兴趣的读者可以进行一些对比。

左图为包含 1 棵 CART 树的随机森林，准确率为 93.0%；右图则为包含 10 棵 CART 树的随机森林，准确率为 98.0%。虽说右图中随机森林的表现已经足够好，但由前文讨论可知，我们应该尝试训练一个更复杂的随机森林来看看其正则化能力。比如，包含 1000 棵 CART 树的随机森林的表现如图 4.7 所示。

仔细观察决策边界，可以发现它会倾向于画在使得样本和边界"间隔较大"的地方。关于"间隔"的详细讨论会放在下一章，这里只需直观地感受即可。

对于提升树，首先看不提前停止训练时的表现（如图 4.8 所示，为更好地说明问题，这里我们换了一个异或数据集来进行分析）。

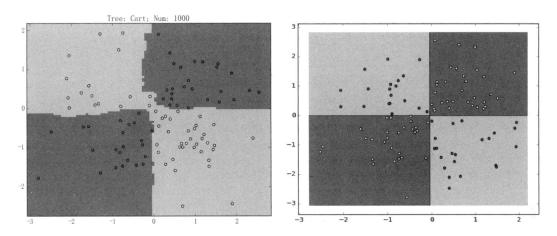

图4.7　随机数据集上包含1000棵CART树的随机森林　　　图4.8　异或数据集上提升树的表现（1）

此时在测试数据集上的正确率为97.0%。

然后看当模型在训练集上错误率足够小就马上停止训练时的表现（如图 4.9 所示）。

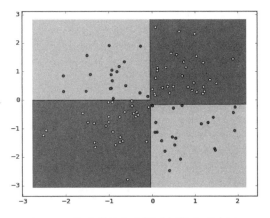

图4.9　异或数据集上提升树的表现（2）

此时在测试数据集上的正确率为94.0%。

当然，正如前面所说，事实上确实有论文（G. Ratsch et al. ML, 2001）给出了 AdaBoost 会很快就过拟合的例子。但总体而言，笔者认为 AdaBoost 在正则化这方面的表现还是相当优异的。

由前面的诸多讨论可以得知，AdaBoost 的正则化能力是来源于各个弱分类器的"分而治之"，那么如果使用分类能力强的弱分类器会有什么结果呢？下面就放出当选用不限制层数的决策树作为弱模型的、异或数据集上的表现，相信会带来很好的直观效果（如图 4.10 所示）。

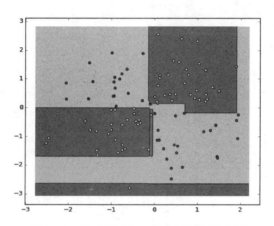

图4.10　异或数据集上提升树的表现（3）

此时在测试数据集上的正确率为 90.0%。值得一提的是，用单独的决策树做出来的效果和上图的效果几乎完全一致。换句话说、此时使用 AdaBoost 没有太大的意义。

4.4.3　螺旋数据集上的表现

随机森林和提升树虽然确实都相当强大，但它同样具有其基本组成单元——决策树所具有的某些缺点。比如说，它们在处理连续性比较强的数据时可能会有些吃力，因为它们的决策边界一般而言都是"不太光滑"的。下面我们就统一使用个体决策树不做层数限制的随机森林和提升树，以及螺旋线数据集作为样例来进行说明。

生成螺旋数据集的代码如下：

```
01   def gen_spin(size=30):
02       xs = np.zeros((size * 4, 2), dtype=np.float32)
03       ys = np.zeros(size * 4, dtype=np.int8)
04       # 根据螺旋线在极坐标中的公式，生成四条螺旋线
05       for i in range(4):
06           ix = range(size * i, size * (i + 1))
07           # 去掉原点以避免出现原点同时从属于两类的不合理情况
08           r = np.linspace(0.0, 1, size + 1)[1:]
09           t = np.linspace(2 * i * pi / 4, 2 * (i + 4) * pi / 4, size) + np.random.random(
10               size=size) * 0.1
11           xs[ix] = np.c_[r * np.sin(t), r * np.cos(t)]
```

```
12          ys[ix] = 2 * (i % 2) - 1
13      return xs, ys
```

随机森林和提升树在其上的表现分别如图 4.11 和图 4.12 所示。

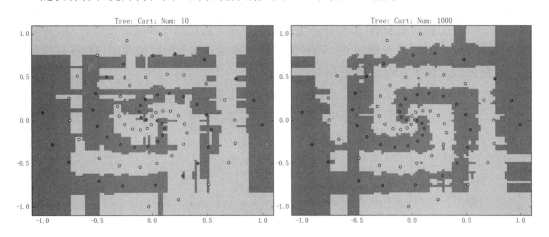

图4.11　螺旋线数据集上随机森林的表现

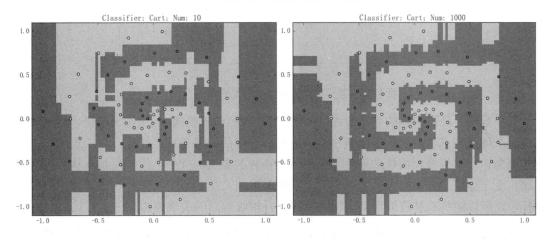

图4.12　螺旋线数据集上提升树的表现

上面两组图的左边都是包含 10 棵 CART 树的模型,右边都是包含 1000 棵 CART 树的模型,准确率则都是为 100.0%。可以看到,虽然它们都确实能够将大致的趋势给描述出来,但是决策边界相对而言都是"直来直去"的,这一点要比支持向量机、神经网络等模型的训练出来的结果要差不少。总之,决策树那使用二类问题的解决方案来处理连续型特征的做法,确实导致了随机森林和提升树在处理连续特征上的一些不足。

4.4.4　蘑菇数据集上的表现

到目前为止我们对二维数据上的测试做了比较详尽的说明，接下来我们不妨拿蘑菇数据集来测试我们的模型在真实数据下的表现。鉴于该数据集比较简单，我们只使用 100 个样本进行训练并用剩余的 8000 多个样本进行测试。为了直观感受模型的分类能力，可以画出当个体模型为 CART 决策树桩时，两种集成模型在测试集上的准确率随训练迭代次数变化而变化的曲线（结果如图 4.13 所示）：

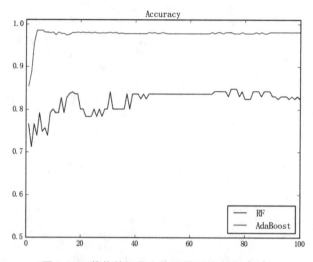

图4.13　蘑菇数据集上集成模型的表现（1）

其中蓝线是随机森林的训练曲线，绿线是提升树的训练曲线。这个结果是符合直观的，毕竟从个体模型来讲，引入了随机性的、随机森林中的决策树桩要比提升树中正常的决策树桩要弱，所以提升树的收敛速度理应比随机森林的要快。此外，由于随机森林和提升树相比，受个体模型分类能力的影响更大，我们采用的又是 CART 决策树桩这种相当弱的个体模型，所以随机森林收敛后的表现也要比提升树收敛后的表现要差。

不过需要指出的是，当我们取消个体 CART 决策树的层数限制时，虽然随机森林的收敛速度仍会比提升树的收敛速度慢，但是收敛后的表现却很有可能比提升树收敛后的表现要好。这是因为取消了层数限制的决策树是相当强力的模型，而且：

- 一方面正如刚刚所说的，随机森林受个体模型的分类能力影响较大，所以取消个体树的层数限制后，随机森林的分类能力自然大大增强；
- 另一方面则如 4.3.2 节所讨论的，具有较强分类能力的个体模型与 AdaBoost 的原理可能不太兼容，这就使得 AdaBoost 本身的优势被抑制了。

取消层数限制后重复上述实验，此时两种集成模型的训练曲线如图 4.14 所示。

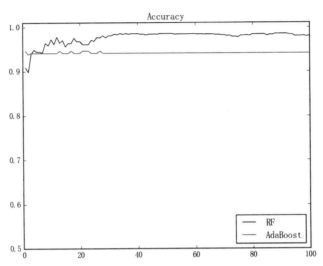

图4.14　蘑菇数据集上集成模型的表现（2）

可能读者已经发现，取消层数限制后的提升树似乎还没有取消限制之前的提升树的表现好；事实上，由于我们只用了 100 个样本来进行训练，所以容易想象，取消限制后的提升树将会产生比较严重的过拟合。可以把取消层数限制前后的训练曲线放在一起来进行直观对比，结果如图 4.15 所示。

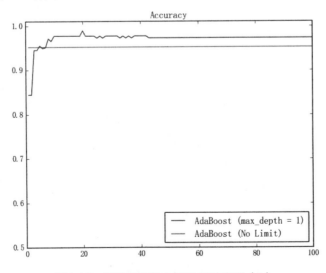

图4.15　蘑菇数据集上提升树的表现（3）

其中蓝线是个体模型为 CART 决策树桩时的训练曲线、绿线是个体模型为正常 CART 决策树时的训练曲线。

4.5　AdaBoost 算法的解释

我们前面提到过 Bagging 的数学基础是 Bootstrap 理论，但还没有讲 Boosting 的数学基础。本节拟打算直观地阐述 Boosting 族的代表算法——AdaBoost 算法的解释，由于具体的推导相当烦琐，相关的细节我们会放在倒数第二节阐述。

首先给出结论：AdaBoost 算法是前向分步算法的特例，AdaBoost 模型等价于损失函数为指数函数的加法模型。

其中，加法模型的定义是直观且熟悉的：

$$f(x) = \sum_{k=1}^{M} \alpha_k g(x; \Theta_k)$$

这里的 $g(x; \Theta_k)$ 为基函数，α_k 是基函数的权重，Θ_k 是基函数的参数。显然，我们的 AdaBoost 算法的最后一步生成的模型正是这么一个加法模型。

而所谓的前向分步算法，就是从前向后、一步一步地学习加法模型中的每一个基函数及其权重而非将 $f(x)$ 作为一个整体来训练，这也正是 AdaBoost 的思想。

如果此时需要最小化的损失函数是指数损失函数 $L(y, f(x)) = \exp[-yf(x)]$ 的话，通过一系列的数学推导后可以证明，此时的加法模型确实等价于 AdaBoost 模型。

可能大家会觉得这里面有一些别扭：为什么一个实现起来非常简便的模型，它背后的数学原理却如此复杂？事实上有趣的是，AdaBoost 是为数不多的、先有算法后有解释的模型。也就是说，是先有了 AdaBoost 这个东西，然后数学家们看到它的表现非常好之后，才开始绞尽脑汁并想出了一套适用于 AdaBoost 的数学理论。更有意思的是，该数学理论并非毫无意义：在 AdaBoost 的回归问题中，就可以用前向分步算法的理论，将每一步的训练转化为拟合当前模型的残差，从而简化了训练步骤。可以简单地叙述其原理：

加法模型的等价叙述为

$$f_{k+1}(x) = f_k(x) + g_{k+1}(x; \Theta_{k+1})$$

其中 g_{k+1} 为第 $k+1$ 步的基函数（即 AdaBoost 中的弱分类器），Θ_{k+1} 为其参数。当采用

平方误差损失函数 $L(y, f(x)) = [y - f(x)]^2$ 时，可知第 $k + 1$ 步的损失变为：

$$L = [y - f_{k+1}(x)]^2 = [y - f_k(x) - g_{k+1}]^2 = [r_k(x) - g_{k+1}(x)]^2$$

其中 $r_k(x) = y - f_k(x)$ 是第 k 步模型的残差。

从上式可以看出在第 $k + 1$ 步时，为了最小化损失 L，只须让当前的基函数 g_{k+1} 拟合当前模型的残差 r_k 即可，这就完成了 AdaBoost 回归问题的转化。比较具有代表性的是回归问题的提升树算法，它正是利用了以上叙述的转化技巧来进行模型训练的。

4.6　相关数学理论

这一节会叙述之前没有解决的纯数学问题，同样会涉及概率论的一些基础概念和思想，可能会有一定的难度。

4.6.1　经验分布函数

正如前文所说，经验分布函数的数学表达式为：

$$F_N(x) = \frac{1}{N} \sum_{i=1}^{N} I_{(-\infty, x]}(x_i)$$

如果将 $x_1, \dots, x_n$ 按从小到大的顺序排成 $x_{(1)}, \dots, x_{(N)}$，我们通常称其中的 $x_{(i)}$ 为第 i 个次序统计量。易知可以利用次序统计量将 $F_N(x)$ 表示成更直观的形式：

$$F_N(x) \begin{cases} 0, & x < x_{(1)} \\ \dfrac{i}{N} & x \in \left[x_{(i)}, x_{(i+1)} \right) \ (i = 1, \dots, N-1) \\ 1, & x \geqslant x_{(N)} \end{cases}$$

关于其优良性，前文所说的"频率估计概率"的严谨叙述其实就是强大数律：

$$p\left(\lim_N F_N(x) - F(x) = 0\right) = 1 \ (\forall x)$$

亦即

$$F_N(x) \overset{a.s.}{\to} F(x)$$

同时还有一个更强的结论（Glivenko-Cantelli 定理）：

$$p\left(\lim_N \sup_x |F_N(x) - F(x)| = 0\right) = 1$$

亦即

$$\|F_N(x) - F(x)\|_\infty \equiv \sup_x |F_N(x) - F(x)| \overset{a.s.}{\to} 0$$

其中，$\sup_x |F_N(x) - F(x)|$ 就是著名的柯尔莫诺夫-斯米尔诺夫检验（Kolmogorov-Smirnov Statistic）。值得一提的是，用其他范数来代替这里的无穷范数有时也是合理的。比如说用二范数来代替时，对应的就是 Cramér-von Mises Criterion。

此外，我们还可以利用中心极限定理等来研究经验分布函数（比如与正态分布扯上关系等），这里就不详细展开了。总之，经验分布函数的优良性是相当有保证的，与其本质类似的 Bootstrap 的优良性也因而有了保证。当然，Bootstrap 自己是有一套成熟理论的，不过如果就这点展开来叙述的话，多多少少会偏离本书的主旨，所以这里就仅通过讨论经验分布函数来间接地感受 Bootstrap 的优良性。

4.6.2　AdaBoost 与前向分步加法模型

本小节主要用于推导如下定理：AdaBoost 分类模型可以等价为损失函数为指数函数的前向分步加法模型。

假设经过 k 轮迭代后，前项分布算法已经得到了加法模型 $f_k(x)$，亦即：

$$f_k(x) = f_{k-1}(x) + \alpha_k g_k(x) = f_{k-2}(x) + \alpha_{k-1} g_{k-1}(x) + \alpha_k g_k(x)$$

$$= \cdots = \sum_{i=1}^k \alpha_i g_i(x)$$

可知，第 $k+1$ 轮的模型 f_{k+1} 能表示为：

$$f_{k+1}(x) = f_k(x) + \alpha_{k+1} g_{k+1}(x)$$

我们关心的问题就是，如何在 $f_k(x)$ 确定下来的情况下，训练出第 $k+1$ 轮的个体分类器 $g_{k+1}(x)$ 及其权重 α_{k+1}。注意到我们的损失函数是指数函数，亦即：

$$L = \sum_{i=1}^{N} \exp[-y_i f_{k+1}(x_i)]$$

$$= \sum_{i=1}^{N} w_{ki} \exp[-y_i \alpha_{k+1} g_{k+1}(x_i)]$$

其中

$$w_{ki} = \exp[-y_i f_k(x_i)]$$

在 $f_k(x)$ 确定下来的情况下是常数。由于我们的最终目的是最小化损失函数，所以 α_{k+1} 和 $g_{k+1}(x)$ 就可以表示为：

$$\left(\alpha_{k+1}, g_{k+1}(x)\right) = \arg\min_{\alpha, g} \sum_{i=1}^{N} w_{ki} \exp[-y_i \alpha g(x_i)]$$

$$= \arg\min_{\alpha, g} \sum_{y_i = g(x_i)} w_{ki} e^{-\alpha} + \sum_{y_i \neq g(x_i)} w_{ki} e^{\alpha}$$

$$= \arg\min_{\alpha, g} (e^{\alpha} - e^{-\alpha}) \sum_{i=1}^{N} w_{ki} I(y_i \neq g(x_i)) + e^{-\alpha} \sum_{i=1}^{N} w_{ki}$$

$$= \arg\min_{\alpha, g} (e^{\alpha} - e^{-\alpha}) \sum_{i=1}^{N} w_{ki} I(y_i \neq g(x_i)) + e^{-\alpha}$$

上式可以分两步求解。先看当 α 确定下来后应该如何定出 $g_{k+1}(x)$，很容易得知：

$$g_{k+1}(x) = \arg\min_{g} \sum_{i=1}^{N} w_{ki} I(y_i \neq g(x_i))$$

亦即第 $k+1$ 步的个体分类器应该使训练集上的加权错误率最小。不妨设解出的 $g_{k+1}(x)$ 在训练集上的加权错误率为 e_{k+1}，亦即：

$$\sum_{i=1}^{N} w_{ki} I(y_i \neq g_{k+1}(x_i)) \triangleq e_{k+1}$$

需要利用它来定出α_{k+1}。注意到对目标函数求偏导后得到：

$$\alpha_{k+1} = \arg\min_\alpha(e^\alpha - e^{-\alpha})e_{k+1} + e^{-\alpha}$$

$$\Leftrightarrow (e^{\alpha_{k+1}} + e^{-\alpha_{k+1}})e_{k+1} - e^{-\alpha_{k+1}} = 0$$

$$\Leftrightarrow \alpha_{k+1} = \frac{1}{2}\ln\frac{1 - e_{k+1}}{e_{k+1}}$$

这和 AdaBoost 中确定个体分类器权值的式子一模一样。接下来只需要证明样本权重更新的式子也彼此一致即可得证定理，而事实上、由于：

$$f_{k+1}(x) = f_k(x) + \alpha_{k+1}g_{k+1}(x)$$

从而

$$
\begin{aligned}
w_{k+1,i} &= \exp[-y_i f_{k+1}(x_i)] \\
&= \exp[-y_i f_k(x_i)] \cdot \exp[-y_i \alpha_{k+1} g_{k+1}(x_i)] \\
&= w_{ki} \cdot \exp[-y_i \alpha_{k+1} g_{k+1}(x_i)]
\end{aligned}
$$

注意到我们要将样本权重归一化，所以须有：

$$w_{k+1,i} \leftarrow \frac{w_{k+1,i}}{Z_k}$$

其中

$$Z_k = \sum_{i=1}^{N} w_{k+1,i} = \sum_{i=1}^{N} w_{ki} \cdot \exp[-\alpha_{k+1} y_i g_{k+1}(x_i)]$$

因此

$$w_{k+1,i} = \frac{w_{ki}}{Z_k} \cdot \exp[-y_i \alpha_{k+1} g_{k+1}(x_i)]$$

这和 AdaBoost 中更新样本权重的式子也一模一样。综上所述，定理得到证明。

4.7 本章小结

- 集成学习是将个体模型进行集成的方法，大致可分为 Bagging 和 Boosting 两类。
- 随机森林是 Bagging 算法的一种常见拓展，性能优异；它不仅对样本的选取引入随机性，还对个体模型（决策树）的特征选取步骤引入随机性。

- AdaBoost 是 Boosting 族算法的代表，通过以下三步进行提升：

  ○　根据样本权重训练弱分类器；
  ○　根据该弱分类器的加权错误率为其分配"话语权"；
  ○　根据该弱分类器的表现更新样本权重。

- 集成模型具有相当不错的正则化能力，但该正则化能力并不是必然存在的。
- AdaBoost 可以用前向分步算法和加法模型来解释。

第 5 章

支持向量机

到目前为止讲过的模型中，朴素贝叶斯模型属于生成模型：它的训练过程其实很难称之为"训练"——毕竟它只是对输入的训练数据集进行了若干"计数"的操作；决策树模型的训练过程虽然确实有一些训练的意思在里面，但其本质——各种信息不确定性的度量仍然脱不出"计数"的范畴。换句话说，朴素贝叶斯和决策树的核心步骤似乎都只是"计数"而已。随机森林和 AdaBoost 自不用提，它们都只是将已有的模型进行集成，其本身的训练过程可谓不是主体。

然而我们都知道，机器学习当然不只是"计数"那么简单的一回事。因此我们拟在本章及以后的章节中介绍另一大类训练方法——梯度下降法（Gradient Decent；有时我们也称之为最速下降法（Steepest Descent））。就本章而言，我们会先介绍一个比较简易的应用到梯度下降法的模型——感知机（Perceptron），然后我们会介绍一个思想和感知机类似、但是应用场景更加广泛的模型——支持向量机（Support Vector Machine，SVM）。

本章主要涉及的知识点有：

- 感知机与梯度下降法。
- 间隔最大化与线性支持向量机。
- 序列最小最优化算法（Sequential Minimal Optimization，SMO）。
- 核技巧与非线性感知机、支持向量机的算法与实现。

- 多分类支持向量机与支持向量回归（Support Vector Regression，SVR）。

需要指出的是，本章前三节讨论的都是二类分类问题，回归问题和把二类算法拓展成多类算法的手段会放在第四节中进行简要介绍（注意虽然在第 4 章叙述 AdaBoost 算法时同样也只针对二类分类问题进行了说明，但是应用第四节中的内容是可以将第 4 章涉及的诸多 AdaBoost 二分类模型推广成多分类模型的）。

5.1　感知机模型

本节所叙述的感知机模型是本书第一次应用到梯度下降法的模型，它的算法相当简单，但其框架却相当具有代表性。虽然说感知机模型只能处理非常特殊的问题（线性可分的数据集的分类问题），但它的思想却是值得琢磨的。

5.1.1　线性可分性与感知机策略

在详细叙述感知机模型的原始算法之前，了解感知机适用范围和基本思想是必要的。正如前文所说，感知机只能用于给线性可分的数据集分类。其中，所谓的"线性可分性"的定义其实相当直观：对于一个数据集

$$D = \{(x_1, y_1), \ldots, (x_N, y_N)\}$$

其中

$$x_i \in X \subseteq \mathbb{R}^n \ ; \ y_i \in Y = \{-1, +1\}$$

如果存在一个超平面Π能够将 D 中的正负样本点精确地划分到 S 的两侧，亦即：

$$\exists \Pi: w \cdot x + b = 0$$

使得

$$w \cdot x_i + b < 0 \ (\forall y_i = -1)$$
$$w \cdot x_i + b > 0 \ (\forall y_i = +1)$$

那么就称数据集 D 是线性可分的（Linearly Separable）；否则，就称 D 线性不可分。

当维数 $n = 2$ 时，数据集线性可分等价于正负样本点能在二维平面上被一条直线精确划分；当 $n = 3$ 时则等价于能在三维空间中被一个平面精确划分。下面给出一组线性可分和一组线性不可分的例子，分别如图 5.1 和图 5.2 所示。

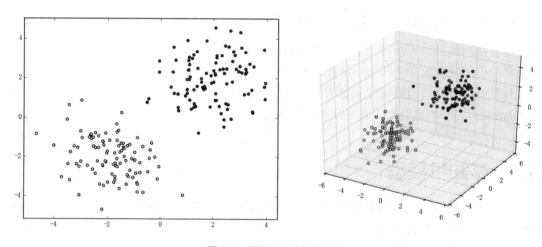

图5.1　线性可分的数据集

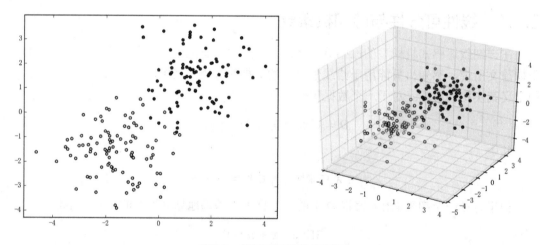

图5.2　线性不可分的数据集

从数学的角度来说，线性可分性还有一个比较直观的等价定义：正负样本点集的凸包彼此不交。所谓凸包的定义如下：若集合 $S \subset \mathbb{R}^n$ 由 N 个点组成：

$$S = \{x_1, \dots, x_N\}\, (x_i \in \mathbb{R}^n, \forall i = 1, \dots, N)$$

那么 S 的凸包 $\mathrm{conv}(S)$ 即为：

$$\mathrm{conv}(S) = \{x = \sum_{i=1}^{N} \lambda_i x_i \mid \sum_{i=1}^{N} \lambda_i = 1, \lambda_i \geqslant 0 (i = 1, \dots, N)\}$$

比如，图 5.1 和图 5.2 中的二维数据集的凸包将如图 5.3 和图 5.4 所示。

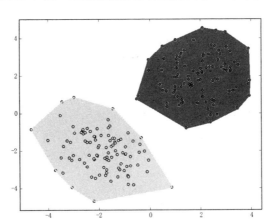

图5.3　二维数据集的凸包（1）

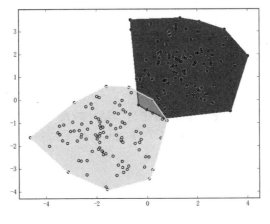

图5.4　二维数据集的凸包（2）

图 5.3 中，正负样本点集的凸包不交，所以数据集线性可分；图 5.4 中的橙色区域即为正负样本点集凸包的相交处，所以数据集线性不可分。

该等价性的证明可以用反证法得出。由于过程不算困难且结论相当直观，所以具体的推导步骤从略。

知道了线性可分性的定义之后，感知机模型的目的也就容易想到了——无非就是为了找到上文提到过的，能将线性可分数据集中的正负样本点精确划分到两侧的超平面 Π。考虑到机器学习的共性，我们希望能将找超平面的过程转化为最小化一个损失函数的过程；

感知机策略的具体表现，就在于如何定义这个损失函数上。考虑到 Π 的性质，损失函数的定义其实是很自然的：

$$L(w, b, x, y) = -\sum_{x_i \in E} y_i (w \cdot x_i + b)$$

其中 E 是被当前感知机误分类的点集，亦即对 $\forall x_i \in E$，有：

$$w \cdot x_i + b \geqslant 0 \left(if\ y_i = -1 \right)$$
$$w \cdot x_i + b \leqslant 0 \left(if\ y_i = +1 \right)$$

换句话说，损失函数还可以表示为：

$$L(w, b, x, y) = \sum_{x_i \in E} |w \cdot x_i + b|$$

注意到对于样本点 (x_i, y_i) 而言，$|w \cdot x_i + b|$ 能够相对地表示向量 x_i 到分离超平面 $w \cdot x + b = 0$ 的距离，所以损失函数的几何解释即为：损失函数值=所有被误分类的样本点到当前分离超平面的相对距离的总和。如果感知机能将所有样本点正确分类的话，E 就是空集，此时损失函数 $L(w, b) = 0$；同时，若误分类的样本点越少或误分类的样本点离当前分离超平面越近，损失函数 $L(w, b)$ 的值就越小。因此寻找最终正确的分离超平面 Π 的过程，确实可以转化为最小化损失函数 $L(w, b)$ 的过程，而这也正是感知机所采用的训练策略。

> **注意：** 需要强调的是，$|w \cdot x_i + b|$ 所描述的"相对距离"和我们直观上的"欧氏距离"或说"几何距离"是不一样的（事实上它们之间相差了一个 $\|w\|$）；相对严谨的叙述会放在 5.2.1 节，这里就先按下不表。

5.1.2　感知机算法

最小化损失函数这个过程在决策树的训练中也出现过，彼时我们采用的是一种启发式的算法——选取当前能使损失（信息的不确定性）减少最多的特征作为划分标准来划分数据。感知机算法采用的则是一种应用场景更广的方法——梯度下降法。梯度下降法的一般性定义和相关说明会放在倒数第二节，这里我们只说一个直观：在许多情况下，损失函数是足够好的函数，从而它在每个点都能进行"求导"。求导之后我们就能得到一个损失函数增长最快的"方向"，此时我们沿反方向前进的话，就能期望损失函数以"最快的速度"减少（这也正是为何梯度下降法又叫最速下降法的原因）。

注意到在求得"方向"后，沿方向"走多远"也是需要考虑的参数。一般我们称该参数为"学习速率"或"步长"，通过调整和优化该参数的表现，常常能导出原理一致但表现迥异的算法。不过即使如此，梯度下降法的关键还是在于损失函数的"求导"。需要指出的是，梯度下降法本身还可以大致分为三种具体的算法——随机梯度下降法（Stochastic Gradient Descent，SGD）、小批量梯度下降法（Mini-batch Gradient Descent，MBGD）和批量梯度下降法（Batch Gradient Descent，BGD）。这三种梯度下降法的说明和对比同样会放在倒数第二节进行，这里只需要知道它们行为上的差别：随机梯度下降法在每个迭代中只使用一个样本来进行参数的更新，小批量梯度下降法则会同时选用多个样本来更新参数，批量梯度下降法则更是会同时选用所有样本来更新参数。

注意：也有认为 SGD 即为 MBGD 的说法，所以具体的含义需要结合具体情况分析。

为简单起见，我们采用随机梯度下降来进行训练，此时需要求出损失函数在单一样本上对 w 和 b 的偏导数：

$$\frac{\partial L(w, b, x_i, y_i)}{\partial w} = \begin{cases} 0, & (x_i, y_i) \notin E \\ -y_i x_i, & (x_i, y_i) \in E \end{cases}$$

$$\frac{\partial L(w, b, x_i, y_i)}{\partial b} = \begin{cases} 0, & (x_i, y_i) \notin E \\ -y_i, & (x_i, y_i) \in E \end{cases}$$

利用它们可以自然地写出感知机模型的随机梯度下降训练算法。

算法 5–1　感知机算法

输入：训练数据集 $D = \{(x_1, y_1), ..., (x_N, y_N)\}$、迭代次数 M、学习速率 η，其中：

$$x_i \in X \subseteq \mathbb{R}^n \ ; \ y_i \in Y = \{-1, +1\}$$

过程：

（1）初始化参数：

$$w = (0, ..., 0)^T \in \mathbb{R}^n, b = 0$$

（2）对 $j = 1, ..., M$：

$$E = \{(x_i, y_i) | y_i(w \cdot x_i + b) \leq 0\}$$

（a）若 $E = \emptyset$（亦即没有误分类的样本点）则退出循环体

（b）否则，任取 E 中的一个样本点 (x_i, y_i) 并利用它更新参数：

$$w \leftarrow w + \eta y_i x_i$$

$$b \leftarrow b + \eta y_i$$

输出：感知机模型 $g(x) = \text{sign}(f(x)) = \text{sign}(w \cdot x + b)$

其中最后一步用到的 sign 是符号函数。由于感知机算法中更新一次参数的时间开销非常小，所以通常会把迭代次数 M 设置成一个比较大的数（比如10^4）。

此外需要指出的是，虽说感知机只适用于线性可分数据集的分类，但它有个优点就是：无论学习速率η是多少，只要数据集线性可分，那么上述感知机算法在 M 足够大的情况下，必然能够训练出一个使得$E = \emptyset$的分离超平面（这其实就是著名的 Novikoff 定理，证明会用到比较纯粹的数学技巧，所以从略）。

虽说所蕴含的梯度下降的思想并不简单，但感知机算法光就复杂度而言，可以说是到目前为止遇到过的最简单的算法了，其实现相对也非常简单直观：

代码 5-1　实现感知机算法：e_SVM\Perceptron.py

```
01  import numpy as np
02  # 导入第 4 章提到过的、包含普适性功能的基类
03  from Util.Bases import ClassifierBase
04
05  class Perceptron(ClassifierBase):
06      def __init__(self):
07          super(Perceptron, self).__init__()
08          self._w = self._b = None
09
10      def fit(self, x, y, sample_weight=None, lr=0.01, epoch=10 ** 6):
11          x, y = np.atleast_2d(x), np.array(y)
12          if sample_weight is None:
13              sample_weight = np.ones(len(y))
14          else:
15              sample_weight = np.array(sample_weight) * len(y)
16          # 初始化参数
17          self._w = np.zeros(x.shape[1])
18          self._b = 0
19          for _ in range(epoch):
20              y_pred = self.predict(x)
21              # 获取加权误差向量
22              _err = (y_pred != y) * sample_weight
23              # 引入随机性以进行随机梯度下降
24              _indices = np.random.permutation(len(y))
25              _idx = _indices[np.argmax(_err[_indices])]
23              # 若没有被误分类的样本点则完成了训练
24              if y_pred[_idx] == y[_idx]:
25                  return
26              # 否则，根据选出的样本点更新参数
27              _delta = lr * y[_idx] * sample_weight[_idx]
```

```
28              self._w += _delta * x[_idx]
29              self._b += _delta
30
31      def predict(self, x, get_raw_results=False):
32          rs = np.sum(self._w * x, axis=1) + self._b
33          if not get_raw_results:
34              return np.sign(rs)
35          return rs
```

可以用图 5.1 和图 5.2 中的二维数据集来简单评估实现的感知机模型，结果如图 5.5 所示。

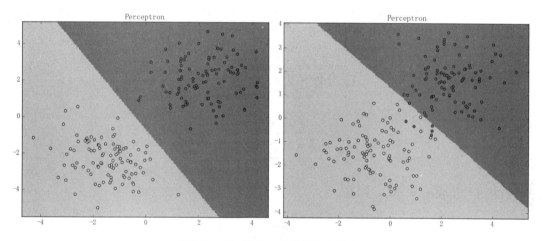

图5.5　感知机在二维数据集上的表现

其中在线性可分的数据集上，感知机只用了一次迭代便得到了左图中的效果；在线性不可分的数据集上，感知机在迭代 1000 次后可以得到右图中的效果，此时正确率为 97.5%。

5.1.3　感知机算法的对偶形式

本小节将会简要介绍一个非常重要的概念：拉格朗日对偶性（Lagrange Duality）。在有约束的最优化问题中，为了便于求解，我们常常会利用它来将比较原始的问题转化为更好解决的对偶问题。对于特定的问题，原始算法的对偶形式也常常会有一些共性存在。比如，对于感知机和后文会介绍的支持向量机来说，它们的对偶算法都会将模型的参数表示为样本点的某种线性组合，并把问题转化为求解线性组合中的各个系数。

虽说感知机算法的原始形式已经非常简单，但是通过将它转化为对偶形式，可以比较清晰地感受到转化的过程，这有助于理解和记忆后文介绍的、较为复杂的支持向量机的对偶形式。

考虑到原始算法的核心步骤为：

$$w \leftarrow w + \eta y_i x_i$$
$$b \leftarrow b + \eta y_i$$

其中$(x_i, y_i) \in E$，E是当前被误分类的样本点的集合；可以看出，参数的更新是完全基于样本点的。考虑到我们要将参数w和b表示为样本点的线性组合，一个自然的想法就是记录下在核心步骤中各个样本点分别被利用了多少次，然后利用这个次数来将w和b表示出来。比如说，若设样本点(x_i, y_i)一共在上述核心步骤中被利用了n_i次，那么就有（假设初始化参数时$w = (0, \dots, 0)^T \in \mathbb{R}^n, b = 0$）：

$$w = \eta \sum_{i=1}^{N} n_i y_i x_i$$

$$b = \eta \sum_{i=1}^{N} n_i y_i$$

如果进一步设$\alpha_i = \eta n_i$，则有：

$$w = \sum_{i=1}^{N} \alpha_i y_i x_i$$

$$b = \sum_{i=1}^{N} \alpha_i y_i$$

在此基础上，感知机算法的对偶形式就能很自然地写出来了。

算法 5-2　感知机对偶算法

输入：训练数据集$D = \{(x_1, y_1), \dots, (x_N, y_N)\}$、迭代次数$M$、学习速率$\eta$，其中：
$$x_i \in X \subseteq \mathbb{R}^n \text{；} y_i \in Y = \{-1, +1\}$$

过程

（1）初始化参数：
$$\alpha = (\alpha_1, \dots, \alpha_N)^T = (0, \dots, 0)^T \in \mathbb{R}^N$$

（2）对 $j = 1, \dots, M$：

$$E = \left\{ (x_i, y_i) \,\middle|\, y_i \left(\sum_{k=1}^{N} \alpha_k y_k (x_k \cdot x_i + 1) \right) \leqslant 0 \right\}$$

（a）若 $E = \varnothing$（亦即没有误分类的样本点），则退出循环体

（b）否则，任取 E 中的一个样本点 (x_i, y_i) 并利用其下标更新参数：

$$\alpha_i \leftarrow \alpha_i + \eta$$

输出：感知机模型 $g(x) = \text{sign}(f(x)) = \text{sign}(\sum_{k=1}^{N} \alpha_k y_k (x_k \cdot x_i + 1))$

需要指出的是，在对偶形式中样本点里面的 x 仅以内积的形式（$x_k \cdot x_i$）出现；这是一个非常重要且深刻的性质，利用它和后文将进行介绍的核技巧，能够将许多算法从线性算法"升级"成为非线性算法。

注意到对偶形式的训练过程常常会重复用到大量的样本点之间的内积，我们通常会提前将样本点两两之间的内积计算出来并存储在一个矩阵中；这个矩阵就是著名的 Gram 矩阵，其数学定义即为：

$$G = \left(x_i \cdot x_j \right)_{N \times N}$$

这样的话，在训练过程中如果要用到相应的内积，只需从 Gram 矩阵中提取即可，这样在大多数情况下都能大大提高效率。

5.2　从感知机到支持向量机

感知机确实能够解决线性可分数据集的分类问题，但从它的解法容易看出，感知机的解是有无穷多个的。这主要是因为它对自己的要求太低，只需对训练集中所有样本点都能正确分类即可。换句话说，感知机基本没有考虑模型的泛化能力，这就导致感知机有时会训练出如图 5.6 所示的结果。

可以看出它们是不尽合理的。支持向量机（SVM）针对这一点提出了一种改进方法，本节主要叙述的就是该改进的思想和具体内容。

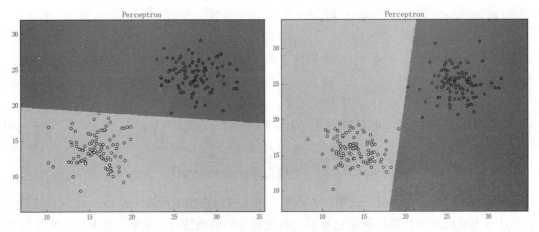

图5.6　感知机在二维线性可分数据集上的不良表现

5.2.1　间隔最大化与线性 SVM

图 5.6 中的结果之所以显得不合理，主要是因为分离超平面离正负样本点集都显得"太近"了。因此一个自然的想法就是：在训练过程中考虑超平面到点集的距离，并努力让这个距离最大化。

然而直接从集合出发定义集合到平面的距离是相对困难的，所以通常会将它转化为点到平面的距离。前文已经说过，对于样本点(x_i, y_i)而言，它到超平面$\Pi: w \cdot x + b = 0$的相对距离即为：

$$d^*(x_i, \Pi) = |w \cdot x_i + b|$$

这里的相对距离d^*有一个更学术一点的称谓——函数间隔（Functional Margin）。函数间隔有一个比较明显的缺陷就是，当w和b等比例变大或变小时，虽然超平面不会改变，但是d^*却会随之等比例地变大或变小。为解决这个问题，可以比较自然地定义出所谓的几何间隔（Geometric Distance）：

$$d(x_i, \Pi) = \frac{1}{\|w\|} \cdot d^*(x_i, \Pi) = \frac{1}{\|w\|} \cdot |w \cdot x_i + b|$$

这里的$\|w\|$是w的欧氏范数。顾名思义，几何间隔描述的就是向量x_i到超平面Π的几何距离（欧氏距离），它不会随w和b的等比例变化而变化，是相对稳定且直观意义优良的距离的定义方法。SVM 在训练过程中所引入的也正是各个样本点到当前分离超平面的几何距离，结合前文所说的"努力让超平面到点集的距离最大化"，SVM 算法就可以比较自然

地叙述为：最大化（几何间隔）d、使得：

$$\frac{1}{\|w\|} \cdot \left[y_i \left(w \cdot x_i + b \right) \right] \geqslant d \ (i = 1, \ldots, N)$$

考虑到几何间隔和函数间隔之间的转换关系，该问题可以等价为：最大化 $\dfrac{d^*}{\|w\|}$，使得：

$$y_i \left(w \cdot x_i + b \right) \geqslant d^* \ (i = 1, \ldots, N)$$

可以发现，函数间隔 d^* 的取值其实对该优化问题的解没有影响。这是因为当 d^* 变成 λd^* 时，w 和 b 也会相应地变成 λw 和 λb（在超平面不变的情况下），此时 $\dfrac{d^*}{\|w\|}$ 和不等式约束都没有变，所以对优化问题确实没有影响。这样的话，我们就能不妨设 $d^* = 1$，从而优化问题就可以转换为最大化 $\dfrac{1}{\|w\|}$，使得：

$$y_i \left(w \cdot x_i + b \right) \geqslant 1 (i = 1, \ldots, N)$$

易知，该优化问题又能转化为：最小化 $\dfrac{1}{2} \|w\|^2$，使得：

$$y_i \left(w \cdot x_i + b \right) - 1 \geqslant 0 (i = 1, \ldots, N)$$

这就是 SVM 算法的最原始的形式。可以证明，只要训练集 D 线性可分，那么 SVM 算法对应的这个优化问题的解就存在且唯一；其中存在性的证明相对直观，唯一性的证明需要用到反证法和一些数学上的技巧，细节从略。

假设该优化问题的解为 w^* 和 b^*，我们通常称超平面：

$$\Pi^* : w^* \cdot x + b^* = 0$$

为 D 的最大硬间隔分离超平面。之所以称它为"硬间隔"的理由会在后文叙述，这里暂时按下不表。需要指出的是，考虑到优化问题中的不等式约束，可推知在超平面

$$\Pi_1^* : w^* \cdot x + b = -1$$

和超平面

$$\Pi_2^* : w^* \cdot x + b = +1$$

之间，是没有任何 D 中的样本点的。不过在 Π_1^* 和 Π_2^* 上，确实可能有样本点。我们通常称 Π_1^* 和 Π_2^* 为间隔边界，称其上的某些点为支持向量。

注意： 也有间隔边界上的样本点全是支持向量的说法，本书采用的支持向量的定义将更"苛刻"一些，具体细节会在 SVM 算法的对偶形式的叙述中讲到。

以上的叙述比较完整地说明了 SVM 如何应用于线性可分的数据集，接下来我们就看看如何将这种思想拓展到线性不可分数据集的分类之上。事实上，由于单用超平面的话，甚至连对线性不可分数据集正确分类都做不到，更不用提在此之上的将（硬）间隔最大化的问题了；但是考虑到间隔最大化的思想，可以做一定的"妥协"：将"硬"间隔转化为更加普适的"软"间隔。从数学的角度来说，这等价于将不等式约束放宽：

$$y_i\left(w \cdot x_i + b\right) \geqslant 1 \rightarrow y_i\left(w \cdot x_i + b\right) \geqslant 1 - \xi_i$$

其中的 ξ_i 通常被称为"松弛变量"，它需要满足 $\xi_i \geqslant 0$。当然，这个约束的放宽并不是没有代价的，我们要在需要最小化的 $\frac{1}{2}\|w\|^2$ 上加进一个"惩罚项"来"惩罚" ξ_i。换句话说，需要最小化的项将变为：

$$L(w,b,x,y) = \frac{1}{2}\|w\|^2 + C\sum_{i=1}^{N}\xi_i$$

式中 $L(w,b,x,y)$ 即为损失函数，损失函数中的 C（>0）通常被称为"惩罚因子"，它描述了对松弛变量 ξ_i 的"惩罚力度"：C 越大意味着最终的 SVM 模型越不能容忍误分类的点，越小则反之。

综上所述、SVM 算法对应的优化问题可以拓展为：最小化 $L(w,b,x,y)$、使得：

$$y_i\left(w \cdot x_i + b\right) \geqslant 1 - \xi_i (i=1,\dots,N)$$

其中

$$\xi_i \geqslant 0 (i=1,\dots,N)$$

可以证明该优化问题的解存在，且 w 的解唯一但 b 的解不唯一，证明细节从略。同时参照感知机算法，自然希望能够写出使用随机梯度下降来训练软间隔最大化 SVM 的算法；但是注意到 L 表达式中的 ξ_i 是有约束的（需要不小于 0），所以直接对其进行随机梯度下降存在一定的困难。为了将问题近似转化为无约束最优化问题，可以引入 Hinge 损失，其定义很简单：

$$l(w,b,x,y) = \max(0,1 - y(w \cdot x + b))$$

其中 $y \in \{-1,+1\}$。换句话说，只有在模型作出足够肯定的正确的预测时，Hinge 损失才为 0；否则即使模型作出了正确的预测，Hinge 损失还是有可能给予模型一个惩罚的。

利用 Hinge 损失，可以把损失函数 L 写成：

$$\hat{L}(w,b,x,y) = \frac{1}{2}\|w\|^2 + C\sum_{i=1}^{N} l(w,b,x_i,y_i)$$

并通过最小化 $\hat{L}$ 来求解上述 SVM 算法对应的最优化问题。

注意：最小化 $\hat{L}$ 和上文最优化问题的等价性可能并不太显然，但是通过对比损失函数及逐条比对约束条件，完成等价性证明不算太困难（比如直接令 $\xi_i = l(w,b,x_i,y_i)$）。

由于我们想要写出随机梯度下降的算法，所以求出 $\hat{L}$ 在单一样本 (x_i,y_i) 上对 w 和 b 的偏导数是有必要的：

$$\frac{\partial \hat{L}(w,b,x_i,y_i)}{\partial w} = w + \begin{cases} 0, & y_i(w\cdot x_i+b)\geqslant 1 \\ -Cy_ix_i,? & y_i(w\cdot x_i+b)<1 \end{cases}$$

$$\frac{\partial \hat{L}(w,b,x_i,y_i)}{\partial b} = \begin{cases} 0, & y_i(w\cdot x_i+b)\geqslant 1 \\ -Cy_i, & y_i(w\cdot x_i+b)<1 \end{cases}$$

有了这两个偏导数之后，模仿算法 5-1、我们就可以比较轻松地写出软间隔最大化 SVM 的随机梯度下降训练算法：

算法 5-3　线性 SVM 算法

输入：训练数据集 $D=\{(x_1,y_1),...,(x_N,y_N)\}$、迭代次数 M、惩罚因子 C、学习速率 η，其中：

$$x_i \in X \subseteq \mathbb{R}^n \text{；} y_i \in Y = \{-1,+1\}$$

过程：

（1）初始化参数：

$$w = (0,...,0)^T \in \mathbb{R}^n, b = 0$$

（2）对 $j=1,...,M$：

（a）算出误差向量 $e = (e_1,...,e_N)^T$、其中：

$$e_i = 1 - y_i(w\cdot x_i+b)$$

（b）取出误差最大的一项：

$$i = \arg\max_i e_i$$

（c）若 $e_i \leqslant 0$ 则直接退出循环体，否则取对应的样本来进行随机梯度下降

$$w \leftarrow (1-\eta)w + \eta Cy_ix_i$$

$$b \leftarrow b + \eta C y_i$$

输出：线性 SVM 模型 $g(x) = \mathrm{sign}(f(x)) = \mathrm{sign}(w \cdot x + b)$

需要指出的是，虽然算法看上去差不多、内核也都是随机梯度下降的，但其实在感知机模型对学习速率不敏感的同时，线性 SVM 对学习速率是相当敏感的。由前文提到过的 Novikoff 定理和凸优化相关理论可以从理论上解释这个现象，囿于篇幅，这里就不展开叙述了。

由于上述线性 SVM 算法的实现和感知机算法的实现几乎一致，所以我们就略去对线性 SVM 实现的详细说明；读者可以参照代码 5-1 来尝试进行实现，笔者实现的版本则可以参见 https://github.com/carefree0910/MachineLearning/blob/master/e_SVM/LinearSVM.py。

可以通过二维线性可分数据集来简单直观地感受感知机和线性 SVM 的区别，结果如图 5.7 所示。

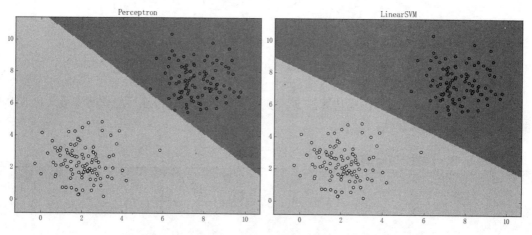

图5.7　二维线性可分数据集上感知机与线性SVM的对比

其中左、右图分别为感知机和线性 SVM 的表现，可以看出线性 SVM 要更合理。

5.2.2　SVM 算法的对偶形式

与感知机类似，SVM 算法也存在着对偶形式，不过这个转化的过程会比感知机那里的转化过程复杂不少。具体的推导步骤会放在倒数第二节，这里我们就直接看结果：

- 硬间隔最大化的对偶形式：

$$\max_{\alpha} - \frac{1}{2} \sum_{i=1}^{N} \sum_{j=1}^{N} \alpha_i \alpha_j y_i y_j (x_i \cdot x_j) + \sum_{i=1}^{N} \alpha_i$$

使得对 $i = 1, ..., N$，都有：

$$\sum_{i=1}^{N} \alpha_i y_i = 0$$

$$\alpha_i \geqslant 0$$

- 软间隔最大化的对偶形式：

$$\max_{\alpha} - \frac{1}{2} \sum_{i=1}^{N} \sum_{j=1}^{N} \alpha_i \alpha_j y_i y_j (x_i \cdot x_j) + \sum_{i=1}^{N} \alpha_i$$

使得对 $i = 1, ..., N$，都有：

$$\sum_{i=1}^{N} \alpha_i y_i = 0$$

$$0 \leqslant \alpha_i \leqslant C$$

可以看到它们彼此之间相似度非常高，且转化的过程和感知机的转化过程也多少有些相似。同样的，由于对偶形式中样本点仅以内积的形式出现，我们通常会先把 Gram 矩阵算出来。现我们假设对偶形式的解为 $\alpha^* = (\alpha_1, ..., \alpha_N)^T$、那么就有：

$$w^* = \sum_{i=1}^{N} \alpha_i^* y_i \cdot x_i$$

$$b^* = y_j - \sum_{i=1}^{N} y_i \alpha_i^* (x_i \cdot x_j)$$

其中 w^* 的表达式和感知机中 w^* 的表达式一致，b^* 表达式中出现的 j 是满足 $0 < \alpha_j < C$ 的下标（用反证法可以证明这种 j 必然存在，细节从略）。

在有了对偶形式之后，我们就可以叙述支持向量的一个比较"苛刻"的定义了：假设

支持向量的集合为 SV，那么

- 在硬间隔最大化 SVM 中：

$$x_i \in SV \Leftrightarrow \alpha_i^* > 0$$

- 在软间隔最大化 SVM 中：

$$x_i \in SV \Leftrightarrow 0 < \alpha_i^* \leqslant C$$

其中在软间隔最大化 SVM 里，由于 $\alpha_i^* \leqslant C$ 本身其实是由约束条件规定的，所以可以把上述两式统一写成：

$$x_i \in SV \Leftrightarrow \alpha_i^* > 0$$

可以通过图 5.8 来直观地认知何谓支持向量：

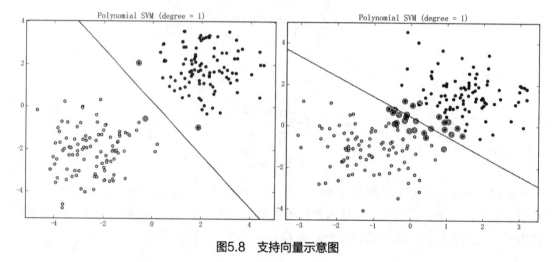

图5.8　支持向量示意图

图中的线段即为决策边界，被一个黑色圆圈给圈住的样本点即为支持向量，左图为线性可分数据集上的情况，右图为线性不可分数据集上的情况。

此外，说明 α_i^* 和 ξ_i^* 是如何定出各个样本点和间隔边界、分离超平面之间的位置关系是有必要的，它能加深我们对对偶形式求解过程中涉及的 KKT 条件的理解与记忆（KKT 条件的相关定义会在倒数第二节讲到）。具体而言如下。

- 若 $\alpha_i^* = 0$，那么 x_i 被正确分类且不在间隔边界上，又或被正确分类且在间隔边界上但不是支持向量。
- 若 $0 < \alpha_i^* < C$，那么就有 $\xi_i = 0$，亦即 x_i 落在间隔边界上且为支持向量。
- 若 $\alpha_i^* = C$，那么：

- 　若 $\xi_i = 0$，则 x_i 落在间隔边界上且为支持向量；
- 　若 $0 < \xi_i < 1$，则 x_i 被正确分类且落在间隔边界和分离超平面之间；
- 　若 $\xi_i = 1$，则 x_i 落在分离超平面上；
- 　若 $\xi_i > 1$，则 x_i 被错误分类。

由此可知、ξ_i 其实刻画了 x_i 到相应间隔边界的函数间隔。换句话说，$\dfrac{\xi_i}{\|w\|}$ 即是 x_i 到间隔边间的距离（几何间隔）。

5.2.3　SVM 的训练

前文曾经提过，原始算法的对偶形式通常能将问题简化。虽然这点在感知机算法上没有太多体现，但是对于 SVM 来说，由于它的应用场景更为广泛，在许多问题的提法下转化成对偶形式的意义将非常重大。目前已经有许多针对 SVM 的成熟算法，本书拟介绍的是其中由 Platt 在 1998 年提出的，针对对偶问题求解的序列最小最优化算法（SMO）。本节主要介绍 SMO 的思路和大概步骤，详细的叙述会在下一节介绍完核技巧后进行。

SMO 是一种启发式算法，其主要手段是在每次迭代中专注于只有两个变量的优化问题以期望在可以接受的时间内得到一个较优解。具体而言，SMO 要解决的是软间隔最大化 SVM 的对偶问题：

$$\max_{\alpha} -\frac{1}{2}\sum_{i=1}^{N}\sum_{j=1}^{N}\alpha_i\alpha_j y_i y_j (x_i \cdot x_j) + \sum_{i=1}^{N}\alpha_i$$

使得对 $i = 1, \ldots, N$ 都有：

$$\sum_{i=1}^{N}\alpha_i y_i = 0$$

$$0 \leqslant \alpha_i \leqslant C$$

解决方案是在循环体中不断针对两个变量构造二次规划，并通过求出其解析解来优化原始的对偶问题。大致步骤如下。

- 考察所有变量 $(\alpha_1, \ldots, \alpha_N)$ 及对应的样本点 $((x_1, y_1), \ldots, (x_N, y_N))$ 满足 KKT 条件的情况。
- 若所有变量及对应样本在容许误差内都满足 KKT 条件，则退出循环体，完成训练。

- 否则，通过如下步骤选出两个变量来构造新的规划问题：

  ○ 选出违反 KKT 条件最严重的样本点，以其对应的变量作为第一个变量；

  ○ 第二个变量的选取有一种比较繁复且高效的方法，但对于一个朴素的实现而言，第二个变量即使随机选取也无不可。

- 将上述步骤选出的变量以外的变量固定，仅针对这两个变量进行最优化。可推知此时问题转化为了求二次规划的极大值，从而能简单地得到解析解。

这里仅简要说明 SVM 对偶算法中的 KKT 条件，详细的阵列则会放在倒数第二节。具体而言，α_i 及其对应样本 (x_i, y_i) 的 KKT 条件为：

$$\alpha_i = 0 \Leftrightarrow y_i g(x_i) \geqslant 1$$
$$0 < \alpha_i < C \Leftrightarrow y_i g(x_i) = 1$$
$$\alpha_i = C \Leftrightarrow y_i g(x_i) \leqslant 1$$

所谓违反 KKT 条件最严重的样本点的定义也有许多种，其中一种简单有效的定义如下。

- 计算"损失向量" $c = (c_1, ..., c_N)^T$，其中：
$$c_i = [y_i g(x_i) - 1]^2$$
- 将损失向量 c 复制三份（$c^{(1)}$、$c^{(2)}$、$c^{(3)}$），并分情况将相应位置的损失置为 0。具体而言：

  ○ 将 $\alpha_i > 0$ 或 $y_i g(x_i) \geqslant 1$ 对应的 $c_i^{(1)}$ 置为 0；

  ○ 将 $\alpha_i = 0$ 或 $\alpha_i = C$ 或 $y_i g(x_i) = 1$ 对应的 $c_i^{(2)}$ 置为 0；

  ○ 将 $\alpha_i < C$ 或 $y_i g(x_i) \leqslant 1$ 对应的 $c_i^{(3)}$ 置为 0。

- 将三份损失向量相加并取损失最大的样本对应的 α_i 作为 SMO 的第一个变量，亦即：

$$i = \arg \max_i \{c_i^{(1)} + c_i^{(2)} + c_i^{(3)} | i = 1, ..., N\}$$

在后面 SVM 的朴素实现中，我们打算采用的正是这种定义。

5.3　从线性到非线性

前文已经提过，由于对偶形式中的样本点仅以内积的形式出现，所以利用核技巧能将线性算法"升级"为非线性算法。有一个与核技巧（Kernel Trick）类似的概念叫核方法（Kernel Method），这两者的区别可以简单地从字面意思去认知：当我们提及核方法（Method）时，我们比较注重它背后的原理；当我们提及核技巧（Trick）时，我们更注重它实际的应用。考虑到本书的主旨，我们还是选择了核技巧这一说法。

注意： 以上关于核技巧和核方法这两个名词的区分不是一种共识，而是笔者为了简化问题而做的一种形象的说明，所以切忌将其作为严谨的叙述。

5.3.1　核技巧简述

虽说重视应用，但一些基本的概念还是需要稍微了解的。核方法本身要深究的话会牵扯到诸如正定核、内积空间、希尔伯特空间乃至于再生核希尔伯特空间（Reproducing Kernel Hilbert Space，RKHS），这些东西又会牵扯到泛函的相关理论，可谓是一个可以单独拿来出书的知识点。幸运的是，单就核技巧而言，我们仅需要知道其中的三个定理即可，这三个定理分别说明了核技巧的合理性、普适性和高效性。不过在叙述这三个定理之前，可以先来看看核技巧的直观解释。

核技巧往简单里说，就是将一个低维的线性不可分的数据映射到一个高维的空间，并期望映射后的数据在高维空间里是线性可分的。我们以异或数据集为例：在二维空间中，异或数据集是线性不可分的；但是通过将其映射到三维空间，可以非常简单地让其在三维空间中变得线性可分。比如定义映射：

$$\phi(x, y) = \begin{cases} (x, y, 1), & xy > 0 \\ (x, y, 0), & xy \leqslant 0 \end{cases}$$

该映射的效果如图 5.9 所示。

可以看到，虽然左图的数据集线性不可分，但显然右图的数据集是线性可分的，这就是核技巧工作原理的一个不太严谨但仍然合理的解释。

注意： 这里我们暂时采用了"从低维到高维的映射"这一说法，但该说法并不完全严谨，原因会在后文说明，这里只需留一个心眼即可。

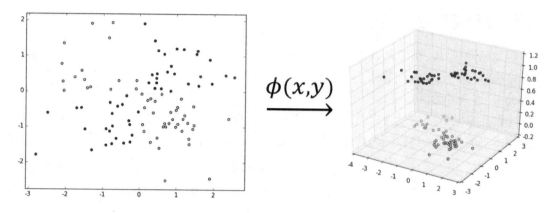

图5.9 从二维空间映射到三维空间的异或数据集

从直观上来说，确实容易想象，同一份数据在越高维的空间中越有可能线性可分，但从理论上是否确实如此呢？于 1965 年提出的 Cover 定理解决了这个问题，它的具体叙述如下：若设 d 维空间中 N 个点线性可分的概率为 $p(d, N)$，那么就有：

$$p(d, N) = \frac{2\sum_{i=0}^{m} C_{N-1}^{i}}{2^N} = \begin{cases} \frac{\sum_{i=1}^{d} C_{N-1}^{i}}{2^{N-1}}, & N > d + 1 \\ 1, & N \leqslant d + 1 \end{cases}$$

其中

$$m = \min(d, N - 1)$$

定理的证明细节从略，我们只需要知道它证明了当空间的维数 d 越大时，其中的 N 个点线性可分的概率就越大，这构成了核技巧的理论基础之一。

至此，似乎问题就转化为了如何寻找合适的映射 ϕ，使得数据集在被它映射到高维空间后变得线性可分。不过可以想象的是，现实任务中的数据集要比上文我们拿来举例的异或数据集要复杂得多，直接构造一个恰当的 ϕ 的难度甚至可能高于解决问题本身。而核技巧的巧妙之处就在于，它能将构造映射这个过程再次进行转化，从而使得问题变得简易：它通过核函数来避免显式定义映射 ϕ。往简单里说，核技巧会通过用核函数

$$K(x_i, x_j) = \phi(x_i) \cdot \phi(x_j)$$

替换各式算法中出现的内积

$$x_i \cdot x_j$$

来完成将数据从低维映射到高维的过程。换句话说，核技巧的思想如下：

- 将算法表述成样本点内积的组合（这经常能通过算法的对偶形式实现）；
- 设法找到核函数 $K(x_i, x_j)$，它能返回样本点 x_i、x_j 被 ϕ 作用后的内积；
- 用 $K(x_i, x_j)$ 替换 $x_i \cdot x_j$，完成低维到高维的映射（同时也完成了从线性算法到非线性算法的转换）。

而核技巧事实上能够应用的场景更为宽泛——在 2002 年由 Schölkopf 和 Smola 证明的表示定理告诉我们：设 $\mathcal{H}$ 为核函数 K 对应的映射后的空间（RKHS），$\|h\|_{\mathcal{H}}$ 表示 $\mathcal{H}$ 中 h 的范数，那么对于任意单调递增的函数 C 和任意非负损失函数 L，优化问题

$$\min_{h \in \mathcal{H}} L\big(h(x_1), \dots, h(x_N)\big) + C(\|h\|_{\mathcal{H}})$$

的解总可以表述为核函数 K 的线性组合

$$h^*(x) = \sum_{i=1}^{N} \alpha_i K(x, x_i)$$

这意味着对于任意一个损失函数和一个单调递增的正则化项组成的优化问题，我们都能够对其应用核技巧。所以至此、大多数的问题就转化为如何找到能够表示成高维空间中内积的核函数了。幸运的是，于 1909 年提出的 Mercer 定理解决了这个问题，它的具体叙述如下：$K(x_i, x_j)$ 若满足

$$K(x_i, x_j) = K(x_j, x_i)$$

亦即如果 $K(x_i, x_j)$ 是对称函数的话，那么它具有 Hilbert 空间中内积形式的充要条件有以下两个：

- 对任何平方可积函数 g、满足

$$\int K(x_i, x_j) g(x_i) g(x_j) \mathrm{d}x_i \mathrm{d}x_j \geqslant 0$$

- 对含任意 N 个样本的数据集 $D = \{x_1, \dots, x_N\}$，核矩阵：

$$\mathbf{K} = \begin{bmatrix} K(x_1, x_1) & \dots & K(x_1, x_N) \\ \vdots & \ddots & \vdots \\ K(x_N, x_1) & \dots & K(x_N, x_N) \end{bmatrix}_{N \times N} = \big[K_{ij}\big]_{N \times N}$$

是半正定矩阵。

注意： 通常我们会称满足这两个充要条件之一的函数为 Mercer 核函数而把核函数定义得更宽泛。由于本书不打算在理论上深入太多，所以一律将 Mercer 核函数简称为核函数。

此外，虽说 Mercer 核函数确实具有 Hilbert 空间中的内积形式，但此时的 Hilbert 空间并不一定具有"维度"这么好的概念（或者说，可以认为此时 Hilbert 空间的维度为无穷大，比如下面马上就要讲到的 RBF 核，它映射后的空间就是无穷维的）。这也正是为何前文说"从低维到高维的映射"不完全严谨的原因。

Mercer 定理为寻找核函数带来了极大的便利，可以证明如下两族函数都是核函数：

- 多项式核

$$K(x_i, x_j) = (x_i \cdot x_j + 1)^p$$

- 径向基（Radial Basis Function，RBF）核

$$K(x_i, x_j) = \exp\left(-\gamma \|x_i - x_j\|^2\right)$$

5.3.2 核技巧的应用

接下来会实现的也正是这两族核函数对应的、应用了核技巧的算法，具体而言，我们会利用核技巧来将感知机和支持向量机算法从原始的线性版本"升级"为非线性版本。

由简入繁、先从核感知机讲起；由于感知机对偶算法十分简单，对其应用核技巧相应地也非常简单——直接用核函数替换掉相应内积即可。不过需要注意的是，由于我们采用的是随机梯度下降，所以算法中也应尽量只更新局部参数以避免进行无用的计算：

算法 5–4 核感知机算法

输入：训练数据集 $D = \{(x_1, y_1), ..., (x_N, y_N)\}$、迭代次数 M、学习速率 η，其中：

$$x_i \in X \subseteq \mathbb{R}^n\,;\; y_i \in Y = \{-1, +1\}$$

过程：

（1）初始化参数：

$$\alpha = (\alpha_1, ..., \alpha_N)^T = (0, ..., 0)^T \in \mathbb{R}^N$$

$$\hat{y} = (0, ..., 0)^T \in \mathbb{R}^N$$

同时计算核矩阵：

$$\mathbf{K} = \left[K\left(x_i, x_j\right)\right]_{N \times N}$$

（2）对 $j = 1, \ldots, M$：

$$E = \left\{(x_i, y_i) \big| \hat{y}_i \leqslant 0\right\}$$

（a）若 $E = \varnothing$（亦即没有误分类的样本点）则退出循环体

（b）否则，任取 E 中的一个样本点 (x_i, y_i) 并利用其下标更新局部参数：

$$\alpha_i \leftarrow \alpha_i + \eta$$

$$dw = db = \eta y_i$$

（c）利用 dw 和 db 更新预测向量 $\hat{y}$：

$$\hat{y} \leftarrow \hat{y} + dw\mathbf{K}_{i\cdot} + db\mathbf{1}$$

其中，$\mathbf{K}_{i\cdot}$ 表示 $\mathbf{K}$ 的第 i 行、$\mathbf{1}$ 表示全为 1 的向量

输出：感知机模型 $g(x) = \text{sign}\big(f(x)\big) = \text{sign}\big(\sum_{i=1}^{N} \alpha_i y_i (K(x_i, x) + 1)\big)$

再来看如何对 SVM 应用核技巧。虽说在对偶算法上应用核技巧是非常自然、直观的，但是直接在原始算法上应用核技巧也无不可。

注意原始问题可以表述为：

$$\min_{w,b} \hat{L}(w, b, x, y) = \min_{w,b} \frac{1}{2}\|w\|^2 + \sum_{i=1}^{N} \max(0, 1 - y_i(w \cdot x_i + b))$$

若令 $w = \sum_{i=1}^{N} u_i \phi(x_i) = u \cdot \phi(x)$，其中：

$$u = (u_1, \ldots, u_N)$$

$$\phi(x) = \big(\phi(x_1), \ldots, \phi(x_N)\big)^T$$

则可知上述问题能够通过 ϕ 映射到高维空间上：

$$\min_{w,b} \frac{1}{2} u^T \mathbf{K} u + \sum_{i=1}^{N} \max\left(0, 1 - y_i\left(\sum_{j=1}^{N} u_i \phi(x_j) \cdot \phi(x_i)\right)\right)$$

亦即

$$\min_{w,b} \frac{1}{2} u^T \mathbf{K} u + \sum_{i=1}^{N} \max(0, 1 - y_i u \cdot \mathbf{K}_{i\cdot})$$

利用一定的技巧是可以利用梯度下降法直接对这个无约束最优化问题求解的，不过相关的数学理论基础都相当繁复、实现起来也有些麻烦；尽管如此，还是有许多优秀的算法是基于上述思想的。

为直观起见，我们还是将重点放在如何对 SMO 应用核技巧的讨论上。由于前文已经说明了 SMO 的大致步骤，所以我们先补充说明当时没有讲到的、选出两个变量后应该如何继续求解，然后再来看具体的算法应该如何叙述。

注意到 SVM 对偶形式的最优化问题在应用核技巧后为：

$$\max_{\alpha} -\frac{1}{2}\sum_{i=1}^{N}\sum_{j=1}^{N}\alpha_i\alpha_j y_i y_j K_{ij} + \sum_{i=1}^{N}\alpha_i$$

使得对 $i = 1, \dots, N$ 都有

$$\sum_{i=1}^{N}\alpha_i y_i = 0$$

$$0 \leqslant \alpha_i \leqslant C$$

不妨设 $i = 1$、$j = 2$，那么在针对 α_1、α_2 的情况下，$\alpha_3, \dots, \alpha_N$ 是固定的，且上述最优化问题可以转化为：

$$\max_{\alpha_1,\alpha_2} -\frac{1}{2}(K_{11}\alpha_1^2 + y_1 y_2 K_{12}\alpha_1\alpha_2 + K_{22}\alpha_2^2) - \left(y_1\alpha_1\sum_{i=3}^{N}y_i\alpha_i K_{i1} + y_2\alpha_2\sum_{i=3}^{N}y_i\alpha_i K_{i2}\right) + (\alpha_1 + \alpha_2)$$

使得对 $i = 1$ 和 $i = 2$，有

$$y_1\alpha_1 + y_2\alpha_2 = -\sum_{i=3}^{N}y_i\alpha_i = const$$

$$0 \leqslant \alpha_i \leqslant C$$

其中 $const$ 为常数。可以看出此时问题确实转化为了一个带约束的二次规划求极值问题，从而能够比较简单地求出其解析解。推导过程从略，以下就直接在算法中写出结果：

算法 5-5　核 SMO 算法

输入：训练数据集 $D = \{(x_1, y_1), \dots, (x_N, y_N)\}$、迭代次数 M、容许误差 ϵ，其中：

$$x_i \in X \subseteq \mathbb{R}^n \text{；} y_i \in Y = \{-1, +1\}$$

过程：

（1）初始化参数：

$$\alpha = (\alpha_1, \ldots, \alpha_N)^T = (0, \ldots, 0)^T \in \mathbb{R}^N$$

$$\hat{y} = (0, \ldots, 0)^T \in \mathbb{R}^N$$

同时计算核矩阵：

$$\mathbf{K} = \left[K(x_i, x_j) \right]_{N \times N}$$

（2）对 $j = 1, \ldots, M$：

（a）选出违反 KKT 条件最严重的样本点 (x_i, y_i)，若其违反程度小于 ϵ、则退出循环体

（b）否则，选出异于 i 的任一个下标 j，针对 α_i 和 α_j 构造一个新的只有两个变量的二次规划问题并求出解析解。具体而言，首先要更新的是 α_2，它由以下几个参数定出：

$$e_i = \hat{y}_i - y_i \quad (i = 1,2)$$

$$dK = K_{11} + K_{22} - 2K_{12}$$

$$\alpha_2^{\text{new,raw}} = \alpha_2 + \frac{y_2(e_1 - e_2)}{dK}$$

考虑到约束条件，需要定出新的 α_2 下上界：

$$l = \begin{cases} \max(0, \alpha_2 - \alpha_1), & y_1 \neq y_2 \\ \max(0, \alpha_2 + \alpha_1 - C), & y_1 = y_2 \end{cases}$$

$$h = \begin{cases} \min(C, C + \alpha_2 - \alpha_1), & y_1 \neq y_2 \\ \max(C, \alpha_2 + \alpha_1), & y_1 = y_2 \end{cases}$$

继而根据 l 和 h 对 $\alpha_2^{\text{new,raw}}$ 进行"裁剪"即可：

$$\alpha_2 \leftarrow \begin{cases} l, & \alpha_2^{\text{new,raw}} < l \\ \alpha_2^{\text{new,raw}}, & l \leqslant \alpha_2^{\text{new,raw}} \leqslant h \\ h, & \alpha_2^{\text{new,raw}} > h \end{cases}$$

这里要注意记录 α_2 的增量：

$$\Delta \alpha_2 = \alpha_2^{\text{new}} - \alpha_2^{\text{old}}$$

（c）利用 $\Delta \alpha_2$ 更新 α_1，同时注意记录 α_1 的增量：

$$\alpha_1 \leftarrow \alpha_1 - y_1 y_2 \Delta \alpha_2$$

$$\Delta \alpha_1 = \alpha_1^{\text{new}} - \alpha_1^{\text{old}}$$

（d）利用 $\Delta \alpha_1$、$\Delta \alpha_2$ 进行局部更新：

$$dw = (y_1 \Delta \alpha_1, y_2 \Delta \alpha_2)$$

$$db = \frac{b_1 + b_2}{2}$$

其中

$$b_1 = -e_1 - y_1 K_{11} \Delta\alpha_1 - y_2 K_{12} \Delta\alpha_2$$

$$b_2 = -e_2 - y_1 K_{12} \Delta\alpha_1 - y_2 K_{22} \Delta\alpha_2$$

（e）利用 dw 和 db 更新预测向量$\hat{y}$：

$$\hat{y} \leftarrow \hat{y} + dw_1 \mathbf{K}_{1.} + dw_2 \mathbf{K}_{2.} + db\mathbf{1}$$

其中、$\mathbf{K}_{i.}$表示$\mathbf{K}$的第 i 行、$\mathbf{1}$表示全为 1 的向量

输出：感知机模型$g(x) = \text{sign}(f(x)) = \text{sign}\left(\sum_{i=1}^{N} \alpha_i y_i K(x_i, x) + b\right)$，其中：

$$b = y_k - \sum_{i=1}^{N} y_i \alpha_i K_{ik}$$

这里的下标 k 满足

$$0 < \alpha_k < C$$

可以用反证法证明这样的下标 k 必存在，具体步骤从略。

从这两种算法应用核技巧的方式可以看出，虽然它们应用的训练算法完全不同（一个是随机梯度下降，另一个是序列最小最优化），但它们每一次迭代中做的事情却有相当多是一致的；为了合理重复利用代码，可以先把对应的实现都抽象出来：

代码 5-2　实现应用核技巧的基类：Util\Bases.py

```
01  class KernelBase(ClassifierBase):
02      """
03          初始化结构
04          self._fit_args, self._args_names: 记录循环体中所需额外参数的信息的属性
05          self._x, self._y, self._gram: 记录数据集和 Gram 矩阵的属性
06              self._w, self._b, self._alpha: 记录各种参数的属性
07          self._kernel, self._kernel_name, self._kernel_param: 记录核函数相关信息的属性
08              self._prediction_cache, self._dw_cache, self._db_cache: 记录ŷ、dw、db 的属性
09      """
10      def __init__(self):
11          super(KernelBase, self).__init__()
12          self._fit_args, self._fit_args_names = None, []
13          self._x = self._y = self._gram = None
14          self._w = self._b = self._alpha = None
15          self._kernel = self._kernel_name = self._kernel_param = None
```

```
16          self._prediction_cache = self._dw_cache = self._db_cache = None
17
18      # 定义计算多项式核矩阵的函数
19      @staticmethod
20      def _poly(x, y, p):
21          return (x.dot(y.T) + 1) ** p
22
23      # 定义计算 RBF 核矩阵的函数
24      @staticmethod
25      def _rbf(x, y, gamma):
26          return np.exp(-gamma * np.sum((x[..., None, :] - y) ** 2, axis=2))
```

其中定义 RBF 核函数时用到了升维的操作，这算是 Numpy 的高级使用技巧之一；具体的思想和机制会在附录中的 Numpy 教程中进行简要说明，这里就暂时按下不表。

以上我们就搭好了基本的框架，接下来要做的就是继续把具有普适性的训练过程进行抽象和实现：

```
27      # 默认使用 RBF 核，默认迭代次数 epoch 为一万次
28      def fit(self, x, y, kernel="rbf", epoch=10 ** 4, **kwargs):
29          self._x, self._y = np.atleast_2d(x), np.array(y)
30          if kernel == "poly":
31              # 对于多项式核，默认使用 KernelConfig 中的 default_p 作为 p 的取值
32              _p = kwargs.get("p", KernelConfig.default_p)
33              self._kernel_name = "Polynomial"
34              self._kernel_param = "degree = {}".format(_p)
35              self._kernel = lambda _x, _y: KernelBase._poly(_x, _y, _p)
36          elif kernel == "rbf":
37              # 对于 RBF 核，默认使用样本 x 的维数 n 的倒数 1/n 作为 γ 的取值
38              _gamma = kwargs.get("gamma", 1 / self._x.shape[1])
39              self._kernel_name = "RBF"
40              self._kernel_param = "gamma = {}".format(_gamma)
41              self._kernel = lambda _x, _y: KernelBase._rbf(_x, _y, _gamma)
42          # 初始化参数
43          self._alpha, self._w, self._prediction_cache = (
44              np.zeros(len(x)), np.zeros(len(x)), np.zeros(len(x)))
45          self._gram = self._kernel(self._x, self._x)
46          self._b = 0
47          # 调用 _prepare 方法进行特殊参数的初始化（比如 SVM 中的惩罚因子 C）
48          self._prepare(**kwargs)
49          # 获取在循环体中会用到的参数
50          _fit_args = []
51          for _name, _arg in zip(self._fit_args_names, self._fit_args):
```

```
52          if _name in kwargs:
53              _arg = kwargs[_name]
54          _fit_args.append(_arg)
55      # 迭代，直至达到迭代次数 epoch 或 _fit 核心方法返回真值
56      for _ in range(epoch):
57          if self._fit(sample_weight, *_fit_args):
58              break
59      # 利用α和训练样本来更新 w 和 b
60      self._update_params()
```

注意到我们调用了一个叫 KernelConfig 的类，它的定义很简单：

```
01  class KernelConfig:
02      default_c = 1
03      default_p = 3
```

亦即默认惩罚因子 C 为 1，多项式核的次数 p 为 3。同时需要注意的是，我们在循环体里面调用了 _fit 核心方法，在最后调用了 _update_params 方法，这两个方法都是留给子类定义的；不过比较巧妙的是，无论是记录 $\hat{y}$ 的 _prediction_cache 的更新还是预测函数 predict 的定义，都可以写成同一种形式：

```
61      # 定义更新预测向量 _prediction_cache 的函数
62      def _update_pred_cache(self, *args):
63          self._prediction_cache += self._db_cache
64          if len(args) == 1:
65              self._prediction_cache += self._dw_cache * self._gram[args[0]]
66          else:
67              self._prediction_cache += self._dw_cache.dot(self._gram[args, ...])
68
69      # 定义预测函数
70      def predict(self, x, get_raw_results=False):
71          # 计算测试集和训练集之间的核矩阵并利用它来做决策
72          x = self._kernel(np.atleast_2d(x), self._x)
73          y_pred = x.dot(self._w) + self._b
74          if not get_raw_results:
75              return np.sign(y_pred)
76          return y_pred
```

有了这些准备、我们就能以之为基础实现核感知机和 SVM 了。不过需要指出的是，由于实现的 SVM 是一个朴素的版本，如果要在实际任务中应用 SVM 的话，还是应该使用由前人开发、维护并经过长年考验的成熟的库（比如 LibSVM 等）；这些库能够处理更大的数据和更多的边值情况，运行的速度也会快上很多。这是因为它们通常都使用了底层语言

来实现核心算法，且在算法上也做了许多数值稳定性和数值优化的处理。

下面进入正题，先来看核感知机的实现（Kernel Perceptron，KP）：

代码 5-3　实现核感知机：e_SVM\KP.py

```
01  import numpy as np
02  # 导入代码 5-2 中实现的基类
03  from Util.Bases import KernelBase
04
05  class KernelPerceptron(KernelBase):
07      def __init__(self):
08          KernelBase.__init__(self)
09          # 对于核感知机而言，循环体中所需的额外参数是学习速率（默认为 1）
10          self._fit_args, self._fit_args_names = [1], ["lr"]
11
12      # 更新 dw
13      def _update_dw_cache(self, idx, lr, sample_weight):
14          self._dw_cache = lr * self._y[idx] * sample_weight[idx]
15
16      # 更新 db
17      def _update_db_cache(self, idx, lr, sample_weight):
18          self._db_cache = self._dw_cache
19
20      # 利用α和训练样本中的类别向量 y 来更新 w 和 b
21      def _update_params(self):
22          self._w = self._alpha * self._y
23          self._b = np.sum(self._w)
24
25      def _fit(self, sample_weight, lr):
26          # 获取加权误差向量
27          _err = (np.sign(self._prediction_cache) != self._y) * sample_weight
28          # 引入随机性以进行随机梯度下降
29          _indices = np.random.permutation(len(self._y))
30          # 获取"错得最严重"的样本所对应的下标
31          _idx = _indices[np.argmax(_err[_indices])]
32          # 若该样本被正确分类，则所有样本都已正确分类；此时返回真值，退出训练循环体
33          if self._prediction_cache[_idx] == self._y[_idx]:
34              return True
35          # 否则，进行随机梯度下降
36          self._alpha[_idx] += lr
37          self._update_dw_cache(_idx, lr, sample_weight)
38          self._update_db_cache(_idx, lr, sample_weight)
39          self._update_pred_cache(_idx)
```

可以看到代码清晰简洁，这主要得益于核感知机算法本身比较直白。可以先通过螺旋线数据集来大致看看它的分类能力，结果如图 5.10 所示。

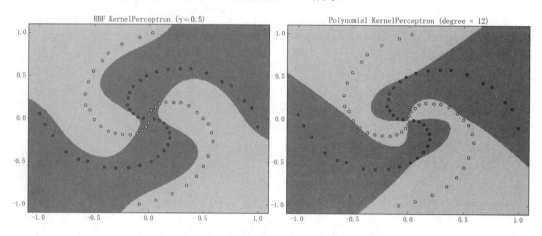

图5.10　螺旋线数据集上核感知机的表现

左图为 RBF 核感知机（$\gamma = 0.5$），准确率为 90.0%；右图为多项式核感知机（$p = 12$）、准确率为 98.75%（迭代次数都是 10^5）。虽说效果貌似还不错，但是由它们的训练曲线可以看出，训练过程其实是相当"不稳定"的（如图 5.11 所示）：

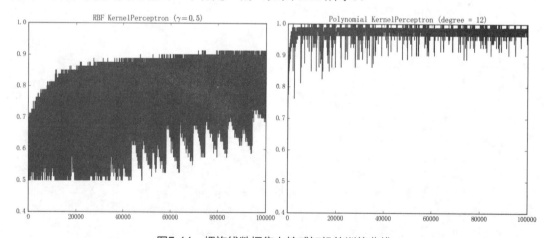

图5.11　螺旋线数据集上核感知机的训练曲线

左、右图分别对应着 RBF 核感知机和多项式核感知机的训练曲线。之所以有这么大的波动，是因为我们采取的随机梯度下降每次只会进行非常局部的更新，而螺旋线数据集本身又具有比较特殊的结构，从而在直观上也能想象，模型的参数在训练的过程中很容易来回震荡。这一点在 SVM 上也会有体现，因为我们打算实现的 SMO 算法同样也是针对局部（两个变量）进行更新的。

接下来就看看核 SVM 的实现，虽说有些繁复、但其实只是一步一步地将之前说过的算法翻译出来而已，如果能理顺算法的逻辑的话，实现本身其实并不困难：

代码 5-4　实现核 SVM：e_SVM\SVM.py

```
01    import numpy as np
02
03    from Util.Bases import KernelBase, KernelConfig
04
05    class SVM(KernelBase, metaclass=SubClassChangeNamesMeta):
06        def __init__(self):
07            KernelBase.__init__(self)
08            # 对于核 SVM 而言，循环体中所需的额外参数是容许误差ϵ（默认为10⁻³）
09            self._fit_args, self._fit_args_names = [1e-3], ["tol"]
10            self._c = None
11
12        # 实现 SMO 算法中，挑选出第一个变量的方法
13        def _pick_first(self, tol):
14            con1 = self._alpha > 0
15            con2 = self._alpha < self._c
16            # 算出损失向量并拷贝成 3 份
17            err1 = self._y * self._prediction_cache - 1
18            err2 = err1.copy()
19            err3 = err1.copy()
20            # 将相应的数位置为 0
21            err1[con1 | (err1 >= 0)] = 0
22            err2[(~con1 | ~con2) | (err2 == 0)] = 0
23            err3[con2 | (err3 <= 0)] = 0
24            # 算出总的损失向量并取出最大的一项
25            err = err1 ** 2 + err2 ** 2 + err3 ** 2
26            idx = np.argmax(err)
27            # 若该项的损失小于ϵ则返回空值
28            if err[idx] < tol:
29                return
30            # 否则、返回对应的下标
31            return idx
32
33        # 实现 SMO 算法中、挑选出第二个变量的方法（事实上是随机挑选）
34        def _pick_second(self, idx1):
35            idx = np.random.randint(len(self._y))
```

```
36          while idx == idx1:
37              idx = np.random.randint(len(self._y))
38          return idx
39
40      # 获取新的α₂的下界
41      def _get_lower_bound(self, idx1, idx2):
42          if self._y[idx1] != self._y[idx2]:
43              return max(0., self._alpha[idx2] - self._alpha[idx1])
44          return max(0., self._alpha[idx2] + self._alpha[idx1] - self._c)
45
46      # 获取新的α₂的上界
47      def _get_upper_bound(self, idx1, idx2):
48          if self._y[idx1] != self._y[idx2]:
49              return min(self._c, self._c + self._alpha[idx2] - self._alpha[idx1])
50          return min(self._c, self._alpha[idx2] + self._alpha[idx1])
51
52      # 更新 dw
53      def _update_dw_cache(self, idx1, idx2, da1, da2, y1, y2):
54          self._dw_cache = np.array([da1 * y1, da2 * y2])
55
56      # 更新 db
57      def _update_db_cache(self, idx1, idx2, da1, da2, y1, y2, e1, e2):
58          gram_12 = self._gram[idx1][idx2]
59          b1 = -e1 - y1 * self._gram[idx1][idx1] * da1 - y2 * gram_12 * da2
60          b2 = -e2 - y1 * gram_12 * da1 - y2 * self._gram[idx2][idx2] * da2
61          self._db_cache = (b1 + b2) * 0.5
62
63      # 利用α和训练样本中的类别向量 y 来更新 w 和 b
64      def _update_params(self):
65          self._w = self._alpha * self._y
66          _idx = np.argmax((self._alpha != 0) & (self._alpha != self._c))
67          self._b = self._y[_idx] - np.sum(self._alpha * self._y * self._gram[_idx])
```

以上就是 SMO 算法中的核心步骤，接下来只需要将它们整合进一个大框架中即可（需要指出的是，随机选取第二个变量虽说效果也不错，但效率终究还是会差上一点；不过考虑到实现的复杂度，我们还是用随机选取的方法来进行实现）：

```
68      # 定义局部更新参数α的方法
69      def _update_alpha(self, idx1, idx2):
70          l, h = self._get_lower_bound(idx1, idx2), self._get_upper_bound(idx1, idx2)
71          y1, y2 = self._y[idx1], self._y[idx2]
72          e1 = self._prediction_cache[idx1] - self._y[idx1]
73          e2 = self._prediction_cache[idx2] - self._y[idx2]
74          eta = self._gram[idx1][idx1] + self._gram[idx2][idx2] - 2 * self._gram[idx1][idx2]
75          a2_new = self._alpha[idx2] + (y2 * (e1 - e2)) / eta
76          if a2_new > h:
```

```
77              a2_new = h
78          elif a2_new < l:
79              a2_new = l
80          a1_old, a2_old = self._alpha[idx1], self._alpha[idx2]
81          da2 = a2_new - a2_old
82          da1 = -y1 * y2 * da2
83          self._alpha[idx1] += da1
84          self._alpha[idx2] = a2_new
85          # 根据Δα₁、Δα₁来更新 dw 和 db 并局部更新ŷ
86          self._update_dw_cache(idx1, idx2, da1, da2, y1, y2)
87          self._update_db_cache(idx1, idx2, da1, da2, y1, y2, e1, e2)
88          self._update_pred_cache(idx1, idx2)
89
90      # 初始化惩罚因子 C
91      def _prepare(self, **kwargs):
92          self._c = kwargs.get("c", KernelConfig.default_c)
93
94      def _fit(self, sample_weight, tol):
95          idx1 = self._pick_first(tol)
96          # 若没能选出第一个变量, 则所有样本的误差都< ε, 此时返回真值, 退出训练循环体
97          if idx1 is None:
98              return True
99          idx2 = self._pick_second(idx1)
100         self._update_alpha(idx1, idx2)
```

可以看到大部分代码确实只是算法的直译。同样可以先通过螺旋线数据集来大致看看核 SVM 的分类能力, 结果如图 5.12 所示 (图中用黑圈标注的样本点即是支持向量):

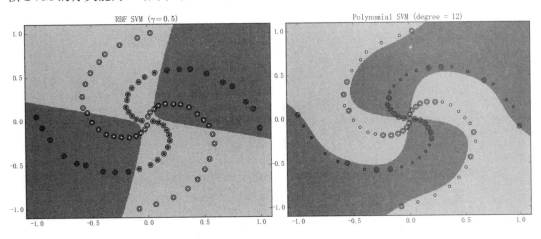

图5.12　螺旋线数据集上核SVM的表现

左图为 RBF 核 SVM（$\gamma = 0.5$），迭代了 729 次即达到了停机条件（所有样本的误差都 $< \epsilon$），最终准确率为 51.25%；右图为多项式核 SVM（$p = 12$），迭代了 6727 次即达到了停机条件，准确率为 97.5%。它们的训练曲线如图 5.13 所示。

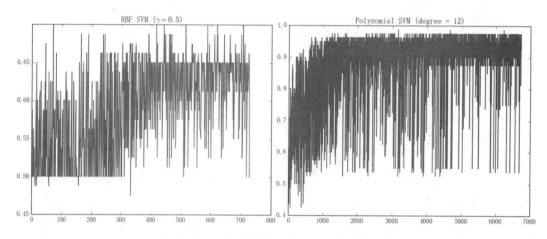

图5.13　螺旋线数据集上核SVM的训练曲线

左右图分别对应着 RBF 核 SVM 和多项式核 SVM 的训练曲线。虽说看上去似乎比核感知机的表现还要差，但这毕竟只是一个特殊的情形；事实上，即使是成熟的 SVM 库也并不是万能的。比如直接使用螺旋线数据集来训练 sklearn 中的、基于 LibSVM 进行实现的 SVM 模型的话，会得到如图 5.14 所示的结果。

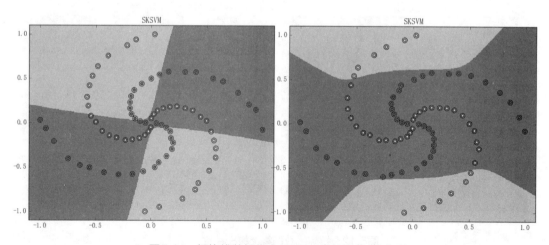

图5.14　螺旋线数据集上sklearn中的SVM的表现

左图为 RBF 核 SVM$(\gamma = 0.5)$，最终准确率为 50.0%；右图为多项式核 SVM$(p = 12)$，准确率为 65.0%。造成这种差异的原因在于实现的多项式核函数和 sklearn 中的 SVM 所使用的多项式核函数不一样，如果将我们的核函数传进去，是可以得到相似结果的。

作为本节的收尾，可以通过画出两种核模型在蘑菇数据集上的训练曲线来简单地评估模型在真实数据下的表现。为了说明模型的泛化能力，我们只取 100 个样本作为训练样本，并用剩余 8000 多个样本作为测试样本来检验。

首先来看核感知机的表现（如图 5.15 所示）。

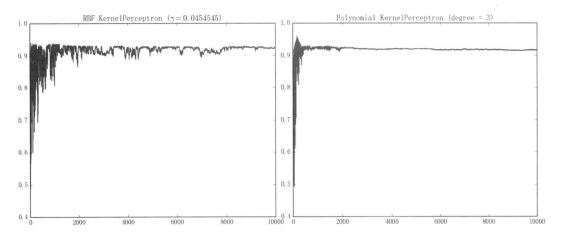

图5.15　蘑菇数据集上核感知机的训练曲线

左图为 RBF 核感知机$(\gamma \approx 0.04546)$的训练曲线，最终在测试集上的准确率为 92.53%；右图为多项式核感知机$(p = 3)$的训练曲线，最终在测试集上的准确率为 91.59%（迭代次数都是 10^4）。由于只采用了 100 个样本训练，每次训练后的模型表现会波动得比较厉害；不过总体而言，RBF 核感知机会比多项式核感知机波动得更厉害一点。

接下来看核 SVM 的表现（如图 5.16 所示）：

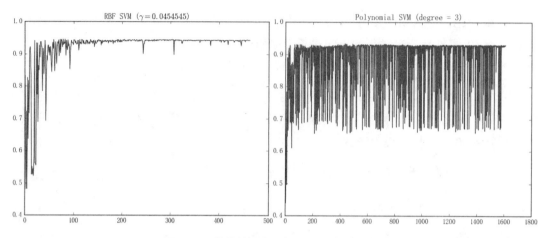

图5.16　蘑菇数据集上核SVM的训练曲线

　　左图为 RBF 核 SVM（$\gamma \approx 0.04546$），迭代了 462 次即达到了停机条件，最终在测试集上的准确率为 94.29%；右图为多项式核 SVM（$p = 3$），迭代 1609 次即达到了停机条件，最终在测试集上的准确率为 92.96%。

5.4　多分类与支持向量回归

　　本小节将简要说明几种将二分类模型拓展为多分类模型的普适性方法，它们不仅能对前三节叙述的感知机和 SVM 进行应用，同时还能应用于上一章进行说明的 AdaBoost 二分类模型；在本节的第四小节（也是最后一小节）、我们则会简要地说明如何将支持向量机的思想应用在回归问题上。

5.4.1　一对多方法（One-vs-Rest）

　　一对多方法常简称为 OvR，是一种比较"豪放"的方法：对于一个 K 类问题，OvR 将训练 K 个二分类模型$\{G_1, \dots, G_K\}$，每个模型将训练集中的某一类的样本作为正样本，其余类的样本作为负样本。模型的输出空间为实数空间，它反映了模型对决策的"信心"。

　　具体而言，模型G_i会把第 i 类看成一类，把其余类看成另一类并尝试通过训练来区分开第 i 类和剩余类别；若G_i有比较大的自信来判定输入样本 x 是（或不是）第 i 类，那么$G_i(x)$将会是一个比较大的正（负）数；否则，$G_i(x)$将会是一个比较小的正（负）数。

　　训练好 K 个模型后，直接将输出最大的模型所对应的类别作为决策即可，亦即：

$$y_{pred} = \arg\max_i G_i(x)$$

之所以称这种方法比较"豪放"，主要是因为对每个模型的训练都存在比较严重的偏差：正样本集和负样本集的样本数之比在原始训练集均匀的情况下将会是 $\frac{1}{K-1}$。针对该缺陷、一种比较常见的做法是只抽取负样本集中的一部分来进行训练（比如抽取其中的三分之一）。

5.4.2　一对一方法（One-vs-One）

一对一方法常简称为 OvO，可谓是一种很直观的方法：对于一个 K 类问题，OvO 将直接训练出 $\frac{K(K-1)}{2}$ 个二分类模型 $\{G_{12}, ..., G_{1K}, G_{23}, ..., G_{2K}, ..., G_{K-1,K}\}$，每个模型都只从训练集中接受两个类的样本来进行训练。模型的输出空间为二值空间 $\{-1, +1\}$、亦即模型只需要具有投票的能力即可。

具体而言，模型 $G_{ij}(i < j)$ 将接受且仅接受所有第 i 类和第 j 类的样本，并尝试通过训练来区分开第 i 类和第 j 类；同时，假设 c_i 代表第 i 类的样本空间，那么就有：

$$G_{ij}(x) = \begin{cases} -1, & x \in c_j \\ +1, & x \in c_i \end{cases}$$

训练好 $\frac{K(K-1)}{2}$ 个模型后，OvO 将通过投票表决来进行决策，在 $\frac{K(K-1)}{2}$ 次投票中得票最多的类即为模型所预测的结果。具体而言，如果考察 G_{ij}、那么若 G_{ij} 输出 -1 则第 j 类得一票、若 G_{ij} 输出 $+1$ 则第 i 类得一票。如果只有两个类别（比如第 i 类和第 j 类）得票一致，那么直接看针对这两个类别的模型（亦即 G_{ij}）的结果即可；如果多于两个类别的得票一致，则需要具体情况具体分析。

OvO 是一个相当不错的方法，没有类似于 OvR 中"有偏"的问题。然而它也有一个显而易见的缺点——由于模型的量级是 K^2，所以它的时间开销会相当大。

5.4.3　有向无环图方法（Directed Acyclic Graph Method）

有向无环图方法常简称为 DAG，它的训练过程和 OvO 的训练过程完全一致，区别只在于最后的决策过程。具体而言，DAG 会将 $\frac{K(K-1)}{2}$ 个模型作为一个有向无环图中的 $\frac{K(K-1)}{2}$ 节点并逐步进行决策。其工作原理可以用图 5.17 进行说明（假设 $K = 4$）。

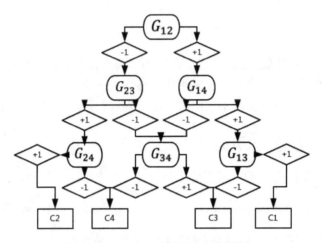

图5.17　DAG在四类问题上的图例

5.4.4　支持向量回归（Support Vector Regression）

支持向量回归常简称为 SVR，它的基本思想与"软"间隔的思想类似——传统的回归模型通常只有在模型预测值 $f(x)$ 和真值 y 完全一致时损失函数的值才为 0（最经典的就是当损失函数为 $\|f(x) - y\|^2$ 的情形），而 SVR 则允许 $f(x)$ 和 y 之间有一个 ϵ 的误差，亦即仅当

$$|f(x) - y| > \epsilon$$

时，我们才认为模型在 (x, y) 点处有损失。这与支持向量机做分类时有种"恰好相反"的感觉：对于分类问题，只有当样本点离分界面足够远时才不计损失；对于回归问题，则只有当真值离预测值足够远时才计损失。但是仔细思考的话，就不难想通它们的思想和目的是完全一致的：都是为了提高模型的泛化能力。

类比于之前讲过的 SVM 算法，可以很自然地写出 SVR 所对应的无约束优化问题：

$$\min_{w,b,x,y} \frac{1}{2} \|w\|^2 + C \sum_{i=1}^{N} l_\epsilon(w, b, x_i, y_i)$$

其中

$$l_\epsilon(w, b, x_i, y_i) = \begin{cases} 0, & |f(x_i) - y_i| \leqslant \epsilon \\ |f(x_i) - y_i| - \epsilon, & |f(x_i) - y_i| > \epsilon \end{cases}$$

于是可以利用梯度下降法等进行求解。同样类比于 SVM 的对偶问题，可以提出 SVR

的对偶问题，细节就不展开叙述了。

5.5 相关数学理论

这一节会叙述之前没有解决的纯数学问题，会涉及相当庞杂的数学概念与思想，其中一些推导的难度相对而言可能会比较大。

5.5.1 梯度下降法

前文已经相当充分地说明了梯度下降法，本小节则打算用较严谨的数学语言来重新叙述一遍这个方法。

首先说明其地位：梯度下降法（又称为最速下降法）是求解无约束最优化问题的最常用的手段之一，同时由于现有的深度学习框架（比如 TensorFlow）基本上都会含有自动求导并更新参数的功能，所以梯度下降法的实现往往会简单且高效。

其次说明梯度下降法的大致步骤。正如前文所说，梯度下降法的核心在于函数的"求导"，而由于一般来说样本都是高维的样本（亦即 $x \in \mathbb{R}^n$、$n \geqslant 2$），所以此时我们要求的其实是函数的梯度。由于梯度是微积分里面的基础知识，这里就不"追本溯源"般地讲解梯度的定义之类的了，如果确实不甚了解且不满足于前文给出的直观解释的话，可以参见维基百科中的详细定义（中文版链接为 https://zh.wikipedia.org/wiki/梯度，英文版为 https://en.wikipedia.org/wiki/Gradient；笔者建议尽量看英文版）。

不管怎么说，函数梯度的这一点性质需要谨记：它是使函数值上升最快的方向，这就同时意味着负梯度是使函数值下降最快的"更新方向"。利用该性质，梯度下降法认为在每一步迭代中，都应该以梯度为更新方向"迈进"一步；在机器学习中，我们通常把这时迈进的"步长"称为"学习速率"：

算法 5–6　梯度下降算法

输入：想要最小化的目标函数 $f(x)$、迭代次数 M、学习速率 η、计算精度 ϵ，其中 $x \in \mathbb{R}^n$

过程：

（1）求出 $f(x)$ 的梯度函数：

$$g(x) \triangleq \nabla f(x)$$

（2）取一个初始估计值 $x^{(0)} \in \mathbb{R}^n$

（3）对 $j = 1, \ldots, M$：

（a）计算负梯度——$g_j = -g(x^{(j)})$，若$\|g_j\| < \epsilon$则退出循环，令最终解$x^* = x^{(j)}$。

（b）否则，向更新方向g_j迈进步长为η的一步：

$$x^{(j+1)} = x^{(j)} + \eta g_j$$

（c）若$\|f(x^{(j+1)}) - f(x^{(j)})\| < \epsilon$或$\|x^{(j+1)} - x^{(j)}\| < \epsilon$则退出循环，令最终解$x^* = x^{(j+1)}$。

输出：最终解x^*

算法 5-6 中的梯度下降法是一个最为朴素的梯度下降法框架，通过在其基础上结合具体的模型进行改进和拓展能够衍生出一系列著名的算法。具体而言，这些拓展算法通常会针对如下两个部分进行改进：

- 不是单纯地把梯度作为更新方向，而是利用更多的属性来定出更新方向。

- 不把学习速率设成常量，而设法让其能够"适应算法"并根据具体情况进行调整。

有关梯度下降的拓展算法会在下一章进行比较详细的叙述，这里我们仅针对第二点来举一个非常直观的改进例子（仅写出与算法 5-6 中不同的部分）：

过程：

（3）对$j = 1, \ldots, M$：

（b）否则求出η_j，使得：

$$f(x^{(j)} + \eta_j g_j) = \min_{\eta > 0} f(x^{(j)} + \eta g_j)$$

然后根据η_j来更新估计值：

$$x^{(j+1)} = x^{(j)} + \eta_j g_j$$

这种算法又可以称为精确线性搜索准则。当优化问题为凸优化，亦即函数$f(x)$为凸函数时，可以证明若迭代次数 M 足够大，精确线性搜索必定能够收敛到全局最优解。

考虑到对于具体的机器学习模型而言，其训练时一般会同时用到许多的样本，此时进行梯度下降法的话就不免会遇到一个问题：计算梯度时，是应该同时对多个样本进行求解然后将结果整合，还是对样本逐个进行求解？对该问题的不同解答对应着不同的算法，前文也已经有所提及。具体而言：

- 对于随机梯度下降（SGD），其求梯度的公式为：

$$g_j = -\nabla f(x_i)$$

其中 i 是一个合适的下标。SGD 的优缺点都比较直观：虽然（在同样的迭代次数下）它的训练速度很快，但它搜索解空间的过程会显得比较盲目（就有种东走西走的感觉），这直接导致其收敛速度反而可能会更慢。同时如果考虑实际应用的话，由于 SGD 难以并行实现，所以其效率往往会比较低。

- 对于小批量梯度下降（MBGD），其求梯度的公式为：

$$g_j = -\frac{1}{m}\left(\nabla f(x_{S_1}) + \cdots + \nabla f(x_{S_m})\right)$$

其中 m 是一个合适的、小于总样本数 N 的数，$S_1, \dots, S_m$ 则是 m 个合适的下标；通常我们会称 $\{x_{S_1}, \dots, x_{S_m}\}$ 为一个 batch。MBGD 可谓是应用得最广泛的梯度下降法，它在单步迭代中会比 SGD 慢，但它对解空间的搜索会显得"可控"很多，从而收敛速度一般反而会比 SGD 要快。

- 对于批量梯度下降（BGD），其求梯度的公式为：

$$g_j = -\frac{1}{N}\sum_{i=1}^{N}\nabla f(x_i)$$

BGD 会有一种"过犹不及"的感觉，由于它单步迭代中会用到所有样本，所以当训练集很大的时候，无论是时间开销还是空间开销都会变得难以忍受。

以上我们就大概综述了一遍梯度下降法的框架，更为细致的具体算法则会在第 6 章介绍神经网络时进行部分说明。

5.5.2　拉格朗日对偶性

如果按照最一般性的定义来讲的话，拉格朗日对偶性会显得太过"纯粹"，或说可以算是数学家的游戏。因此本小节拟打算通过推导如何将软间隔最大化 SVM 的原始最优化问题转化为对偶问题，来间接说明拉格朗日对偶性的一般性步骤。

注意到原始问题为

$$\min_{w,b} L(w,b,x,y) = \frac{1}{2}\|w\|^2 + C\sum_{i=1}^{N}\xi_i$$

使得

$$y_i(w\cdot x_i + b) \geqslant 1 - \xi_i \ (i = 1, \dots, N)$$

其中

$$\xi_i \geqslant 0 \ (i = 1, \dots, N)$$

那么原始问题的拉格朗日函数即为：

$$L(w, b, \xi, \alpha, \beta) = \frac{1}{2}\|w\|^2 + C\sum_{i=1}^{N}\xi_i - \sum_{i=1}^{N}\alpha_i[y_i(w \cdot x_i + b) - 1 + \xi_i] - \sum_{i=1}^{N}\beta_i\xi_i$$

为求解 L 的极小，需要对 w、b 和 ξ 求偏导并令偏导为 0。易知：

$$\nabla_w L = w - \sum_{i=1}^{N}\alpha_i y_i x_i = 0$$

$$\nabla_b L = \sum_{i=1}^{N}\alpha_i y_i = 0$$

$$\nabla_{\xi_i} L = C - \alpha_i - \beta_i = 0$$

解得

$$w = \sum_{i=1}^{N}\alpha_i y_i x_i$$

$$\sum_{i=1}^{N}\alpha_i y_i = 0$$

以及对 $i = 1, \ldots, N$、都有

$$\alpha_i + \beta_i = C$$

将它们带入 $L(w, b, \xi, \alpha, \beta)$，得

$$L(w, b, \xi, \alpha, \beta) = -\frac{1}{2}\sum_{i=1}^{N}\sum_{j=1}^{N}\alpha_i\alpha_j y_i y_j (x_i \cdot x_j) + \sum_{i=1}^{N}\alpha_i$$

从而原始问题的对偶问题即为求上式的极大值，亦即

$$\max_{\alpha} -\frac{1}{2}\sum_{i=1}^{N}\sum_{j=1}^{N}\alpha_i\alpha_j y_i y_j (x_i \cdot x_j) + \sum_{i=1}^{N}\alpha_i$$

其中约束条件为：

$$\sum_{i=1}^{N} \alpha_i y_i = 0$$

以及对 $i = 1, \ldots, N$、都有

$$\alpha_i \geqslant 0, \qquad \beta_i \geqslant 0$$

$$\alpha_i + \beta_i = C \ (i = 1, \ldots, N)$$

易知上述约束可以简化为对 $i = 1, \ldots, N$、都有

$$0 \leqslant \alpha_i \leqslant C$$

综上所述，即得前文叙述过的软间隔最大化的对偶形式。注意到原始问题是凸二次规划，从而对偶形式的解 w^*、b^*、ξ^*、α^* 和 β^* 满足 KKT 条件，亦即：

$$\nabla_w L(w^*, b^*, \xi^*, \alpha^*, \beta^*) = \nabla_b L(w^*, b^*, \xi^*, \alpha^*, \beta^*) = \nabla_\xi L(w^*, b^*, \xi^*, \alpha^*, \beta^*) = 0$$

以及对 $i = 1, \ldots, N$，都有

$$\alpha_i^*[y_i(w^* \cdot x_i + b^*) - 1 + \xi^*] = 0$$

$$y_i(w^* \cdot x_i + b^*) - 1 + \xi^* \geqslant 0$$

$$\alpha^* \geqslant 0, \beta^* \geqslant 0, \xi^* \geqslant 0$$

$$\xi^* \beta^* = 0$$

由它们就可以推出前文 5.2.2 节中说明过的，w^* 和 b^* 关于 α^* 的表达式了。

5.6 本章小结

- 感知机利用 SGD 能保证对线性可分数据集正确分类（无论学习速率为多少），但它没怎么考虑泛化能力的问题。
- 线性 SVM 通过引入间隔（硬、软）最大化的概念来增强模型的泛化能力。
- 核技巧能够将线性算法"升级"为非线性算法，通过将原始问题转化为对偶问题能够非常自然地对核技巧进行应用。
- 对于一个二分类模型，有许多方法能够直接将它拓展为多分类问题。
- SVM 的思想能用于做回归（SVR）；具体而言，SVR 容许模型输出和真值之间存在 ϵ 的差距以期望提高泛化能力。

第 6 章

神经网络

从第 2 到第 5 章所介绍的算法可算是比较"经典""传统"的算法；它们其实都属于统计学习方法，有着相当深厚的统计学理论作为支撑。而本章所讲的神经网络（NeuralNetwork，NN）则是近代比较火热的一个算法。尽管该算法的提出已经颇有些年头，相应的数学理论亦提出了不少，而且也有不少人认为它归于统计学习方法；但相当多的人还是认为，该算法更像一门"手艺"。

本章主要涉及的知识点有：

- 神经网络的结构；
- 激活函数与损失函数；
- 神经网络的训练；
- 梯度下降法与优化器（Optimizer）；
- 神经网络中的特殊结构；
- 相对大型的机器学习任务下的注意事项。

此外需要说明的是，本章及下一章的许多知识点都是笔者以前从 http://cs231n.github.io 中习得的，所以这里要特别感谢一下斯坦福大学的这门深度学习课程。

6.1　从感知机到多层感知机

　　"神经网络"这个概念本身其实是一个庞大的交叉学科，而在机器学习领域里，"神经网络"则是"人工神经网络（Artificial Neural Network）"的简称。顾名思义，本章所将介绍的神经网络模型多少借鉴了神经生理学关于神经网络的研究，并尝试通过数学建模来描述机器智能。这也正是为何许多机器学习相关书籍对神经网络的介绍都会从"真正的"神经网络开始（比如介绍细胞体、树突、轴突和突触之类的）。然而笔者认为，直到目前为止，我们一般应用的神经网络结构其实和真正的神经网络之结构之间的差距还是相当大的。如果按照生物学意义上的神经网络来理解人工神经网络的话，虽说从直观上来说可能更加易懂，但在逻辑和原理的层面上反而会造成混淆。

　　为此，我们就跳过"老生常谈"般的介绍生物学意义上的神经网络的部分，直接把数学建模后的结果进行说明：近代最常用的 NN 模型其实脱胎于 1943 年由 W. S. McCulloch 和 W. H. Pitts 提出的 McCulloch-Pitts 神经元模型（常简称为 M-P 神经元模型），它针对单个的神经元进行了数学建模。具体而言，M-P 模型是具有如下三个功能的模型：

- 能够接收 n 个 M-P 模型传递过来的信号（$n \in \mathbb{Z}^+$）；
- 能够在信号的传递过程中为信号分配权重；
- 能够将得到的信号进行汇总、变换并输出。

可以通过图 6.1 来直观地认知 M-P 模型的结构：

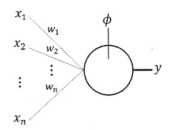

图6.1　M-P神经元模型示意图

　　图中的 $x_1, \ldots, x_n$ 即为 n 个 M-P 模型的输出信号，$w_1, \ldots, w_n$ 即为这 n 个信号对应的权值；ϕ 即为所示神经元对输入信号的变换函数，y 即为模型的输出。一般而言，可以把 y 写成：

$$y = \phi\left(\sum_{i=1}^{n} w_i x_i + b\right)$$

　　其中，b 为神经元对输入信号的"平移"。我们通常会称 ϕ 为激活函数，而称 b 为偏置量，有关它们的详细讨论会在下一节进行，这里就暂时先按下不表。

有了 M-P 神经元模型的话，基于它来定义神经网络似乎就不是一件困难的事了。事实上，只需要把许多 M-P 神经元按照一定的层次结构进行连接即可。一个非常自然的想法就是构建一个有向无环图（DAG 图），其输入节点和输出节点视具体问题而定。比如若想通过三维的输入来得到二维的输出，可以简单地以 M-P 模型为有向无环图中的节点来构造一个如图 6.2 所示的有向无环图。

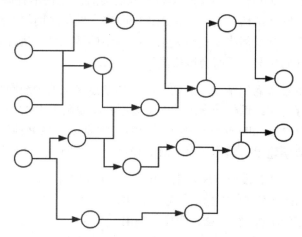

图6.2　一个输入为三维、输出为二维的DAG图

如果人工神经网络模型真的能够对任意 DAG 图都能进行高效训练的话，那么说它和真正的神经网络能够互相类比可能也不算夸张；然而遗憾的是，由于现在我们对矩阵运算的依赖程度很大（因为矩阵运算是被高度优化了的），目前主流的神经网络模型结构基本都是一类及其特殊的 DAG 图。具体而言，主流人工神经网络模型是以"层（Layer）"（而不是以"节点"）为基本单位的，其结构大致如图 6.3 所示。

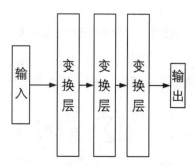

图6.3　主流人工神经网络的结构（以"层"为基本单位）

其中，输入（层）、变换层和输出（层）都可以想象为由若干个 M-P 神经元"排列在一起"而组成的"神经层"，从而整张神经网络即为由若干神经层"堆叠而成"的一个结构。不难想象在这种情况下，同一层中的所有 M-P 神经元会共享激活函数ϕ和偏置量 b，所以通常我们会针对层结构定义ϕ和 b，而不是针对单个的神经元定义ϕ和 b。

如果确实想以"节点"为基本单位，那么图 6.3 所示结构可以化为如图 6.4 所示的模型。

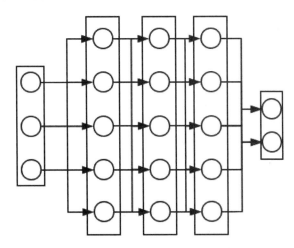

图6.4　主流人工神经网络的结构（以"节点"为基本单位）

其中除了输出层外，当前层的每个节点都会出来一个箭头指向下一层中的每个节点，这也正是当前层将信号传输给下一层的方式。容易想象当没有变换层时，人工神经网络就会"退化"成第 5 章讲过的感知机。事实上可以将如图 6.1 所示的神经元看作只有一个神经元的输出层并令ϕ为恒同映射，亦即：

$$\phi(x) = x, \qquad \forall x \in \mathbb{R}$$

那么就有

$$y = \sum_{i=1}^{n} w_i x_i + b = w \cdot x + b$$

其中

$$w = (w_1, ..., w_n)^T, \qquad x = (x_1, ..., x_n)^T$$

可以看出，上式即为感知机的决策公式。由此可见，这种主流人工神经网络结构其实可以称为多层感知机模型（Multi-Layer Perceptron，MLP），本章所说的神经网络所指代的也正是 MLP 模型。它的工作原理是直观的：

- 输入层和输出层即为整个模型的入口和出口。
- 变换层则会把上一层的输出当成输入，经过一番内部处理后把输出传给下一层。

所以问题的关键就在于层结构（Layer）的搭建上。不过在着手实现它之前，了解它具体需要做哪些工作是有必要的。如果往简单去说，神经网络算法其实只包含如下三个部分：

- 通过将输入进行一层一层的变换来得到输出；
- 通过输出与真值的比较得到损失函数的梯度；
- 利用得到的这个梯度来更新模型的各个参数。

其中，前两个部分相关的内容会在下两节进行简单的说明，第三个部分相关内容的简要叙述则会放在第四节。注意到第二个部分中提到了"损失函数"的概念，在我们将要实现的神经网络模型中，我们会将损失作为一个单独的层结构跟在输出层后面。换句话说，一个完整的神经网络模型将如图 6.5 所示。

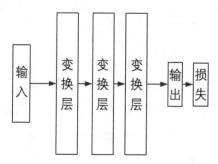

图6.5　含损失层CostLayer的、完整的神经网络结构

注意：今后章节中出现的各个数学算式中的元素如果不带下标的话，一般而言都指代向量或者矩阵而不是标量。为使文章结构连贯，我们不会一一说明哪些是标量，哪些是向量而哪些是矩阵；但是通过上下文和具体的算法，相关叙述应该是不会引起歧义的。

此外需要指出的是，由于损失层 CostLayer 只是为了实现的便利性而存在的结构，从数学的角度来讲它是不必抽出来作为一个独立个体的。因此，我们有时在叙述数学相关问题时会隐去 CostLayer。

6.2　前向传导算法

时至今日，在各个编程语言的世界里，神经网络的成熟的库都可谓不在少数；这可能就导致许多人虽然能够熟练应用神经网络，但对于其内部机制却不甚了解。事实上就笔者所展开的简单调查来看，有不少平时经常用到神经网络的程序员其实对神经网络的数学部分有一种"望而生畏"的感觉，其中各种梯度的计算更是让他们发出"眼花缭乱"的感叹。

虽然很想说一些令人鼓舞的话，但是如果从繁复性来说，神经网络算法确实是我们到目前为止介绍过的算法中推导步骤最多的；不过可以保证的是，如果把算法的逻辑厘清，那么静下心来好好演算的话，就会觉得它比想象中的要简单。

6.2.1　算法概述

如果把前文所说过的内容提炼、总结的话，就会发现我们其实已经把前向传导算法的过程都叙述了一遍。以一个简单的神经网络结构为例（如图 6.6 所示）。

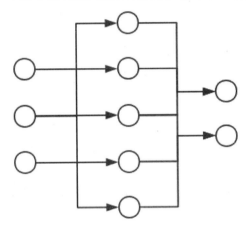

图6.6　一个简单的三层（单隐层）神经网络

注意：虽然图 6.6 将一个个的"节点"画了出来，但是本节及今后的所有讨论中，我们都应该时刻记住：神经网络的基本组成单元是层（Layer）而不是节点，之所以用节点来说明问题也仅仅是为了简化问题，在实现中是需要将节点上的算法"整合"成层的算法的。

在展开叙述前，做一些符号约定是有必要的。

- 记图 6.6 中的神经网络从左到右对应的 Layer 为 L_1, L_2, L_3，记 L_i 中从上往下数的第 j 个神经元为 u_{ij}。

- 记 L_i 对应的：

  - 神经元个数为 n_i（从而 $n_1 = 3$、$n_2 = 5$、$n_3 = 2$）
  - 激活函数、偏置量分别为 ϕ_i、$b^{(i)}$（注意：ϕ_1、$b^{(1)}$ 的运用其实相当于对输入数据进行预处理，一般来说不把这两个参数纳入考虑范围也是可以的）。

- 记 L_i, L_{i+1} 之间的权值矩阵为 $w^{(i)}$、神经元 $u_{ij}, u_{i+1,k}$ 之间的权值为 $w_{jk}^{(i)}$，可知：

$$w^{(i)} = \begin{bmatrix} w_{11}^{(i)} & \cdots & w_{1,n_{i+1}}^{(i)} \\ \vdots & \ddots & \vdots \\ w_{n_i 1}^{(i)} & \cdots & w_{n_i,n_{i+1}}^{(i)} \end{bmatrix}_{n_i \times n_{i+1}}, \qquad i = 1,2$$

- 记 L_i 对应的输入、输出为 $u^{(i)}, v^{(i)}$。
- 记模型的输入、输出集为 X、Y，样本数为 N，损失函数为 L；一般我们会要求 L 是一个二元对称函数，亦即对于 L 的输入空间中的任意两个向量（矩阵）p、q 都有：

$$L(p,q) = L(q,p)$$

那么上述神经网络的前向传导算法的所有步骤即为（运算符"×"代表矩阵乘法，后同）：

- $u^{(1)} = X + b^{(1)}$、$v^{(1)} = \phi_1(u^{(1)})$，注意 $u^{(1)}$、$v^{(1)}$ 都是 $N \times 3$ 维矩阵；
- $u^{(2)} = v^{(1)} \times w^{(1)} + b^{(2)}$、$v^{(2)} = \phi_2(u^{(2)})$，注意 $w^{(1)}$ 是 3×5 的矩阵，所以 $u^{(2)}$、$v^{(2)}$ 都是 $N \times 5$ 维矩阵；
- $u^{(3)} = v^{(2)} \times w^{(2)} + b^{(3)}$、$v^{(3)} = \phi_3(u^{(3)})$，注意 $w^{(2)}$ 是 5×2 的矩阵，所以 $u^{(3)}$、$v^{(3)}$ 都是 $N \times 2$ 维矩阵。

其中 $v^{(3)}$ 即为模型的输出，$L(v^{(3)}, Y) = L(Y, v^{(3)})$ 即为模型在 (X,Y) 上的损失。可以看到这个过程确实相当简单，但是里面蕴含的数学思想却是有趣而深刻的，接下来我们就分析其中的一些细节。

注意： 以上这个例子中的神经网络模型其实是一个二分类模型（$n_3 = 2$），如果想用神经网络解决多分类问题（比如 K 分类问题）的话，只需自然地将输出层的神经元个数设为类别数（$n_3 \leftarrow K$）即可。此外，为简便起见，如果我们没有特别指出的话，那么下文中所讨论的情况都是 $N = 1$，亦即样本集里只有单样本的情形。

6.2.2　激活函数（Activation Function）

首先说说前文不断在提却又没有细说的激活函数ϕ。直观地来讲，所谓激活函数，正是整个结构中非线性扭曲力。这里介绍几个常见的激活函数：

- 逻辑函数（Sigmoid）

$$\phi(x) = \frac{1}{1 + e^{-x}}$$

其函数图像如图 6.7 所示。

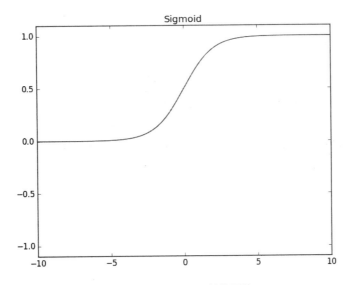

图6.7　Sigmoid函数的图像

- 正切函数（Tanh）

$$\phi(x) = \tanh(x) = \frac{1 - e^{-2x}}{1 + e^{-2x}}$$

其函数图像如图 6.8 所示。

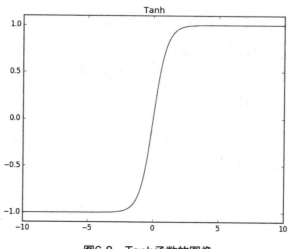

图6.8　Tanh函数的图像

- 线性整流函数（Rectified Linear Unit，ReLU）

$$\phi(x) = \max(0, x)$$

其函数图像如图 6.9 所示（注意纵轴范围与上述两个激活函数不同）：

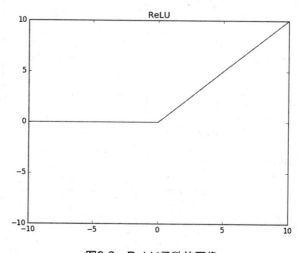

图6.9　ReLU函数的图像

- ELU 函数（Exponential Linear Unit）

$$\phi(\alpha, x) = \begin{cases} \alpha(e^x - 1), & x < 0 \\ x, & x \geqslant 0 \end{cases}$$

我们在实现时会取 $\alpha = 1$，其函数图像如图 6.10 所示。

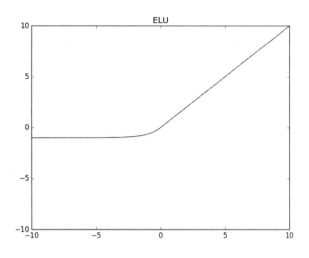

图6.10 ELU函数的图像

- Softplus 函数

$$\phi(x) = \ln(1 + e^x)$$

其函数图像如图 6.11 所示。

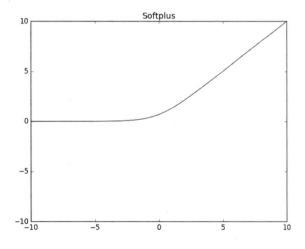

图6.11 Softplus函数的图像

- 恒同映射（Identity）

$$\phi(x) = x$$

其函数图像从略。

囿于篇幅，这些激活函数的由来及背后相关的错综复杂的数学理论研究就不展开叙述了。我们只需知道，神经网络之所以为非线性模型的关键，其实就在于激活函数。

然后来看看层与层之间的权值矩阵 w 以及偏置量 b，它们的意义也都有比较好的解释：

- w 能把从激活函数得到的函数值线性映射到另一个维度的空间上。
- b 能在此基础上再进行一步平移的操作。

其中 w 的重要性似乎无须过多说明也能让人明白，但 b 的重要性相对而言可能就没那么明显。为了直观地体会偏置量 b 的重要性，可以设想这么一个场景（仍取图 6.6 中的结构来说明问题）：

- 激活函数全是中心对称的函数（比如常见的 tanh 函数），亦即：

$$\phi_i(x) + \phi_i(-x) = 0, \qquad i = 1,2,3$$

- 训练样本集为：

$$D = \{(x_1, y_1), (x_2, y_2)\}$$

其中

$$x_1 = (-1, -1, -1)^T, \qquad y_1 = -1$$
$$x_2 = (+1, +1, +1)^T, \qquad y_2 = -1$$

- 权值矩阵 $w^{(1)}$、$w^{(2)}$ 可变，但偏置量恒为 0。

在此场景下不难想象，无论我们怎样进行训练，模型 G 在训练集 D 上的准确率都不可能达到 100%。这是因为我们有：

$$G(x) = \phi_3\big(\phi_2(\phi_1(x) \times w^{(1)}) \times w^{(2)}\big)$$

从而由激活函数为中心对称函数可知：

$$\begin{aligned}
G(-x) &= \phi_3\big(\phi_2(\phi_1(-x) \times w^{(1)}) \times w^{(2)}\big) \\
&= \phi_3\big(\phi_2(-\phi_1(x) \cdot w^{(1)}) \times w^{(2)}\big) \\
&= \phi_3\big(-\phi_2(\phi_1(x) \cdot w^{(1)}) \times w^{(2)}\big) \\
&= -\phi_3\big(\phi_2(\phi_1(x) \cdot w^{(1)}) \times w^{(2)}\big) \\
&= -G(x)
\end{aligned}$$

亦即

$$G(x_1) = -G(x_2)$$

但我们有 $y_1 = y_2 = -1$，所以模型 G 不可能同时预测对 (x_1, y_1) 和 (x_2, y_2)。事实上由上述讨论可知，此时模型 G 所做的预测必定是关于输入空间"中心对称"的，这当然不是一个良好的结果。而如果我们引入偏置量的话，上述的对称性就会被打破，这就是偏置量重要性的其中一个比较浅显、直观的方面。

6.2.3　损失函数（Cost Function）

注意到前向传导算法的最后一步是将模型的输出与真值相比较，并通过损失函数的作用来得到一个损失。损失函数有时也写作 Loss Function，我们之前已经提及它许多次。损失函数的直观意义是明确的：它是模型对数据拟合程度的反映；拟合得越差，损失函数的值就应该越大。如果同时考虑到梯度下降法的应用，我们自然还应该期望，当损失函数在函数值比较大（亦即模型的表现越差）时，它对应的梯度也要比较大（亦即更新参数的幅度也要比较大）。

由于我们此前没有对梯度下降法进行过深刻的应用（第 5 章的随机梯度下降只是一个相当粗浅的应用），所以至今为止我们涉及的损失函数基本上只满足了"模型越差函数值越大"这一点，对于"函数值越大则梯度越大"这一点则没怎么考虑到。而对于神经网络而言，梯度下降可谓就是训练的全部，时至今日也没能出现能够与之抗衡的其余算法，最多也只是不断地研究出各式各样的梯度下降法的变体而已；所以对于神经网络来说，定义一个足够合适的损失函数是有必要的。接下来就介绍其中最常用的几个，为此需要先做符号约定。

- 假设样本为(x, y)。
- 假设共有 K 类：$\{c_1, \dots, c_K\}$。
- 假设讨论的模型为 G，其输出（向量）为$G(x)$。

其中$x \in \mathbb{R}^n$、$y \in \mathbb{R}^K$，且 y 是除了一位为 1、其余位都是 0 的向量。换句话说，若$y \in c_k$、那么 y 除了第 k 位为 1、其余位都是 0。

注意：这种 y 的表示方法通常叫做 one-hot representation。

在神经网络的训练算法中，损失函数通常需要结合输出层的激活函数来讨论；不过如果只考虑前向传导算法，只叙述损失函数的基本形式就可以。

- 距离损失函数

$$L\big(y, G(x)\big) = \|y - G(x)\|^2 = [y - G(x)]^2$$

该损失函数对应着最小平方误差准则（Minimum Squared Error，MSE），它的直观意义是明确的：模型预测$G(x)$和真值y的（欧氏）距离越大，损失就越大，反之就越小。

- 交叉熵损失函数（要求$G(x)$每一位的取值都在$(0,1)$中）

$$L\big(y, G(x)\big) = -\big[y \ln G(x) + (1 - y) \ln\big(1 - G(x)\big)\big]$$

其中交叉熵（Cross Entropy）是信息论中的一个概念，其本身是有一定内涵的，感兴趣的读者可以参见维基百科（https://en.wikipedia.org/wiki/Cross_entropy）来了解背后的那一套数学理论。囿于篇幅，我们无法展开叙述这一部分，但是从交叉熵的名字就可以看出，它和第 3 章我们讲到的熵有着千丝万缕的关系；考虑到熵是定义在概率分布上的，所以进一步要求$G(x) = (v_1, \dots, v_K)^T$是一个概率向量（亦即进一步要求$\sum_{k=1}^{K} v_k = 1$）是一个非常合理的做法。

- log-likelihood 损失函数（要求$G(x)$是一个概率向量）：假设$y \in c_k$，亦即

$$y_p = \begin{cases} 1, & p = k \\ 0, & p \neq k \end{cases}$$

那么就有

$$L\big(y, G(x)\big) = -\ln v_k$$

换句话说，log-likelihood 即为模型预测的、真值 y 对应的类（c_k）的概率的负对数。需要指出的是，log-likelihood 一般会需要配合 Softmax 来使用，在使用其余变换函数（比如 Sigmoid）时可能会显得不尽合理，我们会在下一节进行相关的讨论。

以上，我们就比较完整地叙述了一遍前向传导算法。可以看出在前向传导算法中，神经网络的各个 Layer 结构在很多方面的表现都一致，所以把 Layer 的共性抽象出来是有必要的。事实上再通过后面对神经网络的训练算法（反向传播算法）的说明，我们就可以看出：每个变换层除了所对应的激活函数有所不同以外，其余部分的表现都几乎一样；而 CostLayer 虽然表现会有所不同（比如需要额外考虑损失函数，从而导致反向传播的形式会有些许改变），其总体结构仍与变换层大致相同。

6.3　反向传播算法

这一节要讲的可能就是最让我们头疼的反向传播（Backpropagation，BP）算法了。事实上，如果不是要做理论研究而只是想快速应用神经网络来干活的话，了解如何使用 TensorFlow 等帮我们处理梯度的、成熟的框架可能会比了解算法细节要更好一些（我们会把本章实现的模型的 TensorFlow 版本放在第 7 章进行说明）。但即使如此，了解神经网络背后的原理总是有益的，在某种意义上它也能告诉我们应该选择怎样的神经网络结构来进行具体的训练。

6.3.1　算法概述

顾名思义，BP 算法和前向传导算法的"方向"其实刚好相反：前向传导是由后往前（将激活值）一路传导，反向传播则是由前往后（将梯度）一路传播。

> **注意**：这里的"前"和"后"的定义是由 Layer 和输出层的相对位置给出的。具体而言，越靠近输出层的 Layer 我们称其越"前"，反之就称其越"后"。

先从直观上理解 BP 算法的原理。总体上来说，BP 算法的目的是利用梯度来更新结构中的参数以使得损失函数最小化。这里面就涉及两个问题：

- 如何获得（局部）梯度？
- 如何使用梯度进行更新？

本小节会简要介绍第一个问题应该如何解决，并说一种第二个问题的解决方案，对第二个问题的详细讨论会放在 6.5 节中；正如前面提到的，BP 是在前向传导之后进行的、从前往后传播的算法，所以需要时刻记住这么一个要求——对于每个 Layer（L_i）而言，其（局部）梯度的计算除了能利用它自身的数据外，仅会利用到（假设包括输入、输出层在内一共有 m 个 Layer，符号约定与上述符号约定一致）：

- 上一层（L_{i-1}）传过来的激活值 $v^{(i-1)}$ 和下一层（L_{i+1}）传回来的（局部）梯度 $\delta^{(i+1)}$。
- 该层与下一层之间的线性变换矩阵（亦即权值矩阵）$w^{(i)}$。

其中出现的"局部梯度"的概念，即为 BP 算法获得梯度的核心。其数学定义为：

$$\delta_j^{(i)} = \frac{\partial L(x)}{\partial u_j^{(i)}}$$

一般而言，我们会用其向量形式：

$$\delta^{(i)} = \frac{\partial L(x)}{\partial u^{(i)}}$$

需要注意的是，此时数据样本数 N 不可忽视，亦即 $u^{(i)}$、$\delta^{(i)}$ 其实都是 $N \times n_i$ 的矩阵。

由名字不难想象，局部梯度 $\delta^{(i)}$ 仅在局部起作用且能在局部进行计算，事实上 BP 算法也正是通过将局部梯度进行传播来计算各个参数在全局的梯度，从而使参数的更新变得非常高效的。有关局部梯度的推导是相当繁复的工作，其中的细节我们会放在倒数第二节来进行说明，这里就只叙述最终结果。

- BP 算法的第一步为得到损失函数的梯度：

$$\delta^{(m)} = \frac{\partial L(y, v^{(m)})}{\partial v^{(m)}} * \phi'_m(u^{(m)})$$

注意，式中运算符"*"两边都是 $N \times n_m$ 维的矩阵（其中 n_m 即为输出层 L_m 所含神经元的个数），运算符"*"本身代表的则是 element wise 操作，亦即若

$$x = (x_1, \dots, x_m)^T, \qquad y = (y_1, \dots, y_m)^T$$

则有

$$x * y = (x_1 y_1, \dots, x_m y_m)^T$$

同理若

$$x = \begin{bmatrix} x_{11} & \cdots & x_{1q} \\ \vdots & \ddots & \vdots \\ x_{p1} & \cdots & x_{pq} \end{bmatrix}, \qquad y = \begin{bmatrix} y_{11} & \cdots & y_{1q} \\ \vdots & \ddots & \vdots \\ y_{p1} & \cdots & y_{pq} \end{bmatrix}$$

则有

$$x * y = \begin{bmatrix} x_{11} y_{11} & \cdots & x_{1q} y_{1q} \\ \vdots & \ddots & \vdots \\ x_{p1} y_{p1} & \cdots & x_{pq} y_{pq} \end{bmatrix}$$

- BP 算法剩下的步骤即为局部梯度的反向传播过程：

$$\delta^{(i)} = \delta^{(i+1)} \times w^{(i)T} * \phi'_i(u^{(i)})$$

这里列举出各个变量的维度以便理解：

  ○ $\delta^{(i)}$、$\phi'_i(u^{(i)})$ 的维度为 $N \times n_i$；
  ○ $w^{(i)T}$ 的维度为 $n_{i+1} \times n_i$；
  ○ $\delta^{(i+1)}$ 的维度为 $N \times n_{i+1}$。

如果不管推导的话，求局部梯度的过程本身其实是相当清晰简洁的；如果所用的编程语言（比如 Python）能够直接支持矩阵操作的话，求解局部梯度的过程完全可以用一行语句实现。

6.3.2 损失函数的选择

我们在上一节说过，损失函数通常需要结合输出层的激活函数来讨论，这是因为在 BP 算法的第一步所计算的局部梯度 $\delta^{(m)}$ 正是由损失函数对模型输出 $v^{(m)}$ 的梯度 $\frac{\partial L(y, v^{(m)})}{\partial v^{(m)}}$ 和激活函数的导数 $\phi'_m(u^{(m)})$ 通过 element wise 操作"*"得到的。不难想象，对于固定的损失函

数而言，会有相对"适合它"的激活函数。而事实上，结合激活函数来选择损失函数确实是一个常见的做法。用得比较多的组合有以下四个：

- Sigmoid 系以外的激活函数 + 距离损失函数（MSE）

  MSE 可谓是一个万金油，它不会出太大问题，同时也基本上不能很好地解决问题。这里特地指出不能使用 Sigmoid 系激活函数（目前我们提到过的 Sigmoid 系函数只有 Sigmoid 函数本身和 Tanh 函数），是因为 Sigmoid 系激活函数在图像两端都非常平缓（可以结合图 6.7 和图 6.8 来理解），从而会引起梯度消失的现象。MSE 这个损失函数无法处理这种梯度消失，所以一般来说不会用 Sigmoid 系激活函数 +MSE 这个组合。具体而言，由于对 MSE 来说：

$$L\left(y, v^{(m)}\right) = \left\|y - v^{(m)}\right\|^2$$

  所以

$$\frac{\partial L\left(y, v^{(m)}\right)}{\partial v^{(m)}} = -2\left[y - v^{(m)}\right]$$

  结合图 6.7 中呈现的 Sigmoid 函数不难得知：若模型的输出 $v^{(m)} \to \mathbf{0} = (0, \ldots, 0)^T$，但真值 $y = \mathbf{1} = (1, \ldots, 1)^T$；此时虽然预测值和真值之间的误差几乎达到了极大值，不过由于

$$\frac{\partial L\left(y, v^{(m)}\right)}{\partial v^{(m)}} = -2\left[y - v^{(m)}\right] \to -2 \cdot \mathbf{1}$$

$$\phi'_m\left(u^{(m)}\right) \to \mathbf{0}$$

  从而

$$\delta^{(m)} = \frac{\partial L\left(y, v^{(m)}\right)}{\partial v^{(m)}} * \phi'_m\left(u^{(m)}\right) \to \mathbf{0}$$

  亦即第一步算的局部梯度就趋近于 0 向量了；可以想象在此场景下模型参数的更新将会非常困难，收敛速度因此会变得很慢。前文提到若干次的梯度消失，正是这种由于激活函数在接近饱和时变化过于缓慢所引发的现象。

- Sigmoid + Cross Entropy

  Sigmoid 激活函数之所以有梯度消失的现象，是因为它的导函数形式为

$$\phi'(x) = \phi(x)[1 - \phi(x)]$$

  想要解决梯度消失的话，比较自然的想法是定义一个损失函数，使得它导函数的分母上有 $\phi(x)[1 - \phi(x)]$ 这一项。而前文说过 Cross Entropy 这个损失函数恰恰满足该条件，因为其导函数形式为

$$\frac{\partial L(y, v^{(m)})}{\partial v^{(m)}} = -\frac{y}{v^{(m)}} + \frac{1-y}{1-v^{(m)}} = -\frac{y-v^{(m)}}{v^{(m)}(1-v^{(m)})}$$

且 $v^{(m)} = \phi_m(u^{(m)})$，从而有

$$\delta^{(m)} = \frac{\partial L(y, v^{(m)})}{\partial v^{(m)}} * \phi_m'(u^{(m)}) = \phi_m(u^{(m)}) - y$$

这就相当完美地解决了梯度消失问题。

- Softmax ＋ Cross Entropy / log－likelihood

  这两个组合的核心都在于前面额外用了一个 Softmax。Softmax 比起一个激活函数来说更像是一个（针对向量的）变换，它具有相当好的直观：能把模型的输出向量通过指数函数归一化成一个概率向量。比如若输出是 $(1,1,1,1)^T$，经过 Softmax 之后就是 $(0.25, 0.25, 0.25, 0.25)^T$。它的严格定义式也比较简洁（以 φ 代指 Softmax）：

  $$v^{(m)} = \varphi(u^{(m)}) = (\varphi_1, \dots, \varphi_K)^T$$

  其中

  $$u^{(m)} = \left(u_1^{(m)}, \dots, u_K^{(m)}\right)^T$$

  $$\varphi_i = \frac{e^{u_i^{(m)}}}{\sum_{j=1}^K e^{u_j^{(m)}}}$$

  从而

  $$\varphi_i'\left(u_i^{(m)}\right) = \frac{e^{u_i^{(m)}} \cdot \sum_{j=1}^K e^{v_j^{(m)}} - \left(e^{u_i^{(m)}}\right)^2}{\left(\sum_{j=1}^K e^{u_j^{(m)}}\right)^2} = \varphi_i - \varphi_i^2 = \varphi_i(1-\varphi_i)$$

  亦即

  $$\varphi'(u^{(m)}) = \varphi(u^{(m)})[1 - \varphi(u^{(m)})]$$

  这和 Sigmoid 函数的导函数形式一模一样。

  之所以要进行这一步变换，其实是因为 Cross Entropy 用概率向量来定义损失（要比用随便一个各位都在 (0,1) 内的向量）更好，且 log-likelihood 更是只能使用概率向量来定义损失。由于 Sigmoid+Cross Entropy 的求导已经介绍过，且 Softmax 导函数与 Sigmoid 导函数一致，这里就只需给出 Softmax+log－likelihood 的损失函数的形式及相应的求导公式（以下各个公式的详细推导过程会放在倒数第二节中叙述）：

  $$\frac{\partial L^*(x)}{\partial w_{pq}^{(m-1)}} = (\varphi_p - y_p)v_q^{(m-1)}$$

亦即

$$\delta_p^{(m)} = \varphi_p - y_p$$

其中

$$L^*(x) \triangleq L\left(y, v^{(m)}\right)$$

且

$$y \in c_k$$

将该式写成向量化的形式并不容易，但从实现的角度来说却也不算困难。不过需要注意的是，如果不配合 Softmax 而配合 Sigmoid 使用的话，相应的梯度会变成：

$$\frac{\partial L^*(x)}{\partial w_{pq}^{(m-1)}} = \begin{cases} \left(\varphi_p - 1\right)v_q^{(m-1)}, & p = k \\ 0, & p \neq k \end{cases}$$

亦即

$$\delta_p^{(m)} = \begin{cases} \varphi_p - 1, & p = k \\ 0, & p \neq k \end{cases}$$

像这样算出来的局部梯度将会是一个非常稀疏的矩阵（亦即大部分元素都是 0），从而可能导致训练无法收敛。不过 Sigmoid+log-likelihood 在特定任务中也是非常不错的选择，所以读者还是需要具体问题具体分析，笔者在此只是将它们较底层的东西进行了展示、并希望读者能弄清楚它们到底做了什么而已。

以上我们对如何获取局部梯度作了比较充分的介绍，对于如何利用局部梯度更新参数的详细讲解会放在第 5 节，这里仅介绍一种最简单的做法：直接应用第 5 章说过的随机梯度下降（SGD）。由于可以推出（推导过程同样可参见倒数第二节）：

$$\frac{\partial L^*(x)}{\partial w_{pq}^{(i-1)}} = \delta_q^{(i)} v_p^{(i-1)}$$

从而只需

$$w_{pq}^{(i-1)} \leftarrow w_{pq}^{(i-1)} - \eta \delta_q^{(i)} v_p^{(i-1)}$$

即可完成一步训练。

6.3.3　相关实现

至此，神经网络中的 Layer 结构所需完成的所有工作就都已经介绍完毕，接下来就是归纳总结并着手实现的环节了。不难发现，每个 Layer 除了前向传导和反向传播算法核心以外，其余结构、功能等都完全一致；再加上这两大算法的核心只随激活函数的不同而不同，所以只需把激活函数留给具体的子类定义即可，其余的部分则都应该抽象成一个基类。由简入繁，可以先进行一个朴素的实现。

代码 6-1　实现 Layer 结构的基类：f_NN\Layers.py

```
01    import numpy as np
02
03    class Layer:
04        """
05            初始化结构
06            self.shape: 记录着上个 Layer 和该 Layer 所含神经元的个数，具体而言：
07                self.shape[0] = 上个 Layer 所含神经元的个数
08                self.shape[1] = 该 Layer 所含神经元的个数
09        """
10        def __init__(self, shape):
11            self.shape = shape
12
13        def __str__(self):
14            return self.__class__.__name__
15
16        def __repr__(self):
17            return str(self)
18
19        @property
20        def name(self):
21            return str(self)
```

以上是对结构的抽象。由于实现的是一个比较朴素的版本，所以这个框架里也没有太多东西；如果要考虑特殊的结构（比如后文会介绍的 Dropout、Normalize 等"附加层"）的话，就需要再往这个框架中添加若干属性。

接下来就是对两大算法（前向传导、反向传播）的抽象（不妨设当前 Layer 为 L_i）：

```
22        def _activate(self, x):
23            pass
24
25        # 将激活函数的导函数的定义留给子类定义
26        # 需要特别指出的是，这里的参数 y 其实是 $v^{(i)} = \phi_i(u^{(i)})$
27        # 这样设置参数 y 的原因会马上在后文叙述，这里暂时按下不表
28        def derivative(self, y):
29            pass
30
```

```
31        # 前向传导算法的封装
32        def activate(self, x, w, bias):
33            return self._activate(x.dot(w) + bias)
34
35        # 反向传播算法的封装, 主要是利用上面定义的导函数 derivative 来完成局部梯度的计算
36        # 其中: y = v^(i)、w = w^(i)、prev_delta = δ^(i+1); δ^(i) = δ^(i+1) × w^(i)T * φ_i'(u^(i))
37        def bp(self, y, w, prev_delta):
38            return prev_delta.dot(w.T) * self.derivative(y)
```

出于优化的考虑, 我们在上述实现的 BP 方法中留了一些 "余地"。具体而言, 考虑到神经网络最后两层通常都是前文提到的四种组合之一, 所以针对它们进行算法的优化是合理的; 而为了具有针对性, CostLayer 的 BP 算法就无法包含在这个相对而言抽象程度比较高的方法里面。具体细节会在后文进行介绍, 这里只说 CostLayer 自带的 BP 算法的大致思路: 它会根据需要将相应的额外变换 (比如 Softmax 变换) 和损失函数整合在一起并算出一个整合后的梯度。

以上便完成了 Layer 结构基类的定义, 接下来就说明为何在定义 derivative 这个计算激活函数导函数的方法时, 传进去的参数是该 Layer 的输出值 $v^{(i)} = \phi_i(u^{(i)})$。其实理由相当简单: 很多常用的激活函数的导函数使用函数值来定义会比使用自变量来定义要更好 (所谓更好是指形式上更简单, 从而计算开销会更小)。接下来就罗列上文提到过的 6 种激活函数的导函数的形式:

- 逻辑函数 (Sigmoid)

$$\phi(x) = \frac{1}{1 + e^{-x}}$$

$$\Rightarrow \phi'(x) = \frac{e^{-x}}{(1 + e^{-x})^2} = \phi(x)[1 - \phi(x)]$$

- 正切函数 (Tanh)

$$\phi(x) = \tanh(x) = \frac{1 - e^{-2x}}{1 + e^{-2x}}$$

$$\Rightarrow \phi'(x) = \frac{4e^{-2x}}{(1 + e^{-2x})^2} = 1 - \phi(x)^2$$

- 线性整流函数 (Rectified Linear Unit, ReLU)

$$\phi(x) = \max(0, x)$$

$$\Rightarrow \phi'(x) = \begin{cases} 0, & x \leqslant 0 \\ 1, & x > 0 \end{cases} = \begin{cases} 0, & \phi(x) = 0 \\ 1, & \phi(x) \neq 0 \end{cases}$$

- ELU 函数 (Exponential Linear Unit)

$$\phi(\alpha, x) = \begin{cases} \alpha(e^x - 1), & x < 0 \\ x, & x \geqslant 0 \end{cases}$$

$$\Rightarrow \phi'(\alpha, x) = \begin{cases} \alpha(e^x - 1), & x < 0 \\ 1, & x \geqslant 0 \end{cases} = \begin{cases} \phi(x) + \alpha, & x < 0 \\ 1, & x \geqslant 0 \end{cases}$$

- Softplus 函数

$$\phi(x) = \ln(1 + e^x)$$

$$\Rightarrow \phi'(x) = \frac{e^x}{1 + e^x} = 1 - \frac{1}{e^{\phi(x)}}$$

- 恒同映射（Identity）

$$\phi(x) = x$$

$$\Rightarrow \phi'(x) = 1$$

可以看出，用 $\phi(x)$ 来表示 $\phi'(x)$ 确实基本上都比用 x 来表示 $\phi'(x)$ 要简单、高效不少，所以在传参时将激活函数值传给计算导函数值的方法是合理的。

接下来，就是实现具体要用在神经网络中的 Layer 了；由前文讨论可知，它们只需定义相应的激活函数及（用激活函数值表示的）导函数即可。以经典的 Sigmoid 激活函数所对应的 Layer 为例：

```
39   class Sigmoid(Layer):
40       def _activate(self, x):
41           return 1 / (1 + np.exp(-x))
42
43       def derivative(self, y):
44           return y * (1 - y)
```

其余 5 个激活函数对应 Layer 的实现是类似的，读者可以尝试对照着公式进行实现，笔者实现的版本则可以参见 https://github.com/carefree0910/MachineLearning/blob/master/f_NN/Layers.py。

最后我们要实现的就是那有些特殊的 CostLayer 了。总结前文所说的诸多内容，可知实现 CostLayer 时需要注意如下两点：

- 没有激活函数，但可能会有特殊的变换函数（比如说 Softmax），同时还需要定义某个损失函数。
- 定义导函数时，需要考虑到自身特殊的变换函数，并计算相应的整合后的梯度。

具体的代码也是非常直观的，先来看看其基本架构。

```
45   class CostLayer(Layer):
46       """
47           初始化结构
48           self._available_cost_functions: 记录所有损失函数的字典
49           self._available_transform_functions: 记录所有特殊变换函数的字典
50           self._cost_function、self._cost_function_name: 记录损失函数及其名字的两个属性
51           self._transform_function 、self._transform: 记录特殊变换函数及其名字的两个属性
52       """
53       def __init__(self, shape, cost_function="MSE"):
54           super(CostLayer, self).__init__(shape)
55           self._available_cost_functions = {
56               "MSE": CostLayer._mse,
57               "SVM": CostLayer._svm,
58               "CrossEntropy": CostLayer._cross_entropy
59           }
60           self._available_transform_functions = {
61               "Softmax": CostLayer._softmax,
62               "Sigmoid": CostLayer._sigmoid
63           }
64           self._cost_function_name = cost_function
65           self._cost_function = self._available_cost_functions[cost_function]
66           if transform is None and cost_function == "CrossEntropy":
67               self._transform = "Softmax"
68               self._transform_function = CostLayer._softmax
69           else:
70               self._transform = transform
71               self._transform_function = self._available_transform_functions.get(
72                   transform, None)
73
74       def __str__(self):
75           return self._cost_function_name
76
77       def _activate(self, x, predict):
78           # 如果不使用特殊的变换函数的话，直接返回输入值即可
79           if self._transform_function is None:
80               return x
81           # 否则，调用相应的变换函数以获得结果
82           return self._transform_function(x)
83
84       # 由于 CostLayer 有自己特殊的 BP 算法，所以这个方法不会被调用，自然也无须定义
85       def _derivative(self, y, delta=None):
86           pass
```

接下来，就要定义相应的变换函数了。由前文对四种损失函数组合的讨论及上述代码都可以看出，需要定义 Softmax 和 Sigmoid 这两种变换函数及相应导函数：

```
87      @staticmethod
88      def safe_exp(x):
89          return np.exp(x - np.max(x, axis=1, keepdims=True))
90
91      @staticmethod
92      def _softmax(y, diff=False):
93          if diff:
94              return y * (1 - y)
95          exp_y = CostLayer.safe_exp(y)
96          return exp_y / np.sum(exp_y, axis=1, keepdims=True)
97
98      @staticmethod
99      def _sigmoid(y, diff=False):
100         if diff:
101             return y * (1 - y)
102         return 1 / (1 + np.exp(-y))
```

其中第 87 行到 89 行代码实现的 safe_exp 方法主要利用了如下恒等式：

$$\frac{e^{v_i^{(m)}}}{\sum_{j=1}^{K} e^{v_j^{(m)}}} = \frac{e^{v_i^{(m)}-c}}{\sum_{j=1}^{K} e^{v_j^{(m)}-c}}$$

其中，c 是任意一个常数；如果此时我们取

$$c = \max\{v_1^{(m)}, \dots, v_K^{(m)}\}$$

这样的话分母、分子中所有幂次都不大于 0，从而不会出现由于某个 $v_i^{(m)}$ 很大而导致对应的 $e^{v_i^{(m)}}$ 很大，并因而导致数据溢出的情况，从而在一定程度上保证了数值稳定性。

接下来，要实现的就是各种损失函数以及能够根据损失函数计算整合梯度的方法了；考虑到可拓展性，不仅要优化特定的组合对应的整合算法，同时也要考虑一般性的情况。因此在实现损失函数的同时，实现损失函数的导函数是有必要的。

```
103     # 定义计算整合梯度的方法，注意这里返回的是负梯度
104     def bp_first(self, y, y_pred):
105         # 如果是 Sigmoid / Softmax 和 Cross Entropy 的组合，就用δ(m)=v(m)－y进行优化
106         # 注意返回时需要返回负梯度－δ(m)=y－v(m)，下同
107         if self._cost_function_name == "CrossEntropy" and (
108             self._transform == "Softmax" or self._transform == "Sigmoid"):
109             return y - y_pred
110         # 否则，就只能用普适性公式进行计算：
```

```
111        # -δ^(m) = -∂L(y,v^(m))/∂v^(m)              （没有特殊变换函数）
112        # -δ^(m) = -∂L(y,v^(m))/∂v^(m) * φ'_m(u^(m))   （有特殊变换函数）
113        dy = -self._cost_function(y, y_pred)
114        if self._transform_function is None:
115            return dy
116        return dy * self._transform_function(y_pred, diff=True)
117
118    # 定义计算损失的方法
119    @property
120    def calculate(self):
121        return lambda y, y_pred: self._cost_function(y, y_pred, False)
122
123    # 定义距离损失函数及其导函数
124    @staticmethod
125    def _mse(y, y_pred, diff=True):
126        if diff:
127            return -y + y_pred
128        return 0.5 * np.average((y - y_pred) ** 2)
129
130    # 定义 Cross Entropy 损失函数及其导函数
131    @staticmethod
132    def _cross_entropy(y, y_pred, diff=True, eps=1e-8):
133        if diff:
134            return -y / (y_pred + eps) + (1 - y) / (1 - y_pred + eps)
135        return np.average(-y * np.log(y_pred + eps) - (1 - y) * np.log(1 - y_pred + eps))
```

　　至此，我们打算实现的朴素神经网络模型中的所有 Layer 结构就都实现完毕了。下一节我们会介绍一些特殊的 Layer 结构，它们不会整合在我们的朴素神经网络结构中；但是如果想在实际任务中应用神经网络的话，了解它们是有必要的。

6.4　特殊的层结构

　　在神经网络模型中有一类特殊的 Layer 结构——它们不会独立地存在，而会"依附"在某个 Layer 之后以实现某种特定的功能。在本书中，我们会称这种特殊的 Layer 结构为附加层（SubLayer）。

　　CostLayer 算是一个比较特殊的 SubLayer：它附加在输出层的后面，能够根据输出进行相应的变换并得到模型的损失。"根据输出得到损失"即是 CostLayer 实现的特定的功能。对于一般的 SubLayer，它的思想是清晰的：为了在 Layer 的输出的基础上进行一些变换以得到更好的输出；换句话说，SubLayer 通常可以优化 Layer 的输出。

对于 SubLayer 和 SubLayer、SubLayer 和 Layer 之间的关系，可以类比于第 3 章决策树中的根节点（Root）、叶节点（Leaf）等概念来提出"根层（Root Layer）"和"叶层（Leaf Layer）"的概念。不妨以图 6.12 为例。

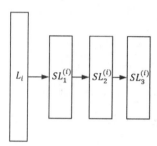

图6.12　SubLayer与Layer的结构示意图

其中，L_i 为第 i 层 Layer、$SL_1^{(i)}$、$SL_2^{(i)}$、$SL_3^{(i)}$ 为附加在 L_i 后的三个 SubLayer，且：

- L_i、$SL_1^{(i)}$、$SL_2^{(i)}$ 分别为 $SL_1^{(i)}$、$SL_2^{(i)}$、$SL_3^{(i)}$ 的父层；
- $SL_1^{(i)}$、$SL_2^{(i)}$、$SL_3^{(i)}$ 分别为 L_i、$SL_1^{(i)}$、$SL_2^{(i)}$ 的子层；
- L_i 为 $SL_1^{(i)}$、$SL_2^{(i)}$、$SL_3^{(i)}$ 的 Root Layer；
- $SL_3^{(i)}$ 为 L_i 的 Leaf Layer。

从 SubLayer 的思想可以看出，SubLayer 很像一个"局部优化器"；不过和下一节中要介绍的优化器不同，它不是通过更新模型参数来优化模型，而是通过变换 Layer 的输出来优化模型的。

在进一步叙述之前，需要先定义层结构之间的"关联"是什么。具体而言：

- Layer 和 Layer 之间的关联即为相应的权值矩阵，比如 L_i, L_{i+1} 之间的关联即为 $w^{(i)}$。
- SubLayer 之间的关联亦即 SubLayer 和 Root Layer 之间的关联都只是"占位符"，它们没有任何实际的作用。这其实是符合 SubLayer 作为"局部优化器"的定位的。

从而 SubLayer 的所有行为大体上可以概括如下：

- 在前向传导中，它会根据自身的属性和算法来优化从父层处得到的更新。
- 在反向传播中，它会有如下三种行为：

  ○ SubLayer 之间的关联以及 SubLayer 和 Root Layer 之间的关联不会被更新，因为它们仅仅是占位符，

- SubLayer 作为"局部优化器"，本身可能会有一些参数。这些参数则可能会被 BP 算法更新，但影响域仅在该 SubLayer 的内部（Normalize 会是一个很好的例子）；
- Layer 之间关联的更新是通过 Leaf Layer 完成的。具体而言，L_i 的 Leaf Layer 会利用 L_i 的激活函数来完成局部梯度的计算。

最后这里所谓的"利用 Leaf Layer"，可以通过图 6.13 和图 6.14 来直观地认知在存在 SubLayer 的情况下，前向传导算法和反向传播算法的表现。

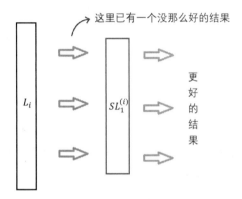

图6.13　存在SubLayer时的前向传导算法

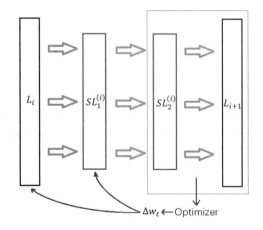

图6.14　存在SubLayer时的反向传播算法

典型的 SubLayer 有前文提到过的 Dropout 和 Normalize。它们都是近年来才提出的技术，其中 Dropout 是由 Srivastava 等人在 Journal of Machine Learning Research 15 (2014)上的一

篇论文中最先提出来的，全文共 30 页，感兴趣的读者可以直接参见 http://www.cs.toronto.edu/~rsalakhu/papers/srivastava14a.pdf；Normalize 则是 Batch Normalization 对应的特殊层结构，它是由 Sergey Ioffe 和 Christian Szegedy 在 2015 年最先提出来的，感兴趣的读者可以直接参见 https://arxiv.org/abs/1502.03167，这里仅直观地进行一些说明。

- Dropout 的核心思想在于提高模型的泛化能力：它会在每次迭代中依概率去掉对应 Layer 的某些神经元，从而每次迭代中训练的都是一个小的神经网络。
- Normalize 的核心思想在于把父层的输出进行"归一化"，从而期望能够解决由于网络结构过深而引起的"梯度消失"等问题。

虽说实现 SubLayer 本身并不是一个特别困难的任务，但是处理 SubLayer 之间的关联、SubLayer 与 Layer 之间的关联以及反向传播算法却是一件相当麻烦的事。具体的实现细节比较烦杂、这里就不进行叙述了。读者可以尝试按照上文相关的思想和定义来进行实现，笔者实现的版本则可以参见 https://github.com/carefree0910/MachineLearning/blob/master/NN/Basic/Layers.py。

注意：我们会在第 7 章利用 TensorFlow 框架进行相关的实现，彼时我们会结合具体实现对 Dropout 和 Normalize 进行深入一些的介绍。

至此、神经网络会用到的所有层结构就都大致说明了一遍，接下来就要解决一个至关重要但又还没解决的问题了：如何使用局部梯度来更新相应 Layer 中的参数。

6.5 参数的更新

在 6.3.2 小节的最后曾简单地描述过如何使用随机梯度下降来更新参数，这一节则主要介绍一些应用得更多、效果更好的算法。正如第 5 章最后所提及的，这些梯度下降的拓展算法从思想上来说和梯度下降法类似，区别则可以简练地概括为如下两点：

- 更新方向不是简单地取为梯度。
- 学习速率不是简单地取为常值。

虽然我们不会深入地叙述这些算法背后复杂的数学基础，但会对每种算法都提供一些直观的解释。需要指出的是，这些算法都是利用局部梯度来获得一个更好的"梯度"，从而使得"梯度下降"变得更优的。具体而言，原始的梯度为：

$$\frac{\partial L^*(x)}{\partial w_{pq}^{(i-1)}} = \delta_q^{(i)} v_p^{(i-1)}$$

若想把它向量化，就不得不考虑训练集中的样本数 N，此时：

- $w^{(i-1)}$ 的维度为 $n_{i-1} \times n_i$；
- $v^{(i-1)}$ 的维度为 $N \times n_{i-1}$；
- $\delta^{(i)}$ 的维度为 $N \times n_i$。

且有

$$\frac{\partial L^*(x)}{\partial w^{(i-1)}} = v^{(i-1)T} \times \delta^{(i)}$$

换句话说，原始梯度的向量化形式即为：

$$\Delta w^{(i-1)} = v^{(i-1)T} \times \delta^{(i)}$$

而本节所要说明的诸多算法，大多都是利用 $\Delta w^{(i-1)}$ 和其他属性来得到一个比 $\Delta w^{(i-1)}$ 更好的"梯度" $\Delta^* w^{(i-1)}$，进而把梯度下降从

$$w^{(i-1)} \leftarrow w^{(i-1)} - \eta \Delta w^{(i-1)}$$

变成

$$w^{(i-1)} \leftarrow w^{(i-1)} - \eta \Delta^* w^{(i-1)}$$

在接下来的讨论中，我们统一使用 w 代指要更新的参数，用 Δw_t 和 $\Delta^* w_t$ 代指第 t 步迭代中得到的原始梯度和优化后的梯度，用 η 代指学习速率。首先需要指出的是，在众多深度学习的成熟框架中，参数的更新过程常常会被单独抽象成若干个模型，我们常常会称这些模型为"优化器（Optimizer）"。顾名思义，优化器能够根据模型的参数和损失来"优化"模型；具体而言，优化器至少需要能够利用各种算法并根据输入的参数与对应的梯度来进行参数的更新。对于有自身 Graph 结构的深度学习框架而言（比如 TensorFlow），用户甚至只需将参数更新的算法和最终的损失值提供给其优化器，然后该优化器就能够利用 Graph 结构来自动更新各个部分的参数。

我们所打算实现的优化器属于最朴素的优化器——根据算法与梯度来更新相应参数。由后文的讨论可知，比较优秀的算法在每一步迭代中计算梯度时都不是独立的，而会利用到以前的计算结果。综上所述，可知优化器的框架应该包括如下三个方法：

- 接收欲更新的参数，并进行相应处理的方法；

- 利用梯度和自身属性来更新参数的方法；
- 在完成参数更新后，更新自身属性的方法。

尽管一个朴素优化器的实现比较简单，但对于帮助我们理解各种算法而言还是足够的。考虑到不同算法对应的优化器有许多行为一致的地方，为了合理重复利用代码，需要把它们的共性所对应的实现抽象出来。

代码 6-2　实现优化器（Optimizer）的基类：f_NN\Optimizers.py

```python
01  import numpy as np
02
03  class Optimizer:
04      """
05          初始化结构
06          self.lr: 记录学习速率η的参数，默认为 0.01
07          self._cache: 储存中间结果的参数，在不同算法中的表现会不同
08      """
09      def __init__(self, lr=0.01, cache=None):
10          self.lr = lr
11          self._cache = cache
12
13      def __str__(self):
14          return self.__class__.__name__
15
16      def __repr__(self):
17          return str(self)
18
19      # 接收欲更新的参数并进行相应处理，注意有可能传入多个参数
20      # 默认行为是创建若干个和传入的各个参数形状相等的 0 矩阵，并把它们存在 self._cache 中
21      def feed_variables(self, variables):
22          self._cache = [
23              np.zeros(var.shape) for var in variables
24          ]
25
26      # 利用负梯度dw = −Δw和优化器自身的属性来返回最终更新步伐的方法
27      # 注意这里的 i 是指优化器中的第 i 个参数
28      def run(self, i, dw):
29          pass
30
31      # 完成参数更新后，更新自身属性的方法
32      def update(self):
33          pass
```

接下来就看看各种常用的参数更新算法的说明和相应实现。

6.5.1 Vanilla Update

Vanilla 在机器学习中常用来表示"朴实的""平凡的"的意思，换句话说、Vanilla Update 和最普通的梯度下降法别无二致，亦即：

$$\Delta^* w_t \triangleq \Delta w_t$$

在实际实现中，Vanilla Update 通常以小批量梯度下降法（MBGD）的形式出现。

```
34    class MBGD(Optimizer):
35        def run(self, i, dw):
36            return self.lr * dw
```

其中 dw 通常会是一个矩阵（对应 MBGD 算法）而非一个数（对应 SGD 算法）。

注意：即使是 SGD，其实也属于 Vanilla Update。

6.5.2 Momentum Update

Vanilla Update 的缺点是比较明显的：以 MBGD 为例，它每一步迭代中参数的更新是完全独立的，亦即第 t 步参数的更新方向只依赖于当前所用的 batch，这在物理意义上是不太符合直观的。可以进行如下的设想：

- 将损失函数的图像想象成一个山谷，我们的目的是达到谷底；
- 将损失函数某一点的梯度想象成该点对应的坡度；
- 将学习速率想象成沿坡度行走的速度。

如果是 Vanilla Update 的话，就相当于可能会出现明明前一秒还在以很快的速度往左走，这一秒就突然开始以很快的速度往右走。这种"行进模式"之所以违背直观，是因为没有考虑到我们都很熟悉的"惯性"。Momentum Update 正是通过尝试模拟物体运动时的"惯性"，以期望增加算法收敛的速度和稳定性，其优化公式为：

$$\Delta^* w_t \triangleq -\frac{\rho}{\eta} v_{t-1} + \Delta w_t$$

其中梯度 Δw_t 的物理意义即为"动力"，v_t 的物理意义即为第 t 步迭代中参数的"行进速度"，ρ 的物理意义即为惯性，它描述了上一步的行进速度会在多大程度上影响这一步的行进速度。易知当 $\rho = 0$ 时，Momentum Update 等价于 Vanilla Update。

一般来说我们不会把ρ设置为一个常量，而会把它设置成一个会随训练过程的推进而变动的变量；同时一般来说，我们会将ρ的初始值设为 0.5，并逐步将它加大至 0.99。该做法蕴含着如下两个思想：

- 认为训练刚开始时的梯度会比较大而训练后期时梯度会变小，通过逐步调大ρ，我们能够使更新的步伐一直保持在比较大的水平；
- 认为当我们接近谷底时，我们应该尽量减少"动力"带来的影响而保持原有的方向前进。这是因为如果每一步都直接往谷底方向走（亦即运动仅受动力影响）的话，就会很容易由于动力大小难以拿捏而引发振荡。

该做法所对应的实现如下。

```python
37  class Momentum(Optimizer, metaclass=TimingMeta):
38      """
39          初始化结构（Momentum Update 版本）
40          self._momentum：记录"惯性"ρ的属性
41          self._step：每一步迭代后"惯性"的增量
42          self._floor、self._ceiling："惯性"的最小、最大值
43          self._cache：对于 Momentum Update 而言，该属性记录的就是"行进速度"
44          self._is_nesterov：处理 Nesterov Momentum Update 的属性，这里暂时按下不表
45      """
46      def __init__(self, lr=0.01, cache=None, epoch=100, floor=0.5, ceiling=0.999):
47          Optimizer.__init__(self, lr, cache)
48          self._momentum = floor
49          self._step = (ceiling - floor) / epoch
50          self._floor, self._ceiling = floor, ceiling
51          self._is_nesterov = False
52
53      def run(self, i, dw):
54          dw *= self.lr
55          velocity = self._cache
56          velocity[i] *= self._momentum
57          velocity[i] += dw
58          return velocity[i]
59
60      def update(self):
61          if self._momentum < self._ceiling:
62              self._momentum += self._step
```

当然也不是说只能用这种方法来调整ρ的值，对于一些特殊的情况，确实是会有更好且更具针对性的更新策略的。

6.5.3 Nesterov Momentum Update

从名字不难想象，Nesterov Momentum Update 方法是基于 Momentum Update 方法的，它是由 Ilya Sutskever 在 Nesterov 相关工作（Nesterov Accelerated Gradient，NAG）的启发下提出来的。它在凸优化问题下的收敛性会比传统的 Momentum Update 要更好，而在实际任务中它也确实经常表现得更优。

Nesterov Momentum Update 的核心思想在于想让算法具有"前瞻性"。简单来说，它会利用"下一步"的梯度而不是"这一步"的梯度来合成出最终的更新步伐（所谓更新步伐，可以直观地理解为"更新方向×更新幅度"）。可以通过图 6.15 来直观地认知这个过程。

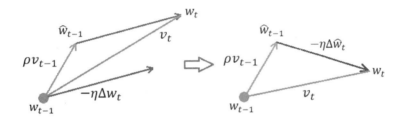

图6.15　Nesterov Momentum和普通Momentum的区别

左图为普通的 Momentum Update，v_t 经由如下两部分合成而得：

- w_{t-1} 处的行进速度 ρv_{t-1}；
- $\widehat{w}_{t-1}$ 处的更新步伐 $-\eta \Delta w_t$（w_{t-1} 处的负梯度与学习速率的乘积）。

右图则为 Nesterov Momentum Update，v_t 经由如下两部分合成而得：

- w_{t-1} 处的行进速度 ρv_{t-1}；
- $\widehat{w}_{t-1}$ 处的更新步伐 $-\eta \Delta \widehat{w}_t$（$\widehat{w}_{t-1}$ 处的负梯度与学习速率的乘积）。

于是不难写出 Nesterov Momentum Update 的优化公式：

$$\Delta^* w_t \triangleq -\frac{\rho}{\eta} v_{t-1} + \Delta \widehat{w}_t$$

但是这里 $\Delta \widehat{w}_t$ 的计算却不是一个简单的问题。对此，Yoshua Bengio 等人在他们的论文 *Advances In Optimizing Recurrent Networks* 中提出了一个利用换参法的解决方案。具体而言、令：

$$\widehat{w}_{t-1} \triangleq w_{t-1} + \rho v_{t-1}$$

注意到

$$v_t = \rho v_{t-1} - \eta \Delta \widehat{w}_t$$

从而

$$
\begin{aligned}
\widehat{w}_t &= w_t + \rho v_t \\
&= (w_{t-1} + v_t) + \rho v_t \\
&= (\widehat{w}_{t-1} - \rho v_{t-1} + \rho v_{t-1} - \eta \Delta \widehat{w}_t) + \rho v_t \\
&= \widehat{w}_{t-1} + \rho v_t - \eta \Delta \widehat{w}_t
\end{aligned}
$$

综上所述，不难得到换参后的优化公式：

$$v_t = \rho v_{t-1} - \eta \Delta \widehat{w}_t$$

$$\Delta^* w_t \triangleq -\frac{\rho}{\eta} v_t + \Delta \widehat{w}_t$$

可以看出，该更新公式和 Momentum Update 中的更新公式非常类似，从而在实现层面上也基本相同。事实上，只须将 Momentum 优化器中的 run 方法改写为：

```
01    def run(self, i, dw):
02        dw *= self.lr
03        velocity = self._cache
04        velocity[i] *= self._momentum
05        velocity[i] += dw
06        # 如果不是 Nesterov Momentum Update，可以直接把 v_t 当成更新步伐
07        if not self._is_nesterov:
08            return velocity[i]
09        # 否则，调用公式 ρv_t − ηΔŵ_t 来计算更新步伐
10        return self._momentum * velocity[i] + dw
```

然后再让 Nesterov Momentum Update 对应的优化器（NAG 优化器）继承 Momentum 优化器，并把 self._is_nesterov 这项属性设为 True 即可：

```
63    class NAG(Momentum):
64        def __init__(self, lr=0.01, cache=None, epoch=100, floor=0.5, ceiling=0.999):
65            Momentum.__init__(self, lr, cache, epoch, floor, ceiling)
66            self._is_nesterov = True
```

6.5.4 RMSProp

RMSProp 方法与 Momentum 系的方法最根本的不同在于：Momentum 系算法是通过搜

索更优的更新方向来进行优化的，而 RMSProp 则是通过实时调整学习速率来进行优化的。具体而言，它的优化公式为：

$$\nabla^2 \leftarrow \rho\nabla^2 + (1-\rho)\Delta w_t$$

$$\Delta^* w_t \triangleq \frac{\Delta w_t}{\nabla + \epsilon}$$

其中有两个变量是需要注意的：

- 中间变量 ∇^2，它是从算法开始到当前步骤的所有梯度的某种"累积"；
- 衰减系数 ρ，它反映了比较早的梯度对当前梯度的影响，ρ 越小则影响越小。

换句话说，在 RMSProp 算法中，"累积"的梯度越小会导致当前更新步伐越大，反之则会越小。关于这种做法的合理性有许多种解释，笔者可以提供一个仅供参考的说法：如果徘徊回了原点，自然需要奋发图强地开辟新天地；如果已经走了很远，自然应该谨小慎微。

值得一提的是，RMSProp 其实可以算是 AdaGrad（Adaptive Gradient）方法的改进；深入的讨论会牵扯到许多数学理论，这里就只看看应该怎样实现它：

```
66    class RMSProp(Optimizer):
67        """
68            初始化结构（RMSProp 版本）
69            self.decay_rate: 记录ρ的属性，一般会取 0.9、0.99 或 0.999
70            self.eps: 算法的平滑项、用于增强算法稳定性，通常取(10⁻⁴,10⁻⁸)中的某个数
71            self._cache: 对于 RMSProp 而言、该属性记录的就是中间变量∇
72        """
73        def __init__(self, lr=0.01, cache=None, decay_rate=0.9, eps=1e-8):
74            Optimizer.__init__(self, lr, cache)
75            self.decay_rate, self.eps = decay_rate, eps
76
77        def run(self, i, dw):
78            self._cache[i] = self._cache[i] * self.decay_rate + (1 - self.decay_rate) *
dw ** 2
79            return self.lr * dw / (np.sqrt(self._cache[i] + self.eps))
```

6.5.5　Adam

Adam 算法是应用最广泛的、一般而言效果最好的算法，它高效、稳定、适用于绝大多数的应用场景。一般来说如果不知道该选哪种优化算法的话，使用 Adam 常常会是个不

错的选择。它的数学理论背景是相当复杂的，这里就只写出它的一个简化版的优化公式：

$$\Delta \leftarrow \beta_1 \Delta + (1 - \beta_1)\Delta w_t$$

$$\nabla^2 \leftarrow \beta_2 \nabla^2 + (1 - \beta_2)\Delta^2 w_t$$

$$\Delta^* w_t \triangleq \frac{\Delta}{\nabla + \epsilon}$$

从直观上来说，Adam 算法很像是 Momentum 系算法和 RMSProp 算法的结合（中间变量Δ的相关计算类似于 Momentum 系算法对更新方向的选取，中间变量∇的相关计算则类似于 RMSProp 算法对学习速率的调整）。同样的，我们跳过其背后的那一套数学理论并仅说明如何进行实现。

```python
80    class Adam(Optimizer):
81        """
82            初始化结构（Adam 版本）
83            self.beta1、self.beta2: 记录β₁、β₂的属性，一般会取β₁ = 0.9、β₂ = 0.999
84            self.eps: 意义与 RMSProp 中的 eps 一致，常取10⁻⁸
85            self._cache: 对于 Adam 而言、该属性记录的就是中间变量Δ和中间变量∇
86        """
87        def __init__(self, lr=0.01, cache=None, beta1=0.9, beta2=0.999, eps=1e-8):
88            Optimizer.__init__(self, lr, cache)
89            self.beta1, self.beta2, self.eps = beta1, beta2, eps
90
91        def feed_variables(self, variables):
92            self._cache = [
93                [np.zeros(var.shape) for var in variables],
94                [np.zeros(var.shape) for var in variables],
95            ]
96
97        def run(self, i, dw):
98            self._cache[0][i] = self._cache[0][i] * self.beta1 + (1 - self.beta1) * dw
99            self._cache[1][i] = self._cache[1][i] * self.beta2 + (1 - self.beta2) * (dw ** 2)
100           return self.lr * self._cache[0][i] / (np.sqrt(self._cache[1][i] + self.eps))
```

6.5.6 Factory

前面 5 个小节分别介绍了 5 种常用的优化算法及对应的优化器的实现，这一小节主要介绍如何应用这些实现好的优化器。虽说直接对它们进行调用也无不可，但是考虑到编程中的一些"套路"，可以实现一个简单的工厂来"生产"这些优化器。

```
101  class OptFactory:
102      # 将所有能用的优化器存进一个字典
103      available_optimizers = {
104          "MBGD": MBGD,
105          "Momentum": Momentum, "NAG": NAG,
106          "RMSProp": RMSProp, "Adam": Adam,
107      }
108
109      # 定义一个能通过优化器名字来获取优化器的方法
110      def get_optimizer_by_name(self, name, variables, lr, epoch):
111          try:
112              _optimizer = self.available_optimizers[name](lr)
113              if variables is not None:
114                  _optimizer.feed_variables(variables)
115              if epoch is not None and isinstance(_optimizer, Momentum):
116                  _optimizer.epoch = epoch
117              return _optimizer
```

至此，我们就对如何更新神经网络中的参数进行了比较全面的说明；结合上一节所实现的 Layer 结构，我们接下来要做的事情就很明确了：定义一个总的框架，把 Layer、Optimizer 有机地结合在一起，从而得到最终能用的 NN 模型。

6.6 朴素的网络结构

这一节主要介绍如何进行最简单的封装，对于更加完善的实现则会放在下一节。由于笔者实现的最终版本有上千行，囿于篇幅，无法在本书进行叙述，感兴趣的读者可以参见 https://github.com/carefree0910/MachineLearning/blob/master/NN/Basic/Networks.py。

总结前文说明过的诸多子结构，不难得知我们用于封装它们的朴素网络结构至少需要实现如下这些功能：

- 加入一个 Layer；
- 获取各个模型参数对应的优化器；
- 协调各个子结构，以实现前向传导算法和反向传播算法。

接下来就看看具体的实现，先看其基本框架：

代码 6-3 实现朴素的网络结构：f_NN\Networks.py

```
01  from f_NN.Layers import *
02  from f_NN.Optimizers import *
```

```
03
04    from Util.Bases import
05
06    class NaiveNN(ClassifierBase):
07        """
08            初始化结构
09            self._layers、self._weights、self._bias：记录着所有 Layer、权值矩阵、偏置量
10            self._w_optimizer、self._b_optimizer：记录着所有权值矩阵的和偏置量的优化器
11            self._current_dimension：记录着当前最后一个 Layer 所含的神经元个数
12        """
13        def __init__(self):
14            super(NaiveNN, self).__init__()
15            self._layers, self._weights, self._bias = [], [], []
16            self._w_optimizer = self._b_optimizer = None
17            self._current_dimension = 0
```

接下来实现加入 Layer 的功能。由于我们只打算进行朴素实现，所以应该对输入模型的 Layer 的格式做出一些限制以减少代码量。具体而言，我们对输入模型的 Layer 做出如下三个约束：

- 如果该 Layer 是第一次输入模型的 Layer 的话（亦即 L_1），则要求 Layer 的 shape 属性是一个二元元组。此时 shape[0]即为输入数据的维度，shape[1]即为 L_1 的神经元个数 n_1。
- 否则（亦即 $L_i, i \geq 2$），我们要求 Layer 输入模型时的 shape 属性是一元元组，其唯一的元素记录的就是该 Layer 的神经元个数 n_i。

比如说，如果我们想设计含有如下结构的神经网络：

- 含有一层 ReLU 隐藏层，该层有 24 个神经元
- 损失函数为 Sigmoid + Cross Entropy 的组合

那么在实现完毕后，需要能够通过如下三行代码：

```
01    nn = NaiveNN()
02    nn.add(ReLU((x.shape[1], 24)))
03    nn.add(CostLayer((y.shape[1],), "CrossEntropy", transform="Sigmoid"))
```

来把对应的结构搭建完毕（其中 x、y 是训练集），以下即为具体实现：

```
18        def add(self, layer):
19            if not self._layers:
20                # 如果是第一次加入 layer，则初始化相应的属性
```

```
21          self._layers, self._current_dimension = [layer], layer.shape[1]
22          # 调用初始化权值矩阵和偏置量的方法
23          self._add_params(layer.shape)
24      else:
25          _next = layer.shape[0]
26          layer.shape = (self._current_dimension, _next)
27          # 调用进一步处理 Layer 的方法
28          self._add_layer(layer, self._current_dimension, _next)
29
30  def _add_params(self, shape):
31      self._weights.append(np.random.randn(*shape))
32      self._bias.append(np.zeros((1, shape[1])))
33
34  def _add_layer(self, layer, *args):
35      _current, _next = args
36      self._add_params((_current, _next))
37      self._current_dimension = _next
38      self._layers.append(layer)
```

然后就需要获取各个模型参数对应的优化器，并实现前向传导算法和反向传播算法了。鉴于实现的是朴素的版本，我们只允许用户自定义学习速率、优化器使用的算法及总的迭代次数。

```
39  def fit(self, x, y, lr=0.001, optimizer="Adam", epoch=10):
40      # 调用相应方法来初始化优化器
41      self._init_optimizers(optimizer, lr, epoch)
42      layer_width = len(self._layers)
43      # 训练的主循环
44      # 需要注意的是，在每次迭代中我们是用训练集中所有样本来进行训练的
45      for counter in range(epoch):
46          self._w_optimizer.update()
47          self._b_optimizer.update()
48          # 调用相应方法来进行前向传导算法，把所得的激活值都存储下来
49          _activations = self._get_activations(x)
50          # 调用 CostLayer 的 bp_first 方法来进行 BP 算法的第一步
51          _deltas = [self._layers[-1].bp_first(y, _activations[-1])]
52          # BP 算法主体
53          for i in range(-1, -len(_activations), -1):
54              _deltas.append(self._layers[i - 1].bp(
55                  _activations[i - 1], self._weights[i], _deltas[-1]
56              ))
57          # 利用各个局部梯度来更新模型参数
58          # 注意由于最后一个是 CostLayer 对应的占位符，所以无须对其更新
```

```
59          for i in range(layer_width - 1, 0, -1):
60              self._opt(i, _activations[i - 1], _deltas[layer_width - i - 1])
61          self._opt(0, x, _deltas[-1])
```

这里用到了三个方法，它们的作用如下。

- self._init_optimizers：根据优化器的名字、学习速率和迭代次数来初始化优化器。
- self._get_activations：进行前向传导算法。
- self._opt：利用局部梯度和优化器来更新模型的各个参数。

它们的具体实现如下：

```
62      def _init_optimizers(self, optimizer, lr, epoch):
63          # 利用定义好的优化器工厂来初始化优化器
64          # 注意由于最后一层是 CostLayer 对应的占位符，所以无须把它输进优化器
65          _opt_fac = OptFactory()
66          self._w_optimizer = _opt_fac.get_optimizer_by_name(
67              optimizer, self._weights[:-1], lr, epoch)
68          self._b_optimizer = _opt_fac.get_optimizer_by_name(
69              optimizer, self._bias[:-1], lr, epoch)
70
71      def _get_activations(self, x):
72          _activations = [self._layers[0].activate(x, self._weights[0], self._bias[0])]
73          for i, layer in enumerate(self._layers[1:]):
74              _activations.append(layer.activate(
75                  _activations[-1], self._weights[i + 1], self._bias[i + 1]))
76          return _activations
77
78      def _opt(self, i, _activation, _delta):
79          self._weights[i] += self._w_optimizer.run(
80              i, _activation.T.dot(_delta)
81          )
82          self._bias[i] += self._b_optimizer.run(
83              i, np.sum(_delta, axis=0, keepdims=True)
84          )
```

最后就是模型的预测了，这一部分的实现非常直观易懂：

```
85      def predict(self, x, get_raw_results=False):
86          y_pred = self._get_prediction(np.atleast_2d(x))
87          if get_raw_results:
88              return y_pred
89          return np.argmax(y_pred, axis=1)
```

```
90
91      def _get_prediction(self, x):
92          # 直接取前向传导算法得到的最后一个激活值即可
93          return self._get_activations(x).[-1]
```

至此，一个朴素的神经网络结构就实现完了。虽说该模型有诸多不足之处，但其基本的框架和模式却都是有普适性的，且它的表现也已经相当不错。可以通过在螺旋线数据集上做几组实验来直观地感受这个朴素神经网络的分类能力，结果如图 6.16 所示。

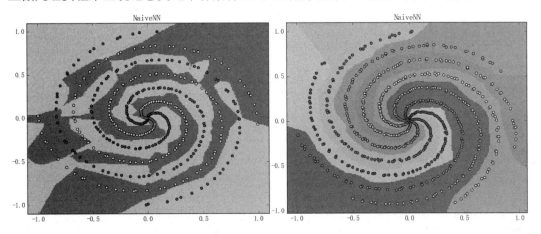

图6.16　螺旋线数据集上朴素神经网络的表现

左图是 4 条螺旋线的二类分类问题，准确率为 92.75%；右图为 7 条螺旋线的七类分类问题，准确率为 100%。神经网络的结构都是两层含 24 个神经元的 ReLU 加 Softmax+Cross Entropy 组合的这种结构，迭代次数则为 1000 次，平均训练时间分别为 0.74 秒（左图）和 1.04 秒（右图）。注意虽然我们使用的螺旋线数据集的"旋转程度"比之前使用过的螺旋线数据集的都要大不少，但是神经网络的表现仍然相当不错。

6.7　"大数据"下的网络结构

本节标题处的"大数据"打上了引号，是因为我们所要讨论的不是当今十分火热的、真正的大数据问题，而是讨论当问题规模"相当大"时应该如何处理。虽然在上一节实现了一个切实可用的神经网络，但它确实显得过于朴实。本节会说明如何在这个朴实模型的基础上进行拓展，这些拓展的手法不单适用于神经网络，还适用于诸多旨在解决现实生活中规模相对较大的任务的模型。

6.7.1 分批（Batch）的思想

回忆上一节实现的朴素神经网络中的 fit 方法，可以发现每次迭代时我们都只会用整个训练集进行一次参数的更新；以 Vanilla Update 为例的话，我们进行的就是 BGD 而非 MBGD。在数据量比较大时，姑且不论 MBGD 算法和 BGD 算法本身孰优孰劣，单从内存问题来看。BGD 就不是一个可以接受的做法。因此与 MBGD 算法的思想类似，需要将训练集"分批（Batch）"进行训练。

同样的道理，目前我们做预测时是将整个预测数据集扔给模型让它做前传算法的。当数据量比较大时，这样做显然也会引发内存不足的问题，为此需要分 Batch 进行前向传导并在最后做一个整合。

总之在数据量变大的情况下，我们要时刻有着分 Batch 的思想。先来看看如何在训练过程中引入 Batch（以下代码需定义在 fit 方法中的相关位置，仅写出关键部分）：

```
01  # 得到总样本数
02  train_len = len(x)
03  # 得到单个 Batch 中的样本数，其中 batch_size 是传进来的参数
04  batch_size = min(batch_size, train_len)
05  # 先判断是否有必要分 Batch；若 Batch 中的样本数多于总样本数，自然没有必要分 Batch
06  do_random_batch = train_len >= batch_size
07  # 算出需要分多少次 Batch
08  train_repeat = int(train_len / batch_size) + 1
09  # 训练的主循环
10  for counter in range(epoch):
11      # 进行 train_repeat 次子迭代，每次子迭代中会利用一个 Batch 来训练模型
12      for _ in range(train_repeat):
13          if do_random_batch:
14              # np.random.choice(n, m)：随机从[0,1,…,n-1]中选出m个数
14              batch = np.random.choice(train_len, batch_size)
15              x_batch, y_batch = x_train[batch], y_train[batch]
16          else:
17              x_batch, y_batch = x_train, y_train
18          self._w_optimizer.update()
19          self._b_optimizer.update()
20          _activations = self._get_activations(x_batch)
21          _deltas = [self._layers[-1].bp_first(y_batch, _activations[-1])]
22          for i in range(-1, -len(_activations), -1):
23              _deltas.append(
24                  self._layers[i - 1].bp(_activations[i - 1], self._weights[i], _deltas[-1])
25              )
```

```
26          for i in range(layer_width - 1, 0, -1):
27              self._opt(i, _activations[i - 1], _deltas[layer_width - i - 1])
28          self._opt(0, x_batch, _deltas[-1])
```

然后是在预测过程中引入 Batch，实现的方法有两种：一种是比较常见的按个数分 Batch，另一种是我们打算采用的按数据大小分 Batch。换句话说：

- 常见的做法是在每个 Batch 中放 k 个数据；
- 我们的做法是在每个 Batch 中放 m 个数据，它们一共大概包含 N 个数字。

其中常见做法有一个显而易见的缺点：如果单个数据很庞大的话，这样做可能会引发内存不足的问题。接下来就看看我们的做法相对应的具体实现：

```
01   # 参数 batch_size 即为 N
02   def _get_prediction(self, x, batch_size=1e6):
03       # 计算 Batch 中的数据个数 m、默认 N = 10⁶
04       single_batch = int(batch_size / np.prod(x.shape[1:]))
05       # 如果单个样本的数据量比 N 还大、那么将 m 设为 1
06       if not single_batch:
07           single_batch = 1
08       # 如果 m 大于样本总数，直接将所有样本输入前向传导算法即可
09       if single_batch >= len(x):
10           return self._get_activations(x).pop()
11       # 否则，计算需要重复调用前向传导算法的次数
12       epoch = int(len(x) / single_batch)
13       if not len(x) % single_batch:
14           epoch += 1
15       # 反复调用前向传导并获得一系列结果
16       rs, count = [self._get_activations(x[:single_batch]).pop()], single_batch
17       while count < len(x):
18           count += single_batch
19           if count >= len(x):
20               rs.append(self._get_activations(x[count - single_batch:]).pop())
21           else:
22               rs.append(self._get_activations(x[count - single_batch:count]).pop())
23       # 利用 np.vstack 将这一系列结果进行合并
24       return np.vstack(rs)
```

实现完毕后就能得到如图 6.17 所示的结果（以在图 6.16 对应的螺旋线数据集上的训练过程为例）：

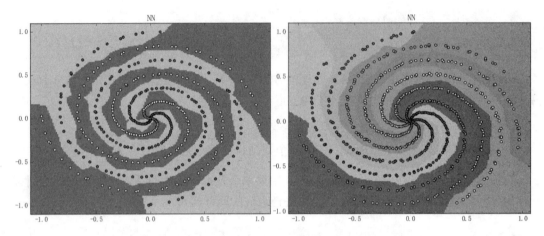

图6.17　螺旋线数据集上神经网络的表现（1）

　　其中左图的准确率为 99.0%，右图的准确率为 100%。神经网络的结构仍都是两层含 24 个神经元的 ReLU 加 Softmax+Cross Entropy 组合的这种结构，迭代次数仍为 1000 次，平均训练时间则分别变为 2.36 秒（左图）和 3.84 秒（右图）。

6.7.2　交叉验证

　　由于针对现实任务训练出来的神经网络通常来说是很难直接进行可视化的，所以如果想要评估它的表现，就必须要用交叉验证。这里我们提供一种简易交叉验证的实现方法（以下代码需定义在 fit 方法中的相关位置，仅写出关键部分）：

```
01    # train_rate 是传进来的参数，代表着训练集在整个数据集中占的比例
02    if train_rate is not None:
03        train_rate = float(train_rate)
04        train_len = int(len(x) * train_rate)
05        shuffle_suffix = np.random.permutation(len(x))
06        x, y = x[shuffle_suffix], y[shuffle_suffix]
07        x_train, y_train = x[:train_len], y[:train_len]
08        x_test, y_test = x[train_len:], y[train_len:]
09    else:
10        x_train = x_test = x
11        y_train = y_test = y
```

　　仅仅简单地把数据集分开并没有意义，如果想要进行评估的话，就必须切实利用到那分出来的测试集。一种常见的做法是实时记录模型在测试集上的表现并在最后以图表的形式画出，这正是我们之前展示过的各种训练曲线的由来；要想实现这种实时记录的功能，

需要额外地定义一些属性和方法，思路大致如下。

- 定义一个属性 self._logs 以存储我们的记录。该属性是一个字典，结构大致为：

$$self.\_logs = \{"train": train\_log, "test": test\_log\}$$

  其中，train_log 和 test_log 为训练集和测试集的实时表现。

- 常见的对模型实时表现的评估有三种：损失（cost）、准确率（acc）和 F1-score，其中前两种是通用的评估，F1-score 则针对二分类问题的评估（F1-score 的相关数学定义可以参见 https://en.wikipedia.org/wiki/F1_score）。

- 定义三个方法。第一个拿来实时记录这些评估，第二个拿来 print 出最新的评估，第三个拿来做可视化评估。

实现的话不难但繁，需要综合考虑许多东西并微调已有的代码。由于如果把所有变动的地方都写出来会有大量的冗余，所以这里就不写出所有细节了。感兴趣的读者可以尝试自己进行实现，笔者实现的版本则可以参见 https://github.com/carefree0910/MachineLearning/blob/master/f_NN/Networks.py。

实现完毕后，我们就能得到如图 6.18 所示的结果（以在图 6.17 左图对应的螺旋线数据集上的训练过程为例）。

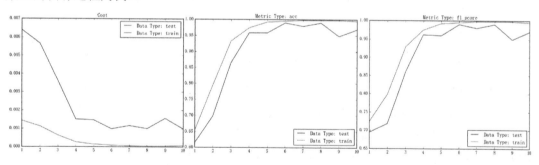

图6.18　螺旋线数据集上神经网络的表现（2）

从左到右依次为损失、准确率和 F1-score 的曲线，其中绿线为训练集上的表现，蓝线为测试集上的表现。

6.7.3　进度条

当我们在解决现实生活中一个比较大型的问题时（比如网络爬虫或机器学习），模型的耗时有时会达数十分钟甚至几个小时。在此期间如果程序什么都不输出的话，不免会感到些许不安：程序的运行到底到了哪个步骤？大概还需多久程序才能跑完呢？为了能在大型任务中获得即时的反馈，设计一个进度条是相当有必要的。本小节拟介绍一种简单实用的进度条的实现方法，它支持记录并发程序的进度且损耗基本上只来源于 Python 本身。

先来看看进度条是怎样的（如图 6.19 所示）。

```
## #    Task1    # Progress bar initialized ##
## #    Task2    # Progress bar initialized ##
## #    Task3    # (3 : 0 -> 3) Task Finished. Time Cost:   0 h   0 min 1.501 s; Average:   0 h   0 min 0.5002 s ##
## #    Task2    # [----------              ] : 1 / 3 ## Time Cost:   0 h   0 min 2.001 s; Average:   0 h   0 min 2.001 s
## #    Task3    # (3 : 0 -> 3) Task Finished. Time Cost:   0 h   0 min 1.501 s; Average:   0 h   0 min 0.5004 s ##
## #    Task2    # [--------------------    ] : 2 / 3 ## Time Cost:   0 h   0 min 4.002 s; Average:   0 h   0 min 2.001 s
## #    Task3    # (3 : 0 -> 3) Task Finished. Time Cost:   0 h   0 min  1.5 s; Average:   0 h   0 min 0.5001 s ##
## #    Task2    # (3 : 0 -> 3) Task Finished. Time Cost:   0 h   0 min 6.003 s; Average:   0 h   0 min 2.001 s ##
## #    Task1    # [--------                ] : 1 / 3 ## Time Cost:   0 h   0 min 6.503 s; Average:   0 h   0 min 6.503 s
## #    Task2    # Progress bar initialized ##
## #    Task3    # [----------------        ] : 2 / 3 ## Time Cost:   0 h   0 min 1.001 s; Average:   0 h   0 min 0.5003 s
```

图6.19　进度条示意图

其中每一行对应着一个单独任务的进度条，它有如下属性：

- 任务名字（"Test"、"Test2"和"Test3"）。
- 一个形如"[------   ]"的进度显示器（紧跟在任务名字后面）。
- 已完成任务数和总任务数（紧跟在进度显示器后面，以 m/n 的形式出现，其中 m 为已完成任务数，n 为总任务数）。
- 总耗时和单个任务的平均耗时（紧跟在任务数后面，其中"Time Cost"后显示的是总耗时，"Average"后显示的是平均耗时，格式都是"时-分-秒"）。

可以看到功能还算完备。不过虽说看上去有些复杂，但其实核心的实现只用到了 time 这个 Python 标准库和 print 这个 Python 自带的函数。总代码量虽说不算太大（110 行左右），但有许多地方都是些琐碎的细节；所以我们这里就只说一个思路，具体的代码则可以参见 https://github.com/carefree0910/MachineLearning/blob/master/Util/ProgressBar.py。

实现的大纲大概如下：

- 要记录任务开始时已完成的任务数和未完成的任务数。
- 要定义一个计数器，记录着总共已完成的任务数。
- 要定义一个 start 函数和一个 update 函数，作为初始化进度条和更新进度条的接口。
- 要定义一个 _flush 函数来控制输出流。

调用的方法也非常直观，这里举一个简单的例子：

```
01    # 定义一个返回函数的函数
02    # 参数 cost 为任务耗时（秒），epoch 为迭代次数，name 为任务名，_sub_task 为子任务
```

```
02  def task(cost=0.5, epoch=3, name="", _sub_task=None):
03      def _sub():
04          bar = ProgressBar(max_value=epoch, name=name)
05          # 调用 start 方法进行进度条的初始化
05          bar.start()
06          for _ in range(epoch):
07              # 利用 time.sleep 方法模拟任务耗时
08              time.sleep(cost)
09              # 如果有子任务的话，就执行子任务
10              if _sub_task is not None:
11                  _sub_task()
12              # 调用 update 方法更新进度条
13              bar.update()
14      return _sub
15
16  # 定义三个任务 Task1、Task2、Task3
17  # 其中 Task2、Task3 分别为 Task1、Task2 的子任务
18  task(name="Task1", _sub_task=task(
19      name="Task2", _sub_task=task(
20          name="Task3"))) ()
```

这段代码的运行效果正如图 6.19 所示。

6.7.4　计时器

对于现实生活中的任务来说，我们往往需要让模型更可控、高效；这就使得需要知道程序运行的各个细节，或说各个部分的时间开销。Python 有一个自带的分析程序运行开销的工具 profile，它能满足我们大部分的要求。本小节拟介绍 profile 的一种更灵活的轻量级替代品——Timing 的使用，其代码量仅为 60 行左右，且可以比较简单地进行各种改进和拓展（Timing 的实现会放在附录章节中介绍 Python 装饰器时进行简要的说明，读者也可以直接参见 https://github.com/carefree0910/MachineLearning/blob/master/Util/Timing.py）。

先来看它的效果，如图 6.20 所示。

该图反映的正是图 6.17 左图对应的螺旋线数据集上的训练过程。可以看到它将神经网络中各个组成部分的各个函数的开销情况都记录了下来，总体上来说已足够我们进行性能分析了。此外，这里采取的是按名字排序；如有必要，完全可以定义成按总开销排序或是按平均开销排序（另外虽然没有记录平均开销，但可添加上平均开销这一项）。

```
====================================================================================
Timing log
------------------------------------------------------------------------------------
          NN            [API]                    fit :     2.523718 s (Call Time:     1)
          NN            [API]               estimate :  0.0005025864 s (Call Time:     1)
          NN         [Method]                   _opt :    0.8486938 s (Call Time: 12000)
          NN         [Method]            _append_log :  0.009526253 s (Call Time:    20)
          NN         [Method]        _get_prediction :   0.04411602 s (Call Time:    22)
          NN         [Method]       _get_activations :    0.6852918 s (Call Time:  4022)
        Adam         [Method]                    run :    0.4161336 s (Call Time: 24000)
        Adam         [Method]         feed_variables :          0.0 s (Call Time:     2)
        ReLU          [Core]                     bp :    0.2131205 s (Call Time:  8000)
        ReLU          [Core]               activate :    0.3846011 s (Call Time:  8044)
     Softmax          [Core]                     bp :  0.005013943 s (Call Time:  4000)
     Softmax          [Core]               activate :    0.1854002 s (Call Time:  4022)
Log Likelihood       [Core]               bp_first :    0.3358018 s (Call Time:  4000)
------------------------------------------------------------------------------------
```

图6.20　Timing示意图

应用 Timing 是比较简单的一件事，举一个小例子：

```
01    # 定义一个测试类来进行简单的测试
02    class Test:
03        timing = Timing()
04
05        def __init__(self, rate):
06            self.rate = rate
07
08        # 以装饰器的形式，调用 Timing 中的 timeit 方法来计时
09        # 默认迭代三次且单次迭代中调用 self._test 方法
10        @timing.timeit()
11        def test(self, cost=0.1, epoch=3):
12            for _ in range(epoch):
13                self._test(cost * self.rate)
14
15        # 使用 time.sleep 模拟任务耗时
16        @timing.timeit(prefix="[Core] ")
17        def _test(self, cost):
18            time.sleep(cost)
19
20    class Test1(Test):
21        def __init__(self):
22            Test.__init__(self, 1)
23
```

```
24    class Test2(Test):
25        def __init__(self):
26            Test.__init__(self, 2)
27
28    class Test3(Test):
29        def __init__(self):
30            Test.__init__(self, 3)
31
32    test1 = Test1()
33    test2 = Test2()
34    test3 = Test3()
35    test1.test()
36    test2.test()
37    test3.test()
38    test1.timing.show_timing_log()
```

这段代码的运行效果如图 6.21 所示。

```
================================================================================

Timing log
--------------------------------------------------------------------------------

        Test1           [Core]              _test :   0.3008366 s (Call Time:      3)
        Test1           [Method]             test :   0.3008366 s (Call Time:      1)
        Test2           [Core]              _test :   0.6021807 s (Call Time:      3)
        Test2           [Method]             test :   0.6021807 s (Call Time:      1)
        Test3           [Core]              _test :   0.9046936 s (Call Time:      3)
        Test3           [Method]             test :   0.9046936 s (Call Time:      1)
--------------------------------------------------------------------------------
```

图6.21　运行效果

6.8　相关数学理论

这一节会叙述之前没有解决的纯数学问题，同时会在有需要的地方附上相应的代码；虽然这些数学问题仅会涉及求导相关的知识，但是仍然具有一定难度。

6.8.1　BP 算法的推导

要想知道 BP 算法的推导，需要且仅需要知道两点知识：求导及其链式法则。由前文的诸多说明可知，我们至少需要知道如下几件事：

- 梯度是向量函数 f 在某点 x 上升最快的方向，其数学定义为

$$\nabla_x f(x) = \left[\frac{\partial f(x)}{\partial x_1}, \frac{\partial f(x)}{\partial x_2}, \cdots, \frac{\partial f(x)}{\partial x_n}\right]^T$$

它是向量函数 f 对 n 个分量的偏导组成的向量。需要指出的是，笔者的习惯是在推导向量函数的梯度时，先把它分拆成单个函数进行普通函数的求偏导计算，最后再把它们合成梯度。后文的推导也会采取这种形式。

- BP 算法的初始输入是真实的类别向量 y。
- 我们的目标是让模型的输出尽可能拟合 y。为此我们会定义：
  - 预测函数 $f(x)$，它是一个向量函数，会根据输入矩阵 x 输出预测向量 $v^{(m)}$。
  - 损失函数 $L^*(x) \triangleq L(y, v^{(m)}) = L(y, f(x))$，它是一个标量函数，其函数值能反映 $v^{(m)}$ 和 y 的差异；差异越大，$L^*(x) = L(y, v^{(m)})$ 的值就越大。

接下来就可以进行具体的推导了。如前所述，我们会把求解梯度的过程化为若干个求解偏导数的问题，然后再把结果进行整合；换句话说，我们会先以单个的神经元为基本单元进行分析，然后再把神经元上的结果整合成 Layer 上的结果。

先通过图 6.22 来进行一些符号约定：

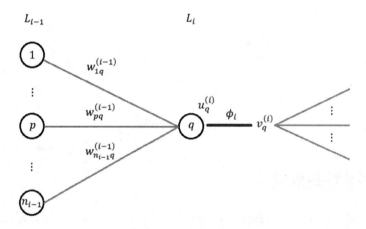

图6.22 一些符号约定

其中

$$u_q^{(i)} = \sum_{p=1}^{n_{i-1}} v_p^{(i-1)} w_{pq}^{(i-1)}$$

代表第 k 层第 j 个神经元接收的输入；

$$v_q^{(i)} = \phi_i\left(u_q^{(i)}\right)$$

代表对应的激活值。注意我们在前文已经说过，局部梯度的定义可以写为

$$\delta_q^{(i)} = \frac{\partial L(x)}{\partial u_q^{(i)}}$$

接下来我们尝试把它转化成 BP 算法中相应的公式。首先由链式法直接可得：

$$\frac{\partial L^*(x)}{\partial w_{pq}^{(i-1)}} = \frac{\partial L^*(x)}{\partial u_q^{(i)}} \cdot \frac{\partial u_q^{(i)}}{\partial w_{pq}^{(i-1)}} = \delta_q^{(i)} v_p^{(i-1)}$$

这就可以直接导出 6.3.2 小节最后的 SGD 算法。继续往下推导的话，会遇到如下两种情况：

- 当前 Layer 是 CostLayer，也就是说最后一层，此时有：

$$\delta_q^{(m)} = \frac{\partial L^*(x)}{\partial u_q^{(m)}} = \frac{\partial L\left(y, v_q^{(m)}\right)}{\partial u_q^{(m)}} = \frac{\partial L\left(y, u_q^{(m)}\right)}{\partial v_q^{(m)}} \cdot \frac{\partial v_q^{(m)}}{\partial u_q^{(m)}} = \frac{\partial L\left(y, v_q^{(m)}\right)}{\partial v_q^{(m)}} \cdot \phi_m'\left(u_q^{(m)}\right)$$

相当长的式子，里面涉及的定义也挺多，不过其实每一步的本质都只是链式法则而已。注意最后出现了 $\phi_m'\left(u_q^{(m)}\right)$ 一项，它其实是输出层激活函数对应的导函数。

- 当前 Layer 不是最后一层时，同样由链式法则可知（注意：该层的每个神经元对下一层所有神经元都会有影响）

$$\delta_q^{(i)} = \frac{\partial L^*(x)}{\partial u_q^{(i)}} = \sum_{p=1}^{n_{i+1}} \frac{\partial L^*(x)}{\partial u_p^{(i+1)}} \cdot \frac{\partial u_p^{(i+1)}}{\partial u_q^{(i)}}$$

其中

$$\frac{\partial L^*(x)}{\partial u_p^{(i+1)}} = \delta_p^{(i+1)}$$

即为下一层传播回来的局部梯度；且由于

$$u_p^{(i+1)} = \sum_{q=1}^{n_i} v_q^{(i)} w_{qp}^{(i)} = \sum_{q=1}^{n_i} \phi_i\left(u_q^{(i)}\right) w_{qp}^{(i)}$$

从而可知

$$\frac{\partial u_p^{(i+1)}}{\partial u_q^{(i)}} = \sum_{k=1}^{n_i} \frac{\partial \left[\phi_i \left(u_k^{(i)} \right) w_{ki}^{(i)} \right]}{\partial u_q^{(i)}} = \phi_i' \left(u_q^{(i)} \right) w_{qp}^{(i)}$$

以上就是所有的推导过程，将结果进行整合之后，不难得出 6.3.1 节中出现过的这些公式：

- 对 CostLayer 而言，有

$$\delta^{(m)} = \frac{\partial L\big(y, v^{(m)}\big)}{\partial v^{(m)}} * \phi_m' \big(u^{(m)} \big)$$

- 对其余 Layer 而言，有

$$\delta^{(i)} = \delta^{(i+1)} \times w^{(i)T} * \phi_i'\big(u^{(i)}\big)$$

6.8.2　Softmax + log–likelihood 组合

这一小节主要说明常见组合——Softmax + log－likelihood 的梯度公式的推导，不过在此之前可能需要复习符号约定：

- 假设输入为 x，输出为 $y \in c_k$。
- 假设模型在 Softmax 之前的输出为

$$v^{(m-1)} = \left(v_1^{(m-1)}, \dots, v_K^{(m-1)} \right)^T$$

- 假设模型 Softmax 接受的输入为

$$u^{(m)} = v^{(m-1)} \times w^{(m-1)} + b^{(m-1)}$$

- 假设模型在 Softmax 之后的输出为

$$v^{(m)} = \varphi\big(u^{(m)}\big) = (\varphi_1, \dots, \varphi_K)^T$$

其中

$$\varphi_i = \frac{e^{u_i^{(m)}}}{\sum_{j=1}^{K} e^{u_j^{(m)}}}$$

- 假设模型的损失为 log-likelihood：

$$L^*(x) = -\ln \varphi_k$$

接下来开始正式的推导。同样先以神经元为基本单位进行分析，可知：

$$\frac{\partial L^*(x)}{\partial w_{pq}^{(m-1)}} = \sum_{i=1}^{K} \frac{\partial L^*(x)}{\partial \varphi_i} \cdot \frac{\partial \varphi_i}{\partial u_p^{(m)}} \cdot \frac{\partial u_p^{(m)}}{\partial w_{pq}^{(m-1)}}$$

注意到

$$\frac{\partial L^*(x)}{\partial \varphi_i} = \begin{cases} -\dfrac{1}{\varphi_i}, & i = k \\ 0, & i \neq k \end{cases}$$

所以我们只需要考虑 $i = k$ 的情况，此时有

$$\frac{\partial L^*(x)}{\partial w_{pq}^{(m-1)}} = -\frac{1}{\varphi_k} \cdot \frac{\partial \varphi_k}{\partial u_p^{(m)}} \cdot \frac{\partial u_p^{(m)}}{\partial w_{pq}^{(m-1)}}$$

注意到

$$\frac{\partial \varphi_k}{\partial u_p^{(m)}} = \begin{cases} \varphi_k(1 - \varphi_k), & p = k \\ -\varphi_p \varphi_k, & p \neq k \end{cases}$$

以及

$$u^{(m)} = v^{(m-1)} \times w^{(m-1)} + b^{(m-1)}$$

故

$$\frac{\partial u_p^{(m)}}{\partial w_{pq}^{(m-1)}} = v_q^{(m-1)}$$

综上所述，即得

$$\frac{\partial L^*(x)}{\partial w_{pq}^{(m-1)}} = \begin{cases} (\varphi_p - 1)v_q^{(m-1)}, & p = k \\ \varphi_p v_q^{(m-1)}, & p \neq k \end{cases}$$

注意到

$$y_p = \begin{cases} 1, & p = k \\ 0, & p \neq k \end{cases}$$

所以就有

$$\frac{\partial L^*(x)}{\partial w_{pq}^{(m-1)}} = (\varphi_p - y_p)v_q^{(m-1)}$$

亦即

$$\delta_p^{(m)} = \varphi_p - y_p$$

如果不使用 Softmax 而使用 Sigmoid 的话，就会有：

$$\frac{\partial \varphi_i}{\partial u_p^{(m)}} = \begin{cases} \varphi_i(1 - \varphi_i), & i = k \\ 0, & i \neq k \end{cases}$$

那么自然就有

$$\frac{\partial L^*(x)}{\partial w_{pq}^{(m-1)}} = \sum_{i=1}^{K} \frac{\partial L^*(x)}{\partial \varphi_i} \cdot \frac{\partial \varphi_i}{\partial u_p^{(m)}} \cdot \frac{\partial u_p^{(m)}}{\partial w_{pq}^{(m-1)}} = \frac{\partial L^*(x)}{\partial \varphi_p} \cdot \varphi_p(1 - \varphi_p) \cdot \frac{\partial u_p^{(m)}}{\partial w_{pq}^{(m-1)}}$$

由之前的讨论可知我们只需要考虑 $p = k$ 的情况，此时有

$$\frac{\partial L^*(x)}{\partial w_{kq}^{(m-1)}} = -\frac{1}{\varphi_k} \cdot \varphi_k(1 - \varphi_k) \cdot \frac{\partial u_k^{(m)}}{\partial w_{kq}^{(m-1)}}$$

注意到

$$u^{(m)} = v^{(m-1)} \times w^{(m-1)} + b^{(m-1)}$$

故

$$\frac{\partial u_k^{(m)}}{\partial w_{kq}^{(m-1)}} = v_q^{(m-1)}$$

综上所述，即得

$$\frac{\partial L^*(x)}{\partial w_{pq}^{(m-1)}} = \begin{cases} (\varphi_p - 1)v_q^{(m-1)}, & p = k \\ 0, & p \neq k \end{cases}$$

亦即

$$\delta_p^{(m)} = \begin{cases} \varphi_p - 1, & p = k \\ 0, & p \neq k \end{cases}$$

6.9 本章小结

- 神经网络的基本单位是层（Layer），它是一个非常强大的多分类模型。
- 神经网络的每一层（L_i）都会有一个激活函数ϕ_i，它是模型的非线性扭曲力。
- 神经网络通过权值矩阵$w^{(i)}$和偏置量$b^{(i)}$来连接相邻两层L_i、L_{i+1}，其中$w^{(i)}$能将结果从原来的维度空间线性映射到新的维度空间，$b^{(i)}$则能打破对称性。
- 神经网络通过前向传导算法获取各层的激活值，通过输出层的激活值$v^{(m)}$和损失函数$L^*(x) = L\big(y, v^{(m)}\big)$来做决策并获得损失，通过反向传播算法算出各个 Layer 的局部梯度$\delta^{(i)}$，并用各种优化器更新参数。
- 合理利用一些特殊的层结构，能使模型表现提升。
- 当任务规模较大时，就需要考虑内存等诸多和算法无关的问题了。

第 7 章

卷积神经网络

卷积神经网络是 Convolutional Neural Network 的直译、常简称为 CNN，它是当今非常火热的话题——深度学习中的一种具有代表性的结构。如果提起卷积神经网络的话，许多人可能都会觉得是一个非常深奥的魔法，但如果不考虑其背后的数学理论而只想理解并应用的话，学习 CNN 其实也并不是特别困难（而且事实上相比起传统的机器学习算法而言，CNN 经常会由于其缺乏理论支撑而受到批评）。

本章主要涉及的知识点有：

- CNN 的主要思想；
- CNN 的前向传导算法；
- CNN 的实现与可视化；
- CNN 的应用场景。

需要特别指出的是，本章基本不会涉及任何卷积神经网络数学上的细节；一方面是因为它们相当繁复，另一方面则是因为它们也并不完全 Make Sense。卷积神经网络在因其效果拔群而大红大紫的同时，其"黑箱"程度也是非常著名的，因此本章我们会较多地从实现和应用层面来介绍卷积神经网络，理论方面的叙述则大多采取直观说明的方式来进行。

7.1　从 NN 到 CNN

从名字也可以看出，卷积神经网络（CNN）其实是神经网络（NN）的一种拓展，而事实上从结构上来说，朴素的 CNN 和朴素的 NN 没有任何区别（当然，引入了特殊结构的、复杂的 CNN 会和 NN 有着比较大的区别）。本节主要说明 CNN 的思想以及它到底在 NN 的基础上做了哪些改进，同时也说明 CNN 能够解决的任务类型。

7.1.1　"视野"的共享

CNN 的主要思想可以概括为如下两点：

- 局部连接（Sparse Connectivity）；
- 权值共享（Shared Weights）。

它们具有很好的直观。举一个从学术上可能不太严谨的例子：我们平时看风景时，由于视野有限，我们通常并不能将整个风景收入眼中；取而代之，我们每次只能接受视野中的整个风景的一块"局部风景"（所谓的【局部感受野】）。如果想要欣赏整个风景的话，我们就会不断地"四处张望"。在这个过程中，我们的思想在看的过程中通常是不怎么变的；而在看完后可能整合该过程中所有视野所看到的"局部风景"并发出"这风景真美"的感慨，然后可能会根据这个感慨来调整我们的思想。在这个例子中，我们的视野就可以看作所谓的"局部连接"，我们的思想则可以看作"共享的权值"。

可以通过图 7.1 来直观地感受何谓局部连接和权值共享（图 7.1 参考了一张经常被引用的图。考虑到原图有一定的误导性，就没有直接引用原图而是重画了一个）：

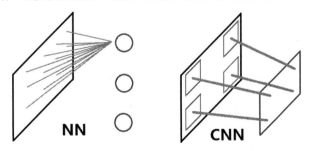

图7.1　局部连接、权值共享示意图

这张图比较了 NN 和 CNN 的思想差别。左图为 NN，可以看到它在处理输入时是全连接的，亦即它采用的是全局感受野；同时由于各个神经元又是相对独立的，这直接导致它难以将原数据样本翻译成一个"视野"。而正如上面所说，CNN 采用的是局部感受视野和共享权值，这在右图中的表现为，它的神经元可以看成是"一整块"的"视野"，这块视野的每一个组成部分都是共享的权值（右图中的绿线；换句话说，右图中连接两个平行面的四条线其实是同一个东西）在原数据样本的某一个局部上"看到"的东西。

用上文中看风景的例子来说的话，CNN 的行为比较像一个正常人的表现，而 NN 的行为就更像是很多个能把整个风景都看在眼底的人同时看了同一个风景，然后分别感慨了并把这个感慨传递下去这种表现。

7.1.2　前向传导算法

CNN 的前向传导算法和第 6 章说明过的 NN 的前向传导算法有许多相似之处，至少从实现的层面来说它们的结构几乎是一模一样的。它们之间的不同之处则主要体现在如下两点：

- 接收的输入形式不同；
- 层与层之间的连接方式不同。

先看第一点：对于 NN 而言，输入是一个$N \times n$的矩阵

$$X = (x_1, …, x_N)^T$$

其中$x_1, …, x_N$都是$n \times 1$的列向量；当输入是图像时，NN 的处理方式是将图像拉直成一个列向量。以$3 \times 3 \times 3$的图像为例（第一个 3 代指 RGB 通道，后两个 3 分别是高和宽），NN 会先把各个图像变成27×1的列向量（亦即$n = 3 \times 3 \times 3$），然后再把它们合并，转置成一个$N \times 27$的大矩阵以当作输入。

CNN 则不会这么大费周章——它会直接以原始的数据作为输入。换句话说，CNN 接收的输入是$N \times 3 \times 3 \times 3$的矩阵。

可以用图 7.2 来直观地认知该区别：

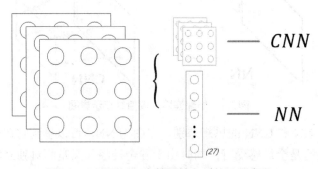

图7.2　CNN和NN在处理输入时的不同表现

结合图 7.1 所示的概念，我们就能利用图 7.3 和图 7.4 来直观地说明第 6 章讲过的 NN 的前向传导算法，以及本节主要打算介绍的 CNN 的前向传导算法了。

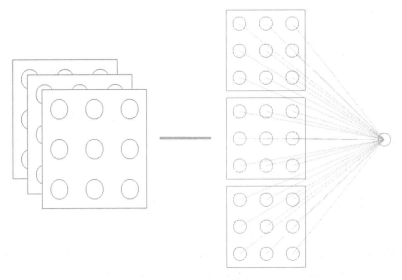

图7.3　NN的前向传导算法

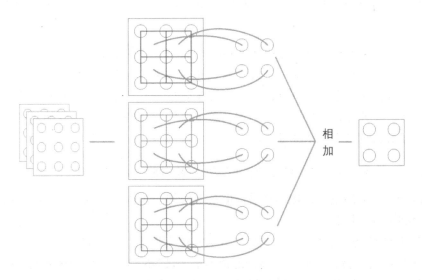

图7.4　CNN的前向传导算法

下面进行进一步的说明：

- 对于一个3×3×3的输入，可以把它拆分成 3 个3×3的输入的堆叠（如果把

$3 \times 3 \times 3$ 的输入看成是一个"图像"的话，可以把拆分后的 3 个输入看成是该图像的 3 个"频道"；对于原始输入来讲，这 3 个频道通常就是 RGB 通道）。

- 由于 NN 是全连接的，所以输入的所有信息都会直接输入给下一层的某个神经元。
- 由于 CNN 是局部连接、共享权值的，一个合理的做法就是给拆分后的每个"频道"分配一个共享的"局部视野"（注意图 7.4 中三个"频道"中间都有 4 个相同颜色的正方形，且三个频道中正方形的颜色彼此不同，这就是局部共享视野的意义）。我们通常会把这三个局部视野视为一个整体，并把它称为一个 Kernel 或一个 Filter。
- 图 7.4 中我们用的是 2×2 的局部视野，该局部视野从相应频道左上看到右上，然后看左下、最后看右下，这个过程中一共看了四次，每看一次就会生成一个输出。所以三个局部视野会分别在对应的频道上生成四个输出，亦即一个 Kernel（或说一个Filter）会生成 3 个 2×2 的输出，将它们直接相加就得到了该 Kernel 的最终输出——一个 2×2 的频道。

上面最后提到的"左上→右上→左下→右下"这个"看"的过程其实就是所谓的"卷积"，这也正是卷积神经网络名字的由来。卷积本身的数学定义要比上面这个简单的描述要繁复得多，但幸运的是，实现和应用 CNN 本身并不需要具备这方面的数学理论知识（当然如果想开发更好的 CNN 结构与算法的话，是需要进行相关研究的，不过这些都已超出本书的内容范围了）。

注意：图 7.4 中的情形为只有一个 Kernel 的情形，通常来说在实际应用中、我们会使用几十甚至几百个 Kernel 以期望网络能够学习出更好的特征——这是因为一个 Kernel 会生成一个频道，几十、几百个 Kernel 就意味着会生成几十、几百个频道，由此可以期待这大量不同的频道能够对数据进行足够强的描述（要知道原始数据可只有 3 个频道）。

不难根据上文和第 6 章内容总结出 NN 和 CNN 目前为止的异同。

- NN 和 CNN 的主要结构都是层，但是 NN 的层结构是一维的（$1 \times n_i$），CNN 的层结构是高维的。
- NN 处理的一般是"线性"的数据，CNN 则从直观上更适合处理"结构性的"数据。
- NN 层结构间会有权值矩阵作为连接的桥梁，CNN 则没有层结构之间的权值矩阵，取而代之的是层结构本身的局部视野。该局部视野会在前向传导算法中与层结构进行卷积运算来得到结果，并会直接将这个结果（或将被激活函数作用后的结果）传给下一层。因此我们常称 NN 中的层结构为"普通层"，称 CNN 中拥有局部视野的层结构为"卷积层"。

可以看出，CNN 与 NN 区别之关键正在于 "卷积" 二字。虽然卷积的直观形式比较简单，但是它的实现却并不简单。常用的解决方案有如下两种：

- 将卷积步骤变换成比较大规模的矩阵相乘。
- 利用快速傅里叶变换（Fast Fourier Transform，FFT）求解。

展开叙述它们需要用到比较深的知识，所以从略。

最后介绍 Stride 和 Padding 的概念。Stride 可以翻译成 "步长"，它描述了局部视野在频道上的 "浏览速度"。设想现在有一个 5×5 的频道，而我们的局部视野是 2×2 的，那么不同 Stride 下的表现将如图 7.5 和图 7.6 所示（只以第一排为例）。

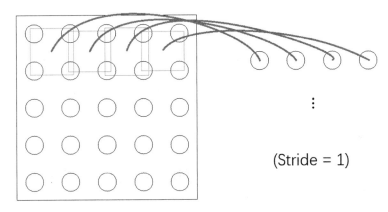

图7.5　5×5 的Channel，2×2 的Kernel，Stride = 1

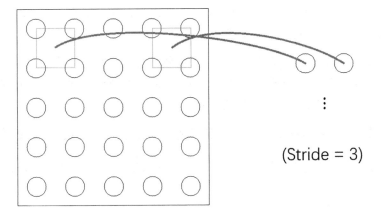

图7.6　5×5 的Channel，2×2 的Kernel，Stride = 3

可以看到图 7.5 中局部视野每次前进"一步"，而图 7.6 中的局部视野每次会前进"三步"。

Padding 可以翻译成"填充"，其存在意义有许多种解释，一种最好理解的就是——它能保持输入和输出的频道形状一致。注意到无论是图 7.4、图 7.5 还是图 7.6，输入频道在被卷积之后，输出的频道都会"缩小"一点。这样在经过相当有限的卷积操作后，输入就会变得过小而不适合再进行卷积，从而就会大大限制了整个网络结构的深度。Padding 正是这个问题的一种解决方案：它会在输入频道进行卷积之前，先在频道的周围"填充"上若干圈的"0"。设想现在有一个3×3的频道，而我们的局部视野也是3×3的，如果按照之前所说的卷积来做的话，不难想象输出将会是1×1的频道；不过如果我们将 Padding 设置为 1，亦即在输入的频道周围填充一圈 0 的话，那么卷积的表现将如图 7.7 所示。

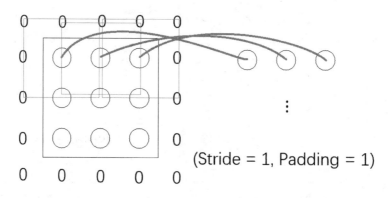

(Stride = 1, Padding = 1)

图7.7　3×3的Channel，3×3的Kernel，Stride = 1，Padding = 1

可以看到当我们在输入频道外面 Pad 上一圈 0 之后，输出就变成3×3的了，这为超深层 CNN 的搭建创造了可能性（比如有名的 ResNet）。

鉴于以上大多是在进行直观叙述，最后我们就来手动计算一个卷积过程以理解算法细节。同样假设输入频道是3×3的、局部视野也是3×3的、Stride 和 Padding 都为 1，且具体数值如图 7.8 所示（频道在左、局部视野在右）：

注意：这里我们用的 Kernel 其实就是比较有名的 x 方向的 Sobel 边缘算子。

由于步长是 1，所以卷积过程中生成第一排三个数的过程即如图 7.9 所示。

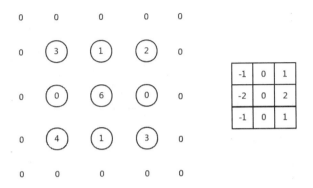

图7.8 输入Channel和Kernel的具体数值

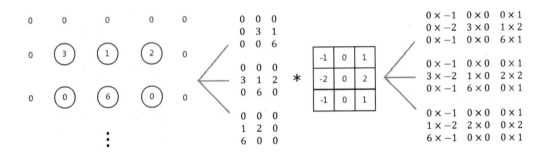

图7.9 卷积过程（1）

从而卷积所得的第一排的三个数分别为：

$$o_{11} = 0 + 0 + 0 + 0 + 0 + 2 + 0 + 0 + 6 = +8$$

$$o_{12} = 0 + 0 + 0 - 6 + 0 + 4 + 0 + 0 + 0 = -2$$

$$o_{13} = 0 + 0 + 0 - 2 + 0 + 0 - 6 + 0 + 0 = -8$$

剩下两排的卷积过程是类似的（如图 7.10 和图 7.11 所示）：

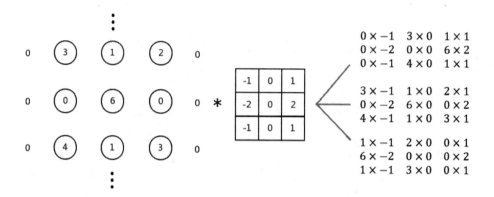

图7.10 卷积过程（2）

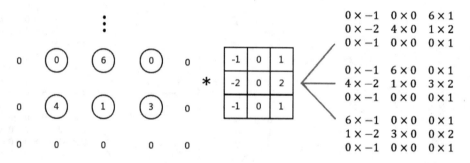

图7.11 卷积过程（3）

从而可以算出卷积所得的、剩下两排的六个数：

$$o_{21} = 0 + 0 + 1 + 0 + 0 + 12 + 0 + 0 + 1 = +14$$

$$o_{22} = -3 + 0 + 2 + 0 + 0 + 0 - 4 + 0 + 3 = -2$$

$$o_{23} = -1 + 0 + 0 - 12 + 0 + 0 - 1 + 0 + 0 = -14$$

$$o_{31} = 0 + 0 + 6 + 0 + 0 + 2 + 0 + 0 + 6 = +8$$

$$o_{32} = 0 + 0 + 0 - 8 + 0 + 6 + 0 + 0 + 0 = -2$$

$$o_{33} = -6 + 0 + 0 - 2 + 0 + 0 + 0 + 0 + 0 = -8$$

综上所述，完整的卷积过程即如图 7.12 所示。

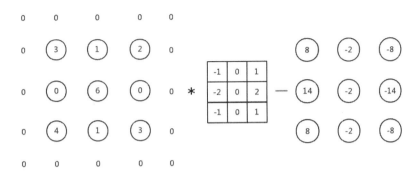

图7.12　卷积过程概述

7.1.3　全连接层（Fully Connected Layer）

全连接层常简称为 FC，它是可能会出现在 CNN 中的、一个比较特殊的结构；从名字就可以大概猜想到，FC 应该和普通层息息相关，事实上也正是如此。直观地说、FC 是连接卷积层和普通层的普通层，它将从父层（卷积层）那里得到的高维数据用类似于图 7.2 中的形式铺平以作为输入，进行一些非线性变换（用激活函数作用），然后将结果输进跟在它后面的各个普通层构成的系统中。该过程如图 7.13 所示。

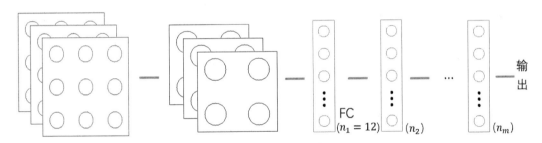

图7.13　FC示意图

图 7.13 中的 FC 一共有 $n_1 = 3 \times 2 \times 2 = 12$ 个神经元，自 FC 之后的系统其实就是第 6 章所介绍的 NN。换句话说，可以把 CNN 拆分成如下两块结构：

- 自输入开始、至 FC 终止的"卷积块"，组成卷积块的都是卷积层。
- 自 FC 开始、至输出终止的"NN 块"，组成 NN 块的都是普通层。

注意：值得一提的是，在许多常见的网络结构中，NN 块里都只含有 FC 这个普通层。

那么为什么 CNN 会有 FC 这个结构呢？或者问得更具体一点，为什么要将总体分成卷积块和 NN 块两部分呢？这其实从直观上来说非常好解释：卷积块中卷积的基本单元是局部视野，用它类比我们的眼睛的话，就是将外界信息翻译成神经信号的工具，它能将接收的输入中的各个特征提取出来；至于 NN（神经网络）块，则可以类比我们的神经网络（甚至类比我们的大脑），它能够利用卷积块得到的信号（特征）来做出相应的决策。概括地说，CNN 视卷积块为"眼"而视 NN 块为"脑"，眼脑结合则决策自成。用机器学习的术语来说，则卷积块为"特征提取器"，而 NN 块为"决策分类器"。

而事实上，CNN 的强大之处其实正在于其卷积块强大的特征提取能力上，NN 块甚至可以说只是用于分类的一个附属品而已。我们完全可以利用 CNN 将特征提取出来后，用前面几章介绍过的决策树、支持向量机等来进行分类这一步，而无须使用 NN 块。

7.1.4 池化（Pooling）

池化是 NN 中完全没有的，只属于 CNN 的特殊演算。虽然名字听上去可能有些高大上的感觉，但它的本质其实就是"对局部信息的总结"。常见的池化有如下两种：

- 极大池化（Max Pooling），它会输出接收到的所有输入中的最大值；
- 平均池化（Average Pooling），它会输出接收到的所有输入的均值。

池化过程其实与卷积过程类似，可以看成是局部视野对输入信息的转换，只不过卷积过程做的是卷积运算，池化过程做的是极大或平均运算而已。

不过池化与卷积有一点通常是差异较大的——池化的 Stride 通常会比卷积的 Stride 要大。比如对于一个 3×3 的输入频道和一个 3×3 的局部视野而言：

- 卷积常常选取 Stride 和 Padding 都为 1，从而输出频道是 3×3 的；
- 池化常常选取 Stride 为 2、Padding 为 1，从而输出频道是 2×2 的。

将 Stride 选大是符合池化的内涵的：池化是对局部信息的总结，所以自然希望池化能够将得到的信息进行某种"压缩处理"。如果将 Stride 选得比较小的话，总结出来的信息就很可能会产生"冗余"，这就违背了池化的本意。

不过为什么最常见的两种池化——极大池化和平均池化确实能够压缩信息呢？这主要是因为 CNN 一般处理的都是图像数据。由经验可知，图像在像素级间隔上的差异是很小的，这就为上述两种池化提供了一定的合理性。

不妨仍以图 7.8 中的输入频道来说明极大池化的具体过程（如图 7.14 所示，注意其中 Stride 为 2、Padding 为 1）：

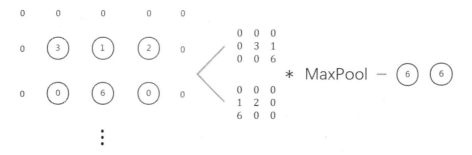

图7.14　池化过程（局部）

可以看到极大池化的过程看上去非常简单。不难想象完整的池化过程将如图 7.15 所示。

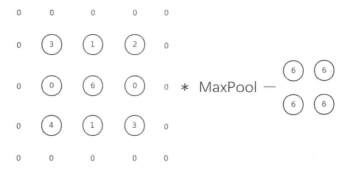

图7.15　池化过程概述

7.2　利用 TensorFlow 重写 NN

本节将会使用 TensorFlow 框架来重写我们第 6 章实现过的 NN，读者可能会需要知道 TensorFlow 的基本知识之后才能比较顺畅地阅读接下来的内容；如果对 TensorFlow 基本不了解的话、可以先参见附录章节中对 TensorFlow 的介绍。

7.2.1　反向传播算法

与 NN 类似，CNN 也有反向传播算法。不过遗憾的是，由于比 NN 多了许多特殊结构，CNN 的反向传播算法叙述起来将会非常烦琐。笔者认为如果不是要进行相应理论研究的话，可能并不需要知道 CNN 反向传播算法的相应细节。

回忆第 6 章的内容，不难得知反向传播算法的关键在于获取每一层各个参数的梯度。

既然如此，只要能够足够高效地获取相应梯度的话，我们就无须关注反向传播算法了。幸运的是，与许多其他深度学习框架一样，TensorFlow 框架能够通过其 Graph 结构帮我们足够快速地获取各个参数的梯度，而且 TensorFlow 甚至还封装了第 6 章我们讲过的所有优化器，以利用各个梯度来更新相应的参数。

鉴于 CNN 可以说是 NN 的延伸，所以我们拟先用 TensorFlow 将第 6 章的 NN 进行重写，然后再在其基础上扩展出 CNN 的功能。

7.2.2 重写 Layer 结构

使用 TensorFlow 来重写 NN 的流程和第 6 章我们介绍过的实现流程是差不多的，不过由于 TensorFlow 帮助我们处理了更新参数这一部分的细节，所以我们能增添许多功能，同时也能把接口写得更漂亮一些。

首先还是要来实现 NN 的基本单元——Layer 结构。鉴于 TensorFlow 能够自动获取梯度，同时考虑到要扩展出 CNN 的功能，需要做出如下微调：

- 对于激活函数，只用定义其原始形式，不必定义其导函数形式。
- 解决第 6 章遗留下来的、特殊层结构的实现问题。
- 要考虑当前层为 FC（全连接层）时的表现。
- 让用户可以选择是否给 Layer 加偏置量。

其中的第四点可能有些让人不明白：第 6 章不是刚说过，偏置量对破坏对称性是很重要的吗？为什么要让用户选择是否使用偏置量呢？这主要是因为特殊层结构中 Normalize 的特殊性会使偏置量显得冗余。具体细节会在后文讨论特殊层结构处进行说明，这里就暂时按下不表。

以下是 Layer 结构基类的具体代码：

代码 7-1　重写 Layer 结构的基类：g_CNN\Layers.py

```
01  import numpy as np
02  import tensorflow as tf
03  from math import ceil
04
05  class Layer:
06      """
07          初始化结构
08          self.shape: 记录该 Layer 和上个 Layer 所含神经元的个数，具体而言：
09              self.shape[0] = 上个 Layer 所含神经元的个数
```

```
10            self.shape[1] = 该 Layer 所含神经元的个数
11         self.is_fc、self.is_sub_layer：记录该 Layer 是否为 FC、特殊层结构的属性
12         self.apply_bias：记录是否对该 Layer 加偏置量的属性
13     """
14     def __init__(self, shape, **kwargs):
15         self.shape = shape
16         self.is_fc = self.is_sub_layer = False
17         self.apply_bias = kwargs.get("apply_bias", True)
18
19     def __str__(self):
20         return self.__class__.__name__
21
22     def __repr__(self):
23         return str(self)
24
25     @property
26     def name(self):
27         return str(self)
28
29     @property
30     def root(self):
31         return self
32
33     # 定义兼容特殊层结构和 CNN 的、前向传导算法的封装
34     def activate(self, x, w, bias=None, predict=False):
35         # 如果当前层是 FC、就需要先将输入 "铺平"
36         if self.is_fc:
37             x = tf.reshape(x, [-1, int(np.prod(x.get_shape()[1:]))])
38         # 如果是特殊的层结构，就调用相应的方法获得结果
39         if self.is_sub_layer:
40             return self._activate(x, predict)
41         # 如果不加偏置量的话，就只进行矩阵相乘和激活函数的作用
42         if not self.apply_bias:
43             return self._activate(tf.matmul(x, w), predict)
44         # 否则就进行 "最正常的" 前向传导算法
45         return self._activate(tf.matmul(x, w) + bias, predict)
46
47     # 前向传导算法的核心，留待子类定义
48     def _activate(self, x, predict):
49         pass
```

　　注意我们前向传导算法中多了一项 "predict" 参数，这主要是因为特殊层结构的训练过程和预测过程表现通常都会不一样，所以要加一个标注。该标注的具体意义会在后文进

行特殊层结构 SubLayer 的相关说明时体现出来，这里暂时按下不表。

在实现好基类后、就可以实现具体要用在神经网络中的 Layer 了。同样以 Sigmoid 激活函数对应的 Layer 为例：

```
50  class Sigmoid(Layer):
51      def _activate(self, x, predict):
52          return tf.nn.sigmoid(x)
```

得益于 TensorFlow 框架的强大，我们甚至连激活函数的形式都无须手写，因为它已经帮我们封装好了（事实上，绝大多数常用的激活函数在 TensorFlow 里面都有封装）。

7.2.3 实现 SubLayer 结构

这一小节我们将介绍如何利用 TensorFlow 框架实现第 6 章没有实现的特殊层结构——SubLayer，同时也会对十分常用的两种 SubLayer（Dropout、Normalize）做比第 6 章深入一些的介绍。

先来看看应该如何定义 SubLayer 的基类。

代码 7-2　实现 SubLayer 结构的基类：g_CNN\Layers.py

```
01  # 让 SubLayer 继承 Layer 以合理复用代码
02  class SubLayer(Layer):
03      """
04          初始化结构
05          self.shape：和 Layer 相应属性意义一致
06          self.parent：记录该 Layer 的父层的属性
07          self.description：用于可视化的属性，记录着对该 SubLayer 的"描述"
08      """
09      def __init__(self, parent, shape):
10          Layer.__init__(self, shape)
11          self.parent = parent
12          self.description = ""
13
14      # 辅助获取 Root Layer 的 property
15      @property
16      def root(self):
17          _root = self.parent
18          while _root.parent:
19              _root = _root.parent
20          return _root
21
```

```
22        @property
23        def info(self):
24            return "Layer : {:<16s} - {} {}".format(self.name, self.shape[1], self.description)
```

可以看到，得益于 TensorFlow 框架，本来难以处理的 SubLayer 的实现变得非常简洁清晰。在实现好基类后，就可以实现具体要用在神经网络中的 SubLayer 了，先来看 Dropout：

```
25    class Dropout(SubLayer):
26        # self._prob：训练过程中每个神经元被"留下"的概率
27        def __init__(self, parent, shape, drop_prob=0.5):
28            # 神经元被 Drop 的概率必须大于等于 0 和小于 1
29            if drop_prob < 0 or drop_prob >= 1:
30                raise ValueError(
31                    "(Dropout) Probability of Dropout should be a positive float smaller than 1")
32            SubLayer.__init__(self, parent, shape)
33            # 被"留下"的概率自然是 1 − 被 Drop 的概率
34            self._prob = tf.constant(1 - drop_prob, dtype=tf.float32)
35            self.description = "(Drop prob: {})".format(drop_prob)
36
37        def _activate(self, x, predict):
38            # 如果是在训练过程，那么就按照设定的、被"留下"的概率进行 Dropout
39            if not predict:
40                return tf.nn.dropout(x, self._prob)
41            # 如果是在预测过程，那么直接返回输入值即可
42            return x
```

第 6 章我们提到过，Dropout 的核心思想在于提高模型的泛化能力：它会在每次迭代中依概率去掉对应 Layer 的某些神经元，从而每次迭代中训练的都是一个小的神经网络。这个过程可以通过图 7.16 进行说明：

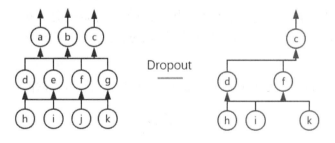

图 7.16　Dropout 过程

图 7.16 所示为当 drop_prob 为 50%（我们所设的默认值）时，Dropout 的一种可能的表现。左图所示为原网络，右图所示为 Dropout 后的网络，可以看到神经元 *a*、*b*、*e*、*g*、*j*

都被 Drop 了。

Dropout 过程的合理性需要概率论上一些理论的支撑，不过鉴于 TensorFlow 框架有封装好的相应函数，我们就不深入介绍其具体的数学原理，而仅仅说明其直观（以 drop_prob 为 50%为例，其余 drop_prob 的情况是同理的）：

- 在训练过程中，由于 Dropout 后留下来的神经元可以理解为"在 50%死亡概率下幸存"的神经元，所以将它们对应的输出进行"增幅"是合理的。具体而言，假设一个神经元n_i的输出本来是o_i，那么如果 Dropout 后它被留下来了的话，其输出就应该变成$o_i \times \frac{1}{50\%} = 2o_i$（换句话说，应该让带 Dropout 的期望输出和原输出一致：对于任一个神经元n_i，设 drop_prob 为p而其原输出为o_i，那么当带 Dropout 的输出为$o_i \times \frac{1}{p}$时，n_i的期望输出即为$p \times o_i \times \frac{1}{p} = o_i$）。

- 由于在训练时我们保证了神经网络的期望输出不变，所以在预测过程中我们还是应该让整个网络一起进行预测，而不进行 Dropout（关于这一点，原论文似乎也表示这是一种"经试验证明行之有效"的办法，而没有给出具体的原理层面的说明）。

接下来介绍 Normalize。Normalize 这个特殊层结构的学名叫 Batch Normalization，常简称为 BN；顾名思义，它用于对每个 Batch 对应的数据进行规范化处理。这样做的意义是直观的：对于 NN、CNN 乃至任何机器学习分类器来说，其目的可以说都是从训练样本集中学出样本在样本空间中的分布，从而可以用这个分布来预测未知数据所属的类别。如果不对每个 Batch 的数据进行任何操作的话，不难想象它们彼此对应的"极大似然分布（极大似然估计意义下的分布）"是各不相同的（因为训练集只是样本空间中的一个小抽样，而 Batch 又只是训练集的一个小抽样）；这样的话，分类器在接受每个 Batch 时都要学习一个新的分布，然后最后还要尝试从这些分布中总结出样本空间的总分布，这无疑是相当困难的。如果存在一种规范化处理方法能够使每个 Batch 的分布都贴近真实分布的话，对分类器的训练来说无疑是至关重要的。

传统的做法是对输入X进行第 1 章中提到过的归一化处理，亦即：

$$X = \frac{X - \bar{X}}{\text{std}(X)}$$

其中，$\bar{X}$表示X的均值，$\text{std}(X)$表示X的标准差（Standard Deviation）。这种做法虽然能保证输入数据的质量，但是却无法保证 NN 里面中间层输出数据的质量。试想 NN 中的第一个隐藏层L_2，它接收的输入$u^{(2)}$是输入层L_1的输出$v^{(1)} = \phi_1(u^{(1)})$和权值矩阵$w^{(1)}$相乘后，

加上偏置量 $b^{(1)}$ 后的结果；在训练过程中，虽然 $v^{(1)}$ 的质量有保证，但由于 $w^{(1)}$ 和 $b^{(1)}$ 在训练过程中会不断地被更新，所以 $u^{(2)} = v^{(1)} \times w^{(1)} + b^{(1)}$ 的分布其实仍然不断在变。换句话说，$u^{(2)}$ 的质量其实就已经没有保证了。

BN 打算解决的正是随着前向传导算法的推进，得到的数据的质量会不断变差的问题，它能通过对中间层数据进行某种规范化处理以达到类似对输入归一化处理的效果。事实上，回忆第 6 章的内容，我们已经提到过 Normalize 的核心思想是在于把父层的输出进行"归一化"了，下面我们就简单看看它具体是怎么做到这一点的。

首先需要指出的是，简单地将每层得到的数据进行上述归一化操作显然是不可行的，因为这样会破坏掉每层自身学到的数据特征。设想如果某一层 L_i 学到了"数据基本都分布在样本空间的边缘"这一特征，这时如果强行做归一化处理并把数据都中心化的话，无疑就摈弃了 L_i 所学到的、可能是非常有价值的知识。

为了使得中心化之后不破坏 Layer 本身学到的特征，BN 采取了一个简单却十分有效的方法：引入两个可以学习的"重构参数"，以期望能够从中心化的数据重构出 Layer 本身学到的特征。具体如下。

算法 7-1　BN 的前向传导算法

输入：某一层 L_i 在当前 Batch 上的输出 $v^{(i)}$、增强数值稳定性所用的小值 ϵ
过程：
（1）计算当前 Batch 的均值、方差：

$$\mu_i = \overline{v^{(i)}}$$

$$\sigma_i^2 = \left[\text{std}\left(v^{(i)} \right) \right]^2$$

（2）归一化：

$$\widehat{v^{(i)}} = \frac{v^{(i)} - \mu_i}{\sqrt{\sigma_i^2 + \epsilon}}$$

（3）线性变换：

$$y^{(i)} = \gamma \widehat{v^{(i)}} + \beta$$

输出：规范化处理后的输出 $y^{(i)}$

BN 的核心即在于 γ、β 这两个参数的应用上。关于如何利用反向传播算法来更新这两个参数的数学推导会稍显繁复，我们就不展开叙述了。取而代之，我们会直接利用

TensorFlow 来进行相关的实现。

需要指出的是，对于算法中均值和方差的计算其实还有一个被广泛使用的小技巧，该小技巧某种意义上可以说是用到了"动量"的思想：我们会分别维护两个储存"运行均值（Running Mean）"和"运行方差（Running Variance）"的变量。具体如下。

算法 7–2　BN 的前向传导算法（Momentum Ver.）

输入：某一层 L_i 在当前 Batch 上的输出 $v^{(i)}$、增强数值稳定性所用的小值 ϵ；动量值 m（一般取 $m = 0.9$）

过程：

首先要初始化 Running Mean、Running Variance 为 0 向量：

$$\mu_{run} = \sigma^2_{run} = 0$$

并初始化 γ、β 为 1、0 向量：

$$\gamma = 1, \qquad \beta = 0$$

然后进行如下操作：

（1）计算当前 Batch 的均值、方差：

$$\mu_i = \overline{v^{(i)}}$$

$$\sigma^2_i = \left[\text{std}\left(v^{(i)}\right)\right]^2$$

（2）利用 μ_i、σ^2_i 和动量值 m 更新 μ_{run}、σ^2_{run}：

$$\mu_{run} \leftarrow m \cdot \mu_{run} + (1 - m) \cdot \mu_i$$

$$\sigma^2_{run} \leftarrow m \cdot \sigma^2_{run} + (1 - m) \cdot \sigma^2_i$$

（3）利用 μ_{run}、σ^2_{run} 规范化处理输出：

$$\widehat{v^{(i)}} = \frac{v^{(i)} - \mu_{run}}{\sqrt{\sigma^2_{run} + \epsilon}}$$

（4）线性变换：

$$y^{(i)} = \gamma \widehat{v^{(i)}} + \beta$$

输出：规范化处理后的输出 $y^{(i)}$

最后提三点使用 Normalize 时需要注意的事项：

- 无论是算法 7-1 还是算法 7-2，BN 的训练过程和预测过程的表现都是不同的。具体而言，训练过程和算法中所叙述的一致，均值和方差都是根据当前 Batch 来计算的。但测试过程中的均值和方差不能根据当前 Batch 来计算，而应该根据训练样本集的某些特征来进行计算。对于算法 7-2 来说，μ_{run} 和 σ^2_{run} 天然就是很好的、可以用来当测试过程中的均值和方差的变量，对于算法 7-1 而言就需要额外的计算。

- 对于 Normalize 这个特殊层结构来说，偏置量是一个冗余的变量；这是因为规范化操作（去均值）本身会将偏置量的影响抹去，同时 BN 本身的 β 参数可以说正是破坏对称性的参数，它能比较好地完成原本偏置量所做的工作。
- Normalize 这个层结构是可以加在许多不同地方的（如图 7.17 所示的 A、B 和 C 处），原论文将它加在了 A 处，但其实现在很多主流的深层 CNN 结构都将它加在了 C 处。相对而言，加在 B 处的做法则会少一些。

$$u^{(i)} \quad \overset{A}{\to} \quad v^{(i)} = \phi_i\big(u^{(i)}\big) \quad \overset{B}{\to} \quad \text{Pool} \quad \overset{C}{\to}$$

图7.17　Normalize常见的附加位置

在基本了解了 Normalize 对应的 BN 算法之后，我们就可以着手进行实现了。

```
43  class Normalize(SubLayer):
44      """
45          初始化结构
46          self._eps：记录增强数值稳定性所用的小值的属性
47          self._activation：记录自身的激活函数的属性，主要是为了兼容图7.17 A的情况
48          self.tf_rm、self.tf_rv：记录μ_run、σ²_run的属性
49          self.tf_gamma、self.tf_beta：记录γ、β的属性
50          self._momentum：记录动量值m的属性
51      """
52      def __init__(self, parent, shape, activation="Identical", eps=1e-8, momentum=0.9):
53          SubLayer.__init__(self, parent, shape)
54          self._eps, self._activation = eps, activation
55          self.tf_rm = self.tf_rv = None
56          self.tf_gamma = tf.Variable(tf.ones(self.shape[1]), name="norm_scale")
57          self.tf_beta = tf.Variable(tf.zeros(self.shape[1]), name="norm_beta")
58          self._momentum = momentum
59          self.description = "(eps: {}, momentum: {})".format(eps, momentum)
60
61      def _activate(self, x, predict):
62          # 若μ_run、σ²_run还未初始化，则根据输入x进行相应的初始化
63          if self.tf_rm is None or self.tf_rv is None:
64              shape = x.get_shape()[-1]
65              self.tf_rm = tf.Variable(tf.zeros(shape), trainable=False, name="norm_mean")
66              self.tf_rv = tf.Variable(tf.ones(shape), trainable=False, name="norm_var")
```

```
67      if not predict:
68          # 利用 TensorFlow 相应函数计算当前 Batch 的举止、方差
69          _sm, _sv = tf.nn.moments(x, list(range(len(x.get_shape()) - 1)))
70          _rm = tf.assign(
71              self.tf_rm, self._momentum * self.tf_rm + (1 - self._momentum) * _sm)
72          _rv = tf.assign(
73              self.tf_rv, self._momentum * self.tf_rv + (1 - self._momentum) * _sv)
74          # 利用 TensorFlow 相应函数直接得到 Batch Normalization 的结果
75          with tf.control_dependencies([_rm, _rv]):
76              _norm = tf.nn.batch_normalization(
77                  x, _sm, _sv, self.tf_beta, self.tf_gamma, self._eps)
78      else:
79          _norm = tf.nn.batch_normalization(
80              x, self.tf_rm, self.tf_rv, self.tf_beta, self.tf_gamma, self._eps)
81      # 如果指定了激活函数，就再用相应激活函数作用在 BN 结果上以得到最终结果
82      # 这里只定义了 ReLU 和 Sigmoid 两种，如有需要可以很方便地进行拓展
83      if self._activation == "ReLU":
84          return tf.nn.relu(_norm)
85      if self._activation == "Sigmoid":
86          return tf.nn.sigmoid(_norm)
87      return _norm
```

7.2.4 重写 CostLayer 结构

在第 6 章中，为了整合特殊变换函数和损失函数以更高效地计算梯度，我们花了不少代码来做烦琐的封装；不过由于 TensorFlow 中已经有了这些封装好的、数值性质更优的函数，所以 CostLayer 的实现将会变得非常简单。

代码 7-3 重写 CostLayer：g_CNN\Layers.py

```
01  # 定义一个简单的基类
02  class CostLayer(Layer):
03      # 定义一个方法以获取损失值
04      def calculate(self, y, y_pred):
05          return self._activate(y_pred, y)
06
07  # 定义 Cross Entropy 对应的 CostLayer（整合了 Softmax 变换）
08  class CrossEntropy(CostLayer):
09      def _activate(self, x, y):
10          return tf.reduce_mean(tf.nn.softmax_cross_entropy_with_logits(logits=x, labels=y))
11
12  # 定义 MSE 准则对应的 CostLayer
13  class MSE(CostLayer):
```

```
14      def _activate(self, x, y):
15          return tf.reduce_mean(tf.square(x - y))
```

短短15行代码就实现了第6章用113行代码才实现的所有功能，由此可窥见TensorFlow框架的强大。

7.2.5 重写网络结构

由于 TensorFlow 重写的是算法核心部分，作为封装的网络结构其实并不用进行太大的变动；具体而言，整个网络结构需要做比较大的改动的地方只有如下两个：

- 初始化各个权值矩阵时，从初始化为 Numpy 数组改为初始化为 TensorFlow 数组，同时要注意兼容 CNN 的问题。
- 不用记录所有 Layer 的激活值，而只用关心输出 Layer 的输出值和 CostLayer 的损失值（在第 6 章中，我们是要记录所有中间结果以进行反向传播算法的）。

关于第一点我们会在后面介绍 CNN 的实现时进行说明，这里就仅看看第二点是怎么做到的。

```
01  # 定义一个只获取输出 Layer 的输出值的方法
02  def _get_rs(self, x, predict=True):
03      # 先获取第一层的激活值，并用一个 _cache 变量进行存储
04      _cache = self._layers[0].activate(x, self._tf_weights[0], self._tf_bias[0], predict)
05      # 遍历剩余的 Layer
06      for i, layer in enumerate(self._layers[1:]):
07          # 如果到了倒数第二层（输出层），就进行相应的处理并输出结果
08          if i == len(self._layers) - 2:
09              # 如果输出层是卷积层，就要把结果铺平
10              if isinstance(self._layers[-2], ConvLayer):
11                  _cache = tf.reshape(_cache, [-1, int(np.prod(_cache.get_shape()[1:]))])
12              if self._tf_bias[-1] is not None:
13                  return tf.matmul(_cache, self._tf_weights[-1]) + self._tf_bias[-1]
14              return tf.matmul(_cache, self._tf_weights[-1])
15          # 否则，进行相应的前向传导算法
16          _cache = layer.activate(_cache, self._tf_weights[i + 1], self._tf_bias[i + 1], predict)
```

注意：不难看出、get_rs 是兼容 CNN 的。

有了 get_rs 这个方法后，TensorFlow 下的网络结构的核心训练步骤就非常简洁了。

```
01  # 获取输出值
```

```
02   self._y_pred = self._get_rs(self._tfx, predict=False)
03   # 利用输出值和 CostLayer 的 calculate 方法、计算出损失值
04   self._cost = self._layers[-1].calculate(self._tfy, self._y_pred)
05   # 利用 Tensorflow 帮我们封装的优化器、直接定义出参数的更新步骤
06   self._train_step = self._optimizer.minimize(self._cost)
```

完整的，TensorFlow 版本的网络结构的代码可以参见 https://github.com/carefree0910/MachineLearning/blob/master/g_CNN/Networks.py，对其深入一些的介绍则在下一节的最后一小节中进行。此外，笔者对 TensorFlow 提供的诸多优化器做了一个简单的封装以兼容上一章实现的优化器的一些接口，具体的代码可以参见 https://github.com/carefree0910/MachineLearning/blob/master/g_CNN/Optimizers.py。

7.3　将 NN 扩展为 CNN

往简单里说，CNN 只是多了卷积层、池化层和 FC 的 NN 而已，虽然卷积、池化对应的前向传导算法和反向传播算法的高效实现都很不平凡，但得益于 TensorFlow 的强大，可以在仅仅知道它们思想的前提下进行相应的实现，因为 TensorFlow 能够帮我们处理大部分数学与技术上的细节。

7.3.1　实现卷积层

回忆我们说过的卷积层和普通层的性质，不难发现：它们的表现极其相似，区别大体上来说只在于如下三点。

- 普通层自身对数据的处理只有"激活"（$v^{(i)} = \phi_i(u^{(i)})$）这一个步骤，层与层（$L_i$、$L_{i+1}$）之间的数据传递则是通过权值矩阵、偏置量（$w^{(i)}$、$b^{(i)}$）和线性变换（$u^{(i+1)} = v^{(i)} \times w^{(i)} + b^{(i)}$）来完成的；卷积层自身对数据的处理则多了"卷积"这个步骤（通常来说是先卷积再激活：$v^{(i)} = \phi_i\left(\text{conv}(u^{(i)})\right)$），同时层与层之间的数据传递是直接传递的（$u^{(i+1)} = v^{(i)}$）。
- 卷积层自身多了 Kernel 这个属性，并因此带来了诸如 Stride、Padding 等属性；不过与此同时，卷积层之间没有权值矩阵。
- 卷积层和普通层的 shape 属性记录的东西不同，具体而言：
  - 普通层的 shape 记录着上个 Layer 和该 Layer 所含神经元的个数。

○ 卷积层的 shape 记录着上个卷积层的输出和该卷积层的 Kernel 的信息（注意卷积层的上一层必定还是卷积层）。

接下来就看看以下具体的实现。

代码 7-4　实现卷积层 ConvLayer：g_CNN\Layers.py

```
01  class ConvLayer(Layer):
02      """
03          初始化结构
04          self.shape: 记录着上个卷积层的输出和该 Layer 的 Kernel 的信息，具体而言：
05              self.shape[0] = 上个卷积层的输出的形状（频道数×高×宽）
06                  常简记为 self.shape[0] = (c, h^old, w^old)
07              self.shape[1] = 该卷积层 Kernel 的信息（Kernel 数×高×宽）
08                  常简记为 self.shape[1] = (f, h^new, w^new)
09          self.stride、self.padding: 记录 Stride、Padding 的属性
10          self.parent: 记录父层的属性
11      """
12      def __init__(self, shape, stride=1, padding="SAME", parent=None):
13          if parent is not None:
14              _parent = parent.root if parent.is_sub_layer else parent
15              shape = _parent.shape
16          Layer.__init__(self, shape)
17          self.stride = stride
18          # 利用 TensorFlow 里面对 Padding 功能的封装，定义 self.padding 属性
19          if isinstance(padding, str):
20              # "VALID"意味着输出的高、宽会受 Kernel 的高、宽影响，具体公式后面会说
21              if padding.upper() == "VALID":
22                  self.padding = 0
23                  self.pad_flag = "VALID"
24              # "SAME"意味着输出的高、宽与 Kernel 的高、宽无关，只受 Stride 的影响
25              else:
26                  self.padding = self.pad_flag = "SAME"
27          # 如果输入了一个整数，那么就按照 VALID 情形设置 Padding 相关的属性
28          else:
29              self.padding = int(padding)
30              self.pad_flag = "VALID"
31          self.parent = parent
32          if len(shape) == 1:
33              self.n_channels = self.n_filters = self.out_h = self.out_w = None
34          else:
35              self.feed_shape(shape)
36
```

```
37        # 定义一个处理 shape 属性的方法
38        def feed_shape(self, shape):
39            self.shape = shape
40            self.n_channels, height, width = shape[0]
41            self.n_filters, filter_height, filter_width = shape[1]
42            # 根据 Padding 的相关信息，计算输出的高、宽
43            if self.pad_flag == "VALID":
44                self.out_h = ceil((height - filter_height + 1) / self.stride)
45                self.out_w = ceil((width - filter_width + 1) / self.stride)
46            else:
47                self.out_h = ceil(height / self.stride)
48                self.out_w = ceil(width / self.stride)
```

上述代码的 43 到 48 行对应着下述两个公式，这两个公式在 TensorFlow 里面有着直接对应的实现：

- 当 Padding 设置为 VALID 时，输出的高、宽分别为：

$$h^{\text{out}} = \left\lceil \frac{h^{\text{old}} - h^{\text{new}} + 1}{\text{stride}} \right\rceil, \qquad w^{out} = \left\lceil \frac{w^{\text{old}} - w^{\text{new}} + 1}{\text{stride}} \right\rceil$$

  其中，符号"[]"代表"向上取整"，stride 代表步长。

- 当 Padding 设置为 SAME 时，输出的高、宽分别为：

$$h^{\text{out}} = \left\lceil \frac{h^{\text{old}}}{\text{stride}} \right\rceil, \qquad w^{out} = \left\lceil \frac{w^{\text{old}}}{\text{stride}} \right\rceil$$

同时不难看出，上述代码其实没有把 CNN 的前向传导算法囊括进去，这是因为考虑到卷积层会利用到普通层的激活函数，期望能够合理复用代码。所以期望能够把上述代码定义的 ConvLayer 和前文重写的 Layer 整合在一起以成为具体用在 CNN 中的卷积层，为此需要利用 Python 中一项比较高级的技术——元类。

```
49    class ConvLayerMeta(type):
50        def __new__(mcs, *args, **kwargs):
51            name, bases, attr = args[:3]
52            # 规定继承的顺序为 ConvLayer→Layer
53            conv_layer, layer = bases
54
55            def __init__(self, shape, stride=1, padding="SAME"):
56                conv_layer.__init__(self, shape, stride, padding)
57
58            # 利用 TensorFlow 的相应函数，定义计算卷积的方法
59            def _conv(self, x, w):
60                return tf.nn.conv2d(x, w, strides=[self.stride] * 4, padding=self.pad_flag)
```

```
61
62          # 依次进行卷积、激活的步骤
62          def _activate(self, x, w, bias, predict):
63              res = self._conv(x, w) + bias
64              return layer._activate(self, res, predict)
65
66          # 在正式进行前向传导算法之前，先要利用 TensorFlow 相应函数进行 Padding
67          def activate(self, x, w, bias=None, predict=False):
68              if self.pad_flag == "VALID" and self.padding > 0:
69                  _pad = [self.padding] * 2
70                  x = tf.pad(x, [[0, 0], _pad, _pad, [0, 0]], "CONSTANT")
71              return _activate(self, x, w, bias, predict)
72          # 将打包好的类返回
73          for key, value in locals().items():
74              if str(value).find("function") >= 0:
75                  attr[key] = value
76          return type(name, bases, attr)
```

关于元类的使用说明会放在附录章节中进行，有需要的读者可以先行阅读相应部分。

在定义好基类和元类后，定义实际应用在 CNN 中的卷积层就非常简洁了。以在深度学习中应用最广泛的 ReLU 卷积层为例：

```
77   class ConvReLU(ConvLayer, ReLU, metaclass=ConvLayerMeta):
78       pass
```

其中只需注意不要把 ConvLayer 和 ReLU 的继承顺序弄反即可。

7.3.2 实现池化层

池化层比起卷积层而言要更简单一点：对于最常见的两种池化——极大池化和平均池化而言，它们所做的只是取输入的极大值和均值而已，本身并没有可以更新的参数。所以对池化层而言，我们无须维护其 Kernel，而只用定义相应的池化方法（极大、平均）即可。因此我们要求用户在调用池化层时，只提供"高"和"宽"而不提供"Kernel 个数"。

注意： Kernel 个数从数值上来说与输出频道个数一致，所以对于池化层的实现而言，我们应该直接用输入频道数来赋值 Kernel 数，因为池化不会改变数据的频道数。

代码 7-5　实现池化层 ConvPoolLayer：g_CNN\Layers.py

```
01   class ConvPoolLayer(ConvLayer):
02       def feed_shape(self, shape):
```

```
03          shape = (shape[0], (shape[0][0], *shape[1]))
04          ConvLayer.feed_shape(self, shape)
05
06      def activate(self, x, w, bias=None, predict=False):
07          pool_height, pool_width = self.shape[1][1:]
08          # 处理 Padding
09          if self.pad_flag == "VALID" and self.padding > 0:
10              _pad = [self.padding] * 2
11              x = tf.pad(x, [[0, 0], _pad, _pad, [0, 0]], "CONSTANT")
12          # 利用 self._activate 方法进行池化
13          return self._activate(None)(
14              x, ksize=[1, pool_height, pool_width, 1],
15              strides=[1, self.stride, self.stride, 1], padding=self.pad_flag)
16
17      def _activate(self, x, *args):
18          pass
```

同样的，由于 TensorFlow 已经帮助我们做好了封装，可以直接调用相应的函数来完成极大池化和平均池化的实现。

```
19  # 实现极大池化
20  class MaxPool(ConvPoolLayer):
21      def _activate(self, x, *args):
22          return tf.nn.max_pool
23
24  # 实现平均池化
25  class AvgPool(ConvPoolLayer):
26      def _activate(self, x, *args):
27          return tf.nn.avg_pool
```

7.3.3 实现 CNN 中的特殊层结构

在 CNN 中同样有 Dropout 和 Normalize 这两种特殊层结构。它们的表现和 NN 中相应特殊层结构的表现是完全一致的，区别只在于作用的对象不同。

我们知道，CNN 每一层数据的维度要比 NN 中每一层数据的维度多一维：一个典型的 NN 中每一层的数据通常是 $N \times p \times q$ 的，而 CNN 则通常是 $N \times p \times q \times r$ 的，其中 r 是当前数据的频道数。为了让适用于 NN 的特殊层结构适配于 CNN，一个自然而合理的做法就是将 r 个频道的数据当作一个整体来处理，或者说将 CNN 中 r 个频道的数据放在一起并视为 NN 中的一个神经元。这样做的话，就能通过简易的封装来直接利用我们对 NN 定义的特殊层结构。封装的过程则仍要用到元类。

代码 7-6　实现 CNN 中的特殊层结构：g_CNN\Layers.py

```
01  # 定义作为封装的元类
02  class ConvSubLayerMeta(type):
03      def __new__(mcs, *args, **kwargs):
04          name, bases, attr = args[:3]
05          conv_layer, sub_layer = bases
06
07          def __init__(self, parent, shape, *_args, **_kwargs):
08              conv_layer.__init__(self, None, parent=parent)
09              # 与池化层类似、特殊层输出数据的形状应保持与输入数据的形状一致
10              self.out_h, self.out_w = parent.out_h, parent.out_w
11              sub_layer.__init__(self, parent, shape, *_args, **_kwargs)
12              self.shape = ((shape[0][0], self.out_h, self.out_w), shape[0])
13              # 如果是 CNN 中的 Normalize，则要提前初始化好γ、β
14              if name == "ConvNorm":
15                  self.tf_gamma = tf.Variable(tf.ones(self.n_filters), name="norm_scale")
16                  self.tf_beta = tf.Variable(tf.zeros(self.n_filters), name="norm_beta")
17
18          # 利用 NN 中特殊层结构的相应方法获得结果
19          def _activate(self, x, predict):
20              return sub_layer._activate(self, x, predict)
21
22          def activate(self, x, w, bias=None, predict=False):
23              return _activate(self, x, predict)
24          # 将打包好的类返回
25          for key, value in locals().items():
26              if str(value).find("function") >= 0 or str(value).find("property"):
27                  attr[key] = value
28          return type(name, bases, attr)
29
30  # 定义 CNN 中的 Dropout，注意继承顺序
31  class ConvDrop(ConvLayer, Dropout, metaclass=ConvSubLayerMeta):
32      pass
33
34  # 定义 CNN 中的 Normalize，注意继承顺序
35  class ConvNorm(ConvLayer, Normalize, metaclass=ConvSubLayerMeta):
36      pass
```

7.3.4　实现 LayerFactory

我们在前三小节讲述了 CNN 中卷积层、池化层和特殊层的实现，这一小节我们将介绍如何定义一个简单的工厂来"生产"NN 中的层和前文介绍的这些层，以方便进行应用（与

第 6 章 6.5.6 中生产优化器的工厂差不多）。

代码 7-7　实现 LayerFactory：g_CNN\Layers.py

```
01  class LayerFactory:
02      # 使用一个字典记录下所有的 Root Layer
03      available_root_layers = {
04          "Tanh": Tanh, "Sigmoid": Sigmoid,
05          "ELU": ELU, "ReLU": ReLU, "Softplus": Softplus,
06          "Identical": Identical,
07          "CrossEntropy": CrossEntropy, "MSE": MSE,
08          "ConvTanh": ConvTanh, "ConvSigmoid": ConvSigmoid,
09          "ConvELU": ConvELU, "ConvReLU": ConvReLU, "ConvSoftplus": ConvSoftplus,
10          "ConvIdentical": ConvIdentical,
11          "MaxPool": MaxPool, "AvgPool": AvgPool
12      }
13      # 使用一个字典记录下所有的特殊层
14      available_special_layers = {
15          "Dropout": Dropout,
16          "Normalize": Normalize,
17          "ConvDrop": ConvDrop,
18          "ConvNorm": ConvNorm
19      }
20      # 使用一个字典记录下所有特殊层的默认参数
21      special_layer_default_params = {
22          "Dropout": (0.5,),
23          "Normalize": ("Identical", 1e-8, 0.9),
24          "ConvDrop": (0.5,),
25          "ConvNorm": ("Identical", 1e-8, 0.9)
26      }
```

以上是一些准备工作，如果由于特殊需求（比如想实验某种激活函数是否好用）实现了新的 Layer 的话，就需要更新上面对应的字典。

接下来看看如下核心的方法。

```
27      # 定义根据"名字"获取（Root）Layer 的方法
28      def get_root_layer_by_name(self, name, *args, **kwargs):
29          # 根据字典判断输入的名字是否是 Root Layer 的名字
30          if name in self.available_root_layers:
31              # 若是，则返回相应的 Root Layer
32              layer = self.available_root_layers[name]
33              return layer(*args, **kwargs)
34          # 否则返回 None
```

```
35        return None
36
37  # 定义根据"名字"获取（任何）Layer 的方法
38  def get_layer_by_name(self, name, parent, current_dimension, *args, **kwargs):
39      # 先看输入的是否是 Root Layer
40      _layer = self.get_root_layer_by_name(name, *args, **kwargs)
41      # 若是，直接返回相应的 Root Layer
42      if _layer:
43          return _layer, None
44      # 否则，就根据父层和相应字典进行初始化后，返回相应的特殊层
45      _current, _next = parent.shape[1], current_dimension
46      layer_param = self.special_layer_default_params[name]
47      _layer = self.available_special_layers[name]
48      if args or kwargs:
49          _layer = _layer(parent, (_current, _next), *args, **kwargs)
50      else:
51          _layer = _layer(parent, (_current, _next), *layer_param)
52      return _layer, (_current, _next)
```

至此，所有 CNN 会用到的和层结构相关的东西就已经全部实现完毕了，接下来只需在网络结构上做一些简单的更新后，CNN 的实现便大功告成了。

7.3.5　扩展网络结构

将网络结构迁移到 TensorFlow 框架中并扩展出 CNN 的功能这个过程，虽然不算困难却也相当烦琐。本小节将会节选出其中比较重要的部分进行说明，对于其余和第 6 章实现的网络结构几乎一致的地方则不再进行注释或叙述。

首先是初始化，由于我们使用的是 TensorFlow 框架，所以相应变量名的前面会一概加上"tf"两个字母。

代码 7-7　扩展网络结构：g_CNN\Networks.py

```
01  class NN(ClassifierBase):
02      def __init__(self):
03          super(NN, self).__init__()
04          self._layers = []
05          self._optimizer = None
06          self._current_dimension = 0
07          self._available_metrics = {
08              key: value for key, value in zip(["acc", "f1-score"], [NN.acc, NN.f1_score])
09          }
10          self.verbose = 0
```

```
11          self._metrics, self._metric_names, self._logs = [], [], {}
12          self._layer_factory = LayerFactory()
13          # 定义 TensorFlow 中的相应变量
14          self._tfx = self._tfy = None                    # 记录每个 Batch 的样本、标签的属性
15          self._tf_weights, self._tf_bias = [], []        # 记录 w、b 的属性
16          self._cost = self._y_pred = None                # 记录损失值、输出值的属性
17          self._train_step = None                         # 记录 "参数更新步骤" 的属性
18          self._sess = tf.Session()                       # 记录 Tensorflow Session 的属性
```

然后我们要解决的就是上一节最后遗留下来的、在初始化各个权值矩阵时要把从初始化为 Numpy 数组改为初始化为 TensorFlow 数组，同时要注意兼容 CNN 的问题：

```
19          # 利用 Tensorflow 相应函数初始化参数
20          @staticmethod
20          def _get_w(shape):
21              initial = tf.truncated_normal(shape, stddev=0.1)
22              return tf.Variable(initial, name="w")
23
24          @staticmethod
25          def _get_b(shape):
26              return tf.Variable(np.zeros(shape, dtype=np.float32) + 0.1, name="b")
27
28          # 做一个初始化参数的封装，要注意兼容 CNN
29          def add_params(self, shape, conv_channel=None, fc_shape=None, apply_bias=True):
30              # 如果是 FC 的话，就要根据铺平后数据的形状来初始化数据
31              if fc_shape is not None:
32                  w_shape = (fc_shape, shape[1])
33                  b_shape = shape[1],
34              # 如果是卷积层的话，就要定义 Kernel 而非权值矩阵
35              elif conv_channel is not None:
36                  if len(shape[1]) <= 2:
37                      w_shape = shape[1][0], shape[1][1], conv_channel, conv_channel
38                  else:
39                      w_shape = (shape[1][1], shape[1][2], conv_channel, shape[1][0])
40                  b_shape = shape[1][0],
41              # 其余情况和普通 NN 无异
42              else:
43                  w_shape = shape
44                  b_shape = shape[1],
45              self._tf_weights.append(self._get_w(w_shape))
46              if apply_bias:
47                  self._tf_bias.append(self._get_b(b_shape))
48              else:
```

```
49          self.tf_bias.append(None)
50
51      # 由于特殊层不会用到 w 和 b，所以要定义一个生成占位符的方法
52      def _add_param_placeholder(self):
53          self.tf_weights.append(tf.constant([.0]))
54          self.tf_bias.append(tf.constant([.0]))
```

以上就是和 NN 中网络结构相比有比较大改动的地方，其余的部分则都是一些琐碎的细节。完整的代码可以参见 https://github.com/carefree0910/MachineLearning/blob/master/g_CNN/Networks.py。功能更为齐全、在许多细节上都进行了优化的版本，则可以参见 https://github.com/carefree0910/MachineLearning/blob/master/NN/TF/Networks.py。

7.4　CNN 的性能

本节将会通过解决一个具体问题——图像分类来分析 CNN 的性能（最终的成品可以参见 https://github.com/carefree0910/ImageRecognition）。本节用到的数据集可以在 http://pan.baidu.com/s/1bQGSKQ 下载到，读者也可以使用自己的图片数据集并尝试走一遍与本节相同的过程来亲自体会 CNN 的效果。

7.4.1　问题描述

本节我们用到的数据集是节选自 ImageNet 等著名机器学习图片素材库的数据集，它一共包含了 19 类的图片，依次为 "Airplane"、"Car"、……"World Cup"。需要做的事情描述起来很简单：训练一个模型，要求它能够判断一张图片所属的类别。

在正式着手解决任务之前，需要对数据集有个大致的认知。在粗略地浏览完所有 19 个类别的图片之后，不难发现第一个难点：各个类别的图片大小通常并不一致，甚至同一类别中各个图片大小有时也不一致。这里就会有两种解决方案：

- 统一所有图片的大小——太大的缩小，太小的放大；
- 对不同大小的图片应用不同的分类器，最后通过某种手段把这些分类器组合起来。

第二种解决方案显得烦琐且未必有效，所以我们选用第一种解决方案。考虑到数据集中最小的图片为 $3 \times 64 \times 64$ 的，以该大小为统一的大小来处理不失为一个简明有力的做法。

7.4.2 搭建 CNN 模型

将所有图片都处理成 3 × 64 × 64 的之后，就可以开始建立模型并训练了。由简入繁，可以先搭建一个如图 7.18 所示的 CNN 模型。

```
==============================
Structure
------------------------------
Input  : Dimension  - (3, 64, 64)
Layer  : ConvReLU      - (6, 5, 5)      - strides: 1 - padding: VALID ( 0) - out: (6, 60, 60)
Layer  : MaxPool       - (6, 2, 2)      - strides: 2 - padding: SAME    - out: (6, 30, 30)
Layer  : ConvReLU      - (16, 5, 5)     - strides: 1 - padding: VALID ( 0) - out: (16, 26, 26)
Layer  : MaxPool       - (16, 2, 2)     - strides: 2 - padding: SAME    - out: (16, 13, 13)
Layer  : ReLU          - 120
Layer  : ReLU          - 84
Cost   : CrossEntropy
------------------------------
```

图7.18　一个简单的CNN模型（LeNet）

该模型的结构即为"CNN 的鼻祖"——LeNet 的网络结构。虽说简单，但是它已含有现代 CNN 网络中的所有基本组件：卷积层、池化层、FC，等等。

不过由于我们要解决的问题并不简单，所以上述模型还是有些过于无力。其训练曲线和损失曲线如图 7.19 和图 7.20 所示。

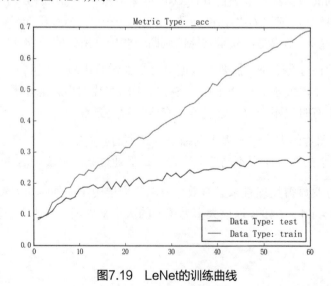

图7.19　LeNet的训练曲线

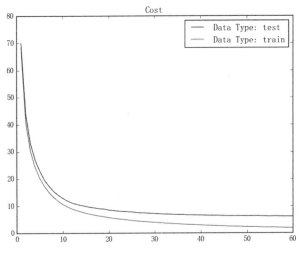

图7.20　LeNet的损失曲线

　　可以看到：在测试集上的准确率只有 28% 左右，这显然是无法接受的；为了切实完成任务，我们必须对模型做出适当的改进。一个比较自然的想法就是将网络结构变得更"深"，并期望能够通过深层次的特征提取来区分不同类别的图片。著名的 AlexNet 正是初步应用了"加深"这一思想，并使用了类似于图 7.21 所示的结构。

```
==============================
Structure
------------------------------
Input : Dimension - (3, 64, 64)
Layer : ConvReLU      - (96, 11, 11)  - strides: 1 - padding: VALID ( 0) - out: (96, 54, 54)
Layer : MaxPool       - (96, 3, 3)    - strides: 2 - padding: SAME      - out: (96, 27, 27)
Layer : ConvReLU      - (256, 5, 5)   - strides: 1 - padding: VALID ( 0) - out: (256, 23, 23)
Layer : MaxPool       - (256, 3, 3)   - strides: 2 - padding: SAME      - out: (256, 12, 12)
Layer : ConvReLU      - (384, 3, 3)   - strides: 1 - padding: VALID ( 0) - out: (384, 10, 10)
Layer : ConvReLU      - (384, 3, 3)   - strides: 1 - padding: VALID ( 0) - out: (384, 8, 8)
Layer : ConvReLU      - (256, 3, 3)   - strides: 1 - padding: SAME      - out: (256, 8, 8)
Layer : MaxPool       - (256, 3, 3)   - strides: 2 - padding: SAME      - out: (256, 4, 4)
Layer : ReLU          - 4096
Layer : ReLU          - 4096
Layer : ReLU          - 1000
Cost  : CrossEntropy
------------------------------
```

图7.21　AlexNet结构示意图

注意：原始 AlexNet 接收的输入是 $3 \times 227 \times 227$ 的，为了让它兼容 $3 \times 64 \times 64$ 的输入，我们做了一些参数上的调整，不难想象这样做出来的效果会比较差。如果想用 AlexNet 达到好的效果的话，在图像处理的第一步时就应该将图片大小统一为 $3 \times 227 \times 227$，而不是 $3 \times 64 \times 64$。但那样的话，一般的笔记本电脑甚至台式电脑都将无法进行相应的训练，所以本节仍然将图片大小统一为了 $3 \times 64 \times 64$。

不难从图 7.21 中看出，所谓的"深"包括了如下两点：

- 加多卷积层的堆叠数目；
- 加多每个卷积层的 Kernel 数目。

其中，庞大的 Kernel 数目在使得我们能够更期望 AlexNet 学出更好的特征的同时，也使得 AlexNet 成为了一个看上去比较简单、实则非常庞大的网络。在通常的笔记本电脑的 GPU 上，根本无法进行相应训练。值得一提的是，相对于 LeNet 而言，AlexNet 除了在网络结构上加大加深以外，还做了包括但不限于如下两点的重要改进。

- 增强数据（Data Augmentation）：将数据集进行"增强"，以期望获得质量、数量都更优的数据集，常见的做法包括但不限于：

  ○ 对图片进行水平翻转；
  ○ 对图片的光泽、色泽进行变换；
  ○ 将一张较大的图片通过随机裁剪，来获得若干张小一点的图片。

- 应用 Dropout：这一点的意义在前文讨论 Dropout 时已有说明，这里不再赘述。

AlexNet 的训练曲线和损失曲线如图 7.22 和图 7.23 所示。

可以发现，测试集准确率达到了 50% 左右。虽然这比 LeNet 要好不少，但仍然不足以令人满意。同时由训练集准确率达到了 90% 来看，模型已经存在着非常严重的过拟合现象。

既然如此，自然就会想问这么两个问题：是否是因为网络过深才导致了过拟合呢？是否能够定义比 AlexNet 更深的结构呢？对后者的答案是肯定的——著名的 VGG 即为在 AlexNet 的基础上将"深"做得更进一步的网络，其结构大致如图 7.24 所示。

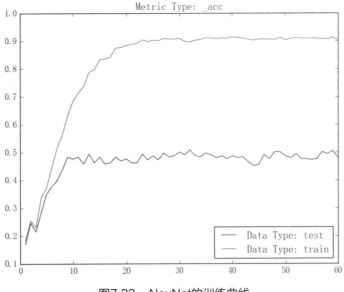

图7.22 AlexNet的训练曲线

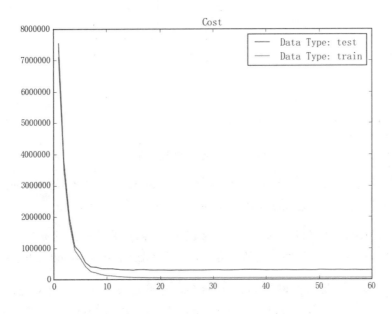

图7.23 AlexNet的损失曲线

```
==============================
Structure
------------------------------
Input : Dimension - (3, 64, 64)
Layer : ConvReLU      - (64, 3, 3)     - strides: 1 - padding: SAME    - out: (64, 64, 64)
Layer : ConvReLU      - (64, 3, 3)     - strides: 1 - padding: SAME    - out: (64, 64, 64)
Layer : MaxPool       - (64, 2, 2)     - strides: 2 - padding: SAME    - out: (64, 32, 32)
Layer : ConvReLU      - (128, 3, 3)    - strides: 1 - padding: SAME    - out: (128, 32, 32)
Layer : ConvReLU      - (128, 3, 3)    - strides: 1 - padding: SAME    - out: (128, 32, 32)
Layer : MaxPool       - (128, 2, 2)    - strides: 2 - padding: SAME    - out: (128, 16, 16)
Layer : ConvReLU      - (256, 3, 3)    - strides: 1 - padding: SAME    - out: (256, 16, 16)
Layer : ConvReLU      - (256, 3, 3)    - strides: 1 - padding: SAME    - out: (256, 16, 16)
Layer : ConvReLU      - (256, 3, 3)    - strides: 1 - padding: SAME    - out: (256, 16, 16)
Layer : ConvReLU      - (256, 3, 3)    - strides: 1 - padding: SAME    - out: (256, 16, 16)
Layer : MaxPool       - (256, 2, 2)    - strides: 2 - padding: SAME    - out: (256, 8, 8)
Layer : ConvReLU      - (512, 3, 3)    - strides: 1 - padding: SAME    - out: (512, 8, 8)
Layer : ConvReLU      - (512, 3, 3)    - strides: 1 - padding: SAME    - out: (512, 8, 8)
Layer : ConvReLU      - (512, 3, 3)    - strides: 1 - padding: SAME    - out: (512, 8, 8)
Layer : ConvReLU      - (512, 3, 3)    - strides: 1 - padding: SAME    - out: (512, 8, 8)
Layer : MaxPool       - (512, 2, 2)    - strides: 2 - padding: SAME    - out: (512, 4, 4)
Layer : ConvReLU      - (512, 3, 3)    - strides: 1 - padding: SAME    - out: (512, 4, 4)
Layer : ConvReLU      - (512, 3, 3)    - strides: 1 - padding: SAME    - out: (512, 4, 4)
Layer : ConvReLU      - (512, 3, 3)    - strides: 1 - padding: SAME    - out: (512, 4, 4)
Layer : ConvReLU      - (512, 3, 3)    - strides: 1 - padding: SAME    - out: (512, 4, 4)
Layer : MaxPool       - (512, 2, 2)    - strides: 2 - padding: SAME    - out: (512, 2, 2)
Layer : ReLU          - 4096
Layer : ReLU          - 4096
Layer : ReLU          - 1000
Cost  : CrossEntropy
------------------------------
```

图7.24　VGG结构示意图

可以发现：除了更深以外，VGG 网络中使用的 Kernel 全是 3×3 的 Kernel，这种行为背后有一系列的理论分析，这里就不展开叙述了。

注意：原始 VGG 接收的输入是 $3 \times 224 \times 224$ 的，同时为了防止过拟合，VGG 还做了其余的一些优化，感兴趣的读者可以参见 https://arxiv.org/pdf/1409.1556.pdf。

而将"深"发挥到极致的网络当属 ResNet，它通过某些手段（Residual Learning、Bottleneck Design 等，详情可参见 https://arxiv.org/pdf/1512.03385.pdf）在不会过拟合的前提下，将网络深度撑到了 152 层（时至今日甚至已有突破千层的 ResNet）；囿于篇幅，我们就不在这里展示其结构了。

综合以上若干著名网络的结构，再考虑到设备和数据集等因素的限制，不妨依样画葫芦般地定义如图 7.25 所示的结构。

```
==============================
Structure
------------------------------
Input : Dimension  - (3, 64, 64)
Layer : ConvReLU    - (32, 3, 3)   - strides: 1 - padding: SAME    - out: (32, 64, 64)
Layer : ConvReLU    - (32, 3, 3)   - strides: 1 - padding: SAME    - out: (32, 64, 64)
Layer : MaxPool     - (32, 3, 3)   - strides: 2 - padding: SAME    - out: (32, 32, 32)
Layer : ConvNorm    - (32, 3, 3)   - strides: 1 - padding: SAME    - out: (32, 32, 32)
Layer : ConvDrop    - (32, 3, 3)   - strides: 1 - padding: SAME    - out: (32, 32, 32)
Layer : ConvReLU    - (64, 3, 3)   - strides: 1 - padding: SAME    - out: (64, 32, 32)
Layer : ConvReLU    - (64, 3, 3)   - strides: 1 - padding: SAME    - out: (64, 32, 32)
Layer : AvgPool     - (64, 3, 3)   - strides: 2 - padding: SAME    - out: (64, 16, 16)
Layer : ConvNorm    - (64, 3, 3)   - strides: 1 - padding: SAME    - out: (64, 16, 16)
Layer : ConvDrop    - (64, 3, 3)   - strides: 1 - padding: SAME    - out: (64, 16, 16)
Layer : ConvReLU    - (128, 3, 3)  - strides: 1 - padding: SAME    - out: (128, 16, 16)
Layer : ConvReLU    - (128, 3, 3)  - strides: 1 - padding: SAME    - out: (128, 16, 16)
Layer : AvgPool     - (128, 3, 3)  - strides: 2 - padding: SAME    - out: (128, 8, 8)
Layer : ConvNorm    - (128, 3, 3)  - strides: 1 - padding: SAME    - out: (128, 8, 8)
Layer : ConvDrop    - (128, 3, 3)  - strides: 1 - padding: SAME    - out: (128, 8, 8)
Layer : ConvReLU    - (256, 3, 3)  - strides: 1 - padding: SAME    - out: (256, 8, 8)
Layer : ConvReLU    - (256, 3, 3)  - strides: 1 - padding: SAME    - out: (256, 8, 8)
Layer : AvgPool     - (256, 3, 3)  - strides: 2 - padding: SAME    - out: (256, 4, 4)
Layer : ConvNorm    - (256, 3, 3)  - strides: 1 - padding: SAME    - out: (256, 4, 4)
Layer : ConvDrop    - (256, 3, 3)  - strides: 1 - padding: SAME    - out: (256, 4, 4)
Layer : ConvReLU    - (512, 3, 3)  - strides: 1 - padding: SAME    - out: (512, 4, 4)
Layer : ConvReLU    - (512, 3, 3)  - strides: 1 - padding: SAME    - out: (512, 4, 4)
Layer : ConvNorm    - (512, 3, 3)  - strides: 1 - padding: SAME    - out: (512, 4, 4)
Layer : ConvDrop    - (512, 3, 3)  - strides: 1 - padding: SAME    - out: (512, 4, 4)
Layer : ConvReLU    - (512, 3, 3)  - strides: 1 - padding: SAME    - out: (512, 4, 4)
Layer : ConvReLU    - (512, 3, 3)  - strides: 1 - padding: SAME    - out: (512, 4, 4)
Layer : AvgPool     - (512, 4, 4)  - strides: 1 - padding: VALID  ( 0) - out: (512, 1, 1)
Cost  : CrossEntropy
------------------------------
```

图7.25　自定义CNN模型

这个结构兼顾了"深"和"可训练性"，同时应用了诸如 Dropout、Normalize 这样的特殊层以及 Global Average Pooling（有时被简称为 GAP）的思想。GAP 是于 2015 年被 Min Lin

等人首先提出来的，它的核心思想在于使用一个平均池化层来代替卷积块后的全连接层。我们会在下一小节简要说明这种做法的合理性，详细的说明则可以参见 https://arxiv.org/pdf/1312.4400.pdf。

我们自定义的 CNN 模型的训练曲线和损失曲线，则如图 7.26 和图 7.27 所示。

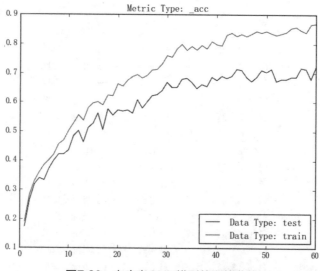

图7.26　自定义CNN模型的训练曲线

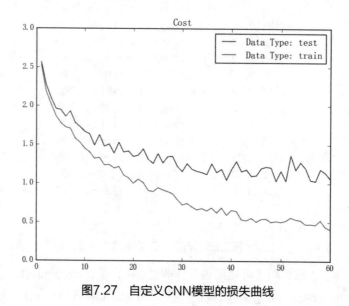

图7.27　自定义CNN模型的损失曲线

可以看到，测试集上的准确率已经能达到 70% 左右。这并不特别令人满意，但是已经能让我们基于它进行一些分析了。

7.4.3　模型分析

图像分类问题在当今时代可以说已经是 CNN 的天下了，那么这之中的原因到底是什么呢？如果要进行精炼的概括的话，大致可以归结为如下两点：

- 卷积层特别适合提取图像的特征。
- 神经网络是非常强力的多分类器。

其中我们在第 6 章已经或多或少地展示了神经网络的分类能力，这一小节我们主要就来分析卷积层的特征提取能力。

卷积层作为特征提取器的第一个优点就是它的参数量非常少，这一点和普通层相比的话尤为突出：不妨设现在有个 64×64 的输入频道，且我们期望输出的频道也是 64×64 的；对于卷积层而言，假设其有 64 个 Kernel 且每个 Kernel 的形状为 4×4，那么其参数个数即为 $64 \times 4 \times 4 = 1024$；反观普通层，在输入、输出给定的情况下，其参数个数即为输入、输出之间的权值矩阵的大小、亦即 $(64 \times 64) \times (64 \times 64) = 4096^2 = 16777216$，这足足是卷积层参数个数的 16384 倍。其实这同时也说明了 GAP 的合理性：回忆上一小节说明过的 AlexNet 和 VGG，它们最后都用了 $4096 + 4096 + 1000$ 的普通层组合，这里面的参数量甚至和之前卷积块的参数量加起来差不多；而 GAP 在最后通过单一的平均池化层就能做到类似甚至更优的结果，其意义不言而喻。

卷积层自身的特性也意味着它适合处理图像，这一点已经在第一节中作了不少说明。为了拥有更好的直观，可以看看如图 7.25 所示的自定义 CNN 模型的一些中间结果（如图 7.28 所示）。

其中位于最左的都是原图，从左数第二张图开始、从左到右依次为我们 CNN 第一、第二层卷积层、第三层池化层和第四层 Normalize 层的输出经过可视化后的结果。可以看到：第一层卷积层会大致地将原图"拓印"下来，且不同的 Kernel（对应着不同的小方块）"拓印"的"侧重点"已经有所不同，这意味着不同的 Kernel 确实在提取着图像的不同特征。到第二层卷积层和第三层（极大）池化层时，图像已经开始变得有些模糊；到第四层 Normalize 层时，有些 Kernel 已经开始提取出我们肉眼无法辨认的、高层次的特征了。由此可以期待：到最后若干层时，CNN 会将非常抽象的高维特征进行提取。

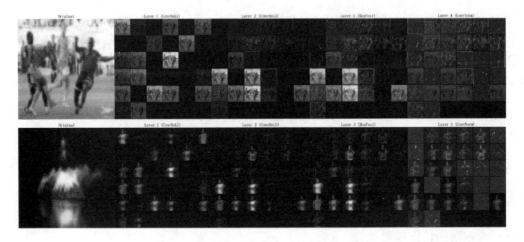

图7.28　自定义CNN模型的可视化

作为对比，下面放出 LeNet 和 AlexNet 对应的可视化结果（如图 7.29 和图 7.30 所示）：

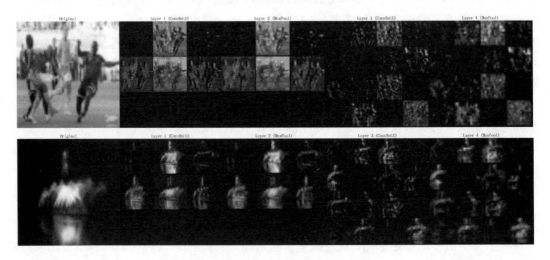

图7.29　LeNet的可视化

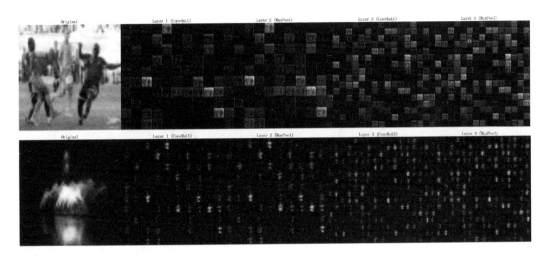

图7.30　AlexNet的可视化

可以看出相比起我们自定义的 CNN 模型而言，LeNet 和 AlexNet 特征提取的效果要差上不少（特征不清晰、区分度不大等等），这从直观上解释了为何最终结果会差那么多。

注意：这并非意味着我们自定义的 CNN 模型就要比 LeNet 和 AlexNet 更优，该结果只能说明在当前这个特定问题下，我们具有针对性地设计要比适用于其他场合的 LeNet 和 AlexNet 更好而已（尤其是对要求输入图像为$3 \times 224 \times 224$的 AlexNet 而言）。

虽说以上这些图能够给我们"CNN 是如何提取特征的"这一问题以直观的解释，但究竟提取出来的高维特征具有怎样的优越性这一点，我们暂时还没能有一个直观的感受，为此可以利用 t-SNE 算法进行高维特征的可视化（高维特征的提取方法会马上在接下来的小节中进行说明，这里暂时按下不表）。t-SNE 是一个能相当有效地将高维数据进行降维（通常是降到 2 维）的算法，虽然其原理的描述相当繁复，但有许多机器学习库（比如 sklearn）都能直接调用它。鉴于 t-SNE 算法本身和机器学习关系不大，细节就不在此进行说明了。感兴趣的读者可参见 https://en.wikipedia.org/wiki/Tdistributed_stochastic_neighbor_embedding 或 http://distill.pub/2016/misread-tsne/。其结果则如图 7.31 所示。

其中从左往右依次是 LeNet、AlexNet 和自定义 CNN 模型的可视化结果。可以看出对 LeNet 和 AlexNet 来说提取出来的特征都还不够好，至少并不能通过单纯应用 t-SNE 算法来进行区分；而对于我们自定义的 CNN 来说，提取出来的特征看上去已相当不错。

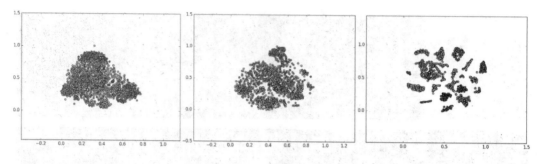

图7.31　高维图像特征的可视化

7.4.4　应用 CNN 的方法

我们在前文已经反复强调过：CNN 的强大之处更多的在于其卷积块的特征提取能力。虽然我们在上一小节做了一些简易的可视化以进行说明，但对于如何应用这一点却还没有进行相应的叙述，因此这一小节我们将主要说明如何利用 CNN 强大的特征提取能力。

虽说要从理论上保证合理性可能不太容易，但单从思想上来说，利用 CNN 进行特征提取的方法是很直观的：将卷积块中的最后一层（通常是一个池化层）当作输出层，并把此时（铺平后的）模型的输出当成是提取出来的特征（这样提取出来的特征有时被称为 Bottleneck Features）。以 LeNet、AlexNet 和我们自定义的 CNN 模型为例，由图 7.18、图 7.21 和图 7.25 可知，卷积块最后一层输出的 Kernel 的个数分别为 16、256 和 512，大小则分别为 13×13、4×4 和 1×1。所以 LeNet、AlexNet 和我们自定义的 CNN 模型提取出来的 Bottleneck Features 的维度就分别是（$16 \times 13 \times 13 =$）2704、（$256 \times 4 \times 4 =$）4096 和（$512 \times 1 \times 1 =$）512。

从实现的角度来说，想提取出 Bottleneck Features 并不困难——只需将前向传导算法中的循环体提前终止，或限定循环范围即可：

```
01    # 参数 idx 控制模型的输出层位置，默认为整个模型的最后一层
02    def _get_rs(self, x, predict=True, idx=-1):
03        _cache = self._layers[0].activate(x, self._tf_weights[0], self._tf_bias[0], predict)
04        # 限定循环范围，以控制输出层的位置
05        idx = idx + 1 if idx >= 0 else len(self._layers) + idx + 1
06        for i, layer in enumerate(self._layers[1:idx]):
```

后面的实现则与之前试想的 get_rs 方法的相应部分完全相同，故不进行赘述。

那么在有了 Bottleneck Features 之后，我们就能拿前面若干章介绍过的分类器来进行分类了。为简便起见，我们统一采用如图 7.32 所示的 NN 模型作为分类器来进行实验。

```
==============================
Structure
------------------------------
Input  :  Dimension  -
Layer  :  ReLU          - 1024
Layer  :  Normalize     - 1024 (eps: 1e-08, momentum: 0.9, activation: Identical)
Layer  :  Dropout       - 1024 (Drop prob: 0.5)
Layer  :  ReLU          - 1024
Layer  :  Normalize     - 1024 (eps: 1e-08, momentum: 0.9, activation: Identical)
Layer  :  Dropout       - 1024 (Drop prob: 0.5)
Layer  :  ReLU          - 512
Layer  :  Normalize     - 512 (eps: 1e-08, momentum: 0.9, activation: Identical)
Layer  :  Dropout       - 512 (Drop prob: 0.5)
Cost   :  CrossEntropy
------------------------------
Initial Values
------------------------------
(      ReLU      ) w_std:    0.001 ; b_init:      0.0
(      ReLU      ) w_std:    0.001 ; b_init:      0.0
(      ReLU      ) w_std:    0.001 ; b_init:      0.0
------------------------------
```

图7.32　实验中使用的NN模型的结构

其中输入数据的维度会随所用的特征提取器的不同而不同（LeNet——2704 维，AlexNet——4096 维，自定义 CNN——512 维），所以图 7.33 中没有给出具体的数值。以上模型在如图 7.18、图 7.21 和图 7.25 所示的 LeNet、AlexNet 和自定义 CNN 提取出来的特征上的表现分别如图 7.33、图 7.34 和图 7.35 所示（左为训练曲线、右为损失曲线）。

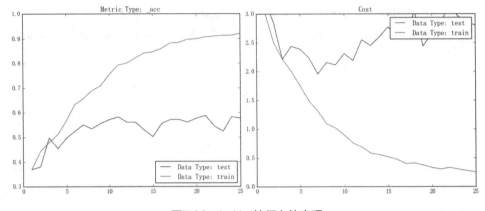

图7.33　LeNet特征上的表现

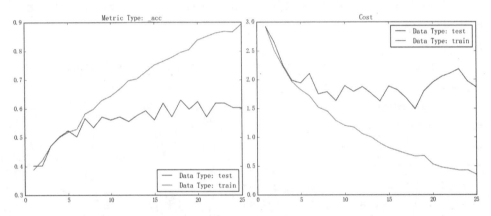

图7.34　AlexNet特征上的表现

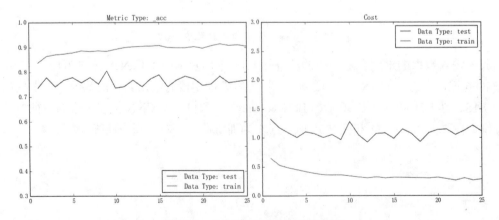

图7.35　自定义CNN特征上的表现

可以看出，在使用 NN 对提取出来的 Bottleneck Features 进行训练后，LeNet 和 AlexNet 对应的测试集准确率都提升到了 60%左右，自定义 CNN 对应的测试集准确率则提升到了 75%左右，这比单纯地使用 CNN 来进行分类的结果要好不少。这从某些方面说明了 CNN 的强大之处确实不在于其分类能力，而在于其提取特征的能力。

7.4.5　Inception

在本节的最后我们打算介绍一类特殊而强大的 CNN：Inception（GoogLeNet），其第一代模型——Inception v1 是由 Google 于 2014 年在论文 *Going deeper with convolutions*（论文地址：https://arxiv.org/pdf/1409.4842.pdf）中提出来的。Inception 结构的最大亮点在于它使用了一种叫做"Inception Module"的结构，其目的在于利用密集矩阵的高计算性能的同时，保持网络结构的稀疏性以提高模型的泛化能力。

注意：Dropout 正是一种通过保持网络结构稀疏性以提高网络性能的特殊结构。

原论文中有两幅图很好地说明了 Inception Module 的构造（如图 7.36 所示）。

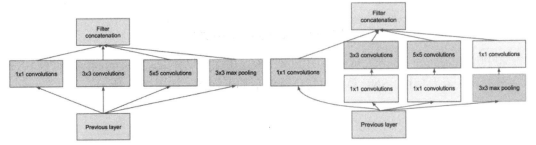

(a) Inception module, naïve version　　　(b) Inception module with dimension reductions

图7.36　Inception Module的朴素版（左图）与改进版（右图）

选用这种结构的具体原因可以参见原论文，这里仅说明几点直观的原因：

- 采用不同大小的 Kernel，是为了提取"不同视野"下的特征。
- 右图中黄色的（第 2 层的右边方框，第 3 层的中间 2 个方框）、1×1 大小的 Kernel 是为了降维。
- 3×3 和 5×5 的 Kernel 因其"视野"更大，所以当网络越深、特征越抽象，从而导致特征涉及的感受野越大时，这两种 Kernel 就会越显重要。

Inception v1 一共有 22 层、但它的计算量却并没有增加太多，这都得益于它们巧妙地设计了 Inception Module 这一个特殊的密集块结构。如果要用一句话来概括 Inception v1 的工作的话，大概就是通过构建密集的块结构（Inception Module）来近似最优的稀疏网络结构，从而能在不增加太多计算开销的同时将性能拔高。

在笔者落笔的这一刻，Inception 系列的网络已经发展到了 Inception-ResNet-v2——一个和 ResNet 进行了整合的结构。不过考虑到稳定性和网络规模，在本节中我们打算使用 Inception 系列中一个表现稳定、大小适中且性能优异的结构：Inception v3 来进行实验。Inception v3 的结构如图 7.37 所示（引用了 TensorFlow 的"官方图"来进行展示，原图地址为 https://github.com/tensorflow/models/blob/master/inception/g3doc/inception_v3_architecture.png）：

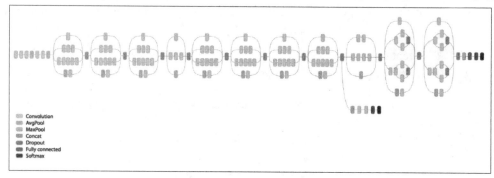

图7.37　Inception v3的结构

拟利用 Inception v3 来完成本节的主要任务，由此可以体会到 Inception 系列网络的强大之处。首先看看使用 t-SNE 算法对特征降维后的可视化（如图 7.38 所示）。

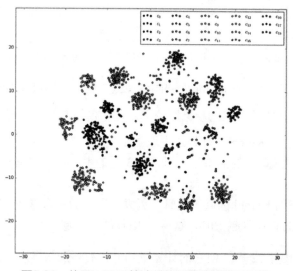

图7.38　使用t-SNE算法对特征降维后的可视化

可以看到比起图 7.31 所示的诸多高维特征而言，Inception v3 所提取出来的高维特征（2048 维）要漂亮很多。同样利用图 7.33 所示的 NN 模型训练该高维特征的话，结果将如图 7.39 所示。

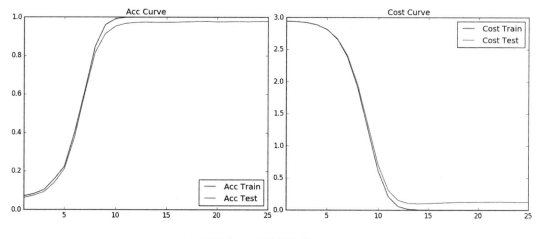

图7.39 v3特征上的表现

可以看到测试集上的准确率达到了 97.5%左右，该结果可以说已经相当令人满意。

鉴于图像识别可以算作一个比较现实的问题，笔者利用 Inception v3 写了一个小的项目，该小项目支持解决任意种类的图像分类问题且调用起来也相当方便；此外，我们还写了一个简易的可视化以辅助认知模型的分类能力。该小项目的 GitHub 地址为 https://github.com/carefree0910/MachineLearning/tree/master/_Dist/ImageRecognition 或 https://github.com/carefree0910/ImageRecognition/tree/master（前者为嵌入式版本，后者为独立版本），感兴趣的读者可以下载下来，并尝试对不同图像数据集进行分类，以更好地认知 Inception v3 的强大之处。

当然除了图像相关的任务以外，CNN 还在许多其他的领域中大放异彩：比如自然语言处理（Natural Language Processing，NLP）、人工智能（比如在围棋领域占尽风头的 AlphaGo 和 Master），等等。正如最近在机器学习界流传甚广的一句话所说："在当今时代，如果有一个星期不跟踪最新的技术，就会有种过时了的感觉"，CNN 在未来很有可能会在更多的、数不胜数的地方施展身手，让我们拭目以待！

7.5 本章小结

- 相比起 NN 的全连接来说，CNN 使用了局部视野和权值共享，这使得 CNN 更适合处理结构性的数据（比如图像）。

- TensorFlow 框架能帮助我们处理梯度并更新参数，这可以给实现带来极大的便利。

- CNN 大体上可分为"卷积块"与"NN 块"两部分，其中卷积块为特征提取器、NN 块为"附带"的分类器。

- 相比 NN 而言，CNN 的参数量会少很多，这也是许多近现代的 CNN 网络不采用全连接层而采用全局平均池化层（GAP）的原因之一。

- CNN 的强大之处更多在于其提取特征的能力而非分类的能力，使用 CNN 进行特征提取后，再使用其他模型（比如 NN）进行相应的训练是一种常见的做法。事实上，这种做法有个学名叫做"迁移学习（Transfer Learning）"，感兴趣的读者可以参见 http://journalofbigdata.springeropen.com/articles/10.1186/s40537-016-0043-6。

附录 A
Python 入门

本附录为 Python 的一个简明教程。虽然我们会努力做到零基础者也能跟上的程度，但是如果有其余编程经验的话，阅读本附录的过程将会顺畅许多。此外，由于我们的目的重在应用，所以本附录不会太深入追究诸如"如何写 Python 代码才会更高效"这种偏底层的问题，有需要的读者可以参见相应的专业书籍。

本附录将会涵盖如下内容。

- 简要实现第 4 章提到过、然后基本贯穿了本书所有实现的 ClassifierBase 基类，以此来对 Python 的基本语句和面向对象的思想有一个大致的认知。
- 简要介绍 Python 中的装饰器（Decorator）。
- 简要介绍 Python 中相对而言比较"高级"的功能——元类（Meta Class），以此作为第 7 章中相应实现（ConvLayerMeta、ConvSubLayerMeta）的补充说明。

A.1　简要实现 ClassifierBase

Python 的简要介绍在第 1 章已经进行过了，这里我们就直接进入正题。首先我们来看 Python 中基本的数据类型和数据操作，它们是构成所有程序的根基。

01　# 整数、浮点数（俗称"小数"）类型

```
02   x = 1          # 将整数 1 赋予了变量 x
03   y = 2.5        # 将浮点数 2.5 赋予了变量 y
04   # 加、减、乘、除（这里的 print 是 Python 自带的函数，它会将结果输出到屏幕上）
05   print(x + y)    # 将会输出 3.5
06   print(x - y)    # 将会输出 -1.5
07   print(x * y)    # 将会输出 2.5
08   print(x / y)    # 将会输出 0.4
09   # 布尔类型（俗称"真、假"类型）
10   t = True
11   f = False
12   # 逻辑运算
13   print(t and f)    # 逻辑"与"，将会输出 False
14   print(t or f)     # 逻辑"或"，将会输出 True
15   print(not t)      # 逻辑"非"，将会输出 False
16   print(not f)      # 逻辑"非"，将会输出 False
17   # 字符串类型
18   python = "Python"
19   ad = "And"
20   ml = "Machine Learning"
21   # 字符串操作
22   print(python + " " + ad + " " + ml)    # 字符串拼接，将会输出"Python And Machine Learning"
23   print("{} {} {}".format(python, ad, ml))    # 格式化字符串，format 后面跟的三个变量将会依次填
24                        # 入之前的三个大括号中。
25                        # 同样将会输出"Python And Machine Learning"
```

注意：第 19 行之所以不用"and"作为变量名，是因为 and 是 Python 内置的变量名（逻辑"与"），不使用内置变量名作为自己的变量名这条准则是对几乎所有编程语言都通用的。

字符串操作本身是一个相当繁复的话题，详情可以参见官方文档（Python3.5 版本的）：https://docs.python.org/3.5/library/stdtypes.html#string-methods。

接下来介绍 Python 的一些数据结构，它们是构建所有模型的齿轮。首先是列表（List）：

```
26   # 列表，存储一系列元素的容器
27   x = [1, 2, 3]      # 定义一个存储了 1、2、3 的数组
28   print(x[0])        # 输出数组的第 1 位
29                      # 注意：对于包括 Python 在内的许多编程语言来说、0 才是"万物之始"
30   print(x[-1])       # 输出数组的倒数第 1 位（负数代表着"倒数"）
31   x[0] = 0           # 将数组的第 1 位改成 0（此时 x = [0, 2, 3]）
32   x.append(4)        # 向数组中加一个数字 4（此时 x = [0, 2, 3, 4]）
33   x.pop()            # 将数组最后一位"挖出来"（此时 x = [0, 2, 3]）
```

```
34    x.pop(0)                # 将数组第 1 为"挖出来"（此时 x = [2, 3]）
35    print(x[:1])            # 输出数组直到第 1 位的内容，将会输出"[2]"
36    print(x[1:2])           # 输出数组从第 2 位到第 2 位的内容，将会输出"[3]"
37    for n in x:             # 遍历数组
38        print(n)            # 将会依次输出 2、3
```

更多关于列表的操作方法可以参见官方文档：https://docs.python.org/3.5/tutorial/data structures.html#more-on-lists，这里就仅介绍一种比较"优雅"的、初始化列表的方法——列表内涵（List Comprehensions）：

```
01    # 粗暴地定义"比原数组每个数大 1 的数组"方法
02    base = [0, 1, 2]
03    plus_one = []
04    for n in base:
05        plus_one.append(n + 1)
06    # 优雅的方法——列表内涵
07    base = [0, 1, 2]
08    plus_one = [n + 1 for n in base]
```

然后是元组（Tuple）。往简单地说，元组其实就是"不可变"的列表，它的提取操作和列表几乎一致，但一旦你定义好一个元组之后，你就无法再对其构成进行更改（至少 Python 希望你不再对其构成进行更改）。

注意：当元组构成中有数组时、我们是可以更改元组中的数组成分的，但这不符合元组本身的意义、所以我们应该要尽量避免。

继而是集合（Set）。集合可以理解为"没有重复元素"的列表，其简要用法如下。

```
39    # 集合，存储一系列元素（且保证没有重复）的容器
40    numbers = {1, 2, 3, 1}     # 由于集合会保证无重复、所以 numbers 将会是{1, 2, 3}
41    # 判断一个元素是否在集合中
42    print(1 in numbers)        # 将会输出 True
43    print(4 in numbers)        # 将会输出 False
44    # 往集合中加入一个元素
45    numbers.add(4)             # 将 4 加进 numbers 中，此时 numbers = {1, 2, 3, 4}
```

更多关于集合的操作方法可以参见官方文档：https://docs.python.org/3.5/library/stdtypes. html#set-types-set-frozenset。这里仅指出：与列表类似，集合也有遍历和内涵等操作方法。

最后是字典（Dictionary）。顾名思义，字典这个数据结构能够让我们通过某个"查询码（Key）"来查询到我们想要的"目标值（Value）"，其简要用法如下：

```
46   numbers = {1: "small", 100: "big"}
47   # 根据 Key 来提取 Value
48   print("{} {}".format(numbers[1], number[100]))   # 将会输出"small big"
49   # 加入一组 Key、Value
50   numbers[1000] = "very big"
51   # 判断一个 Key 是否在字典中
52   print(200 in numbers)          # 将会输出 False
```

更多关于字典的操作方法可以参见官方文档：https://docs.python.org/3.5/library/stdtypes.html#dict。这里仅指出：与集合类似，字典中的 Key 是不能重复的；同时与列表类似，字典也有遍历和内涵等操作方法。

以上我们就对 Python 中一些基本的部件做了简要介绍，接下来我们将要介绍 Python 中两种基本的骨架——函数和类。

首先来看函数（Function）。所谓函数，可以把它理解为"一系列行为的集结"。它的存在意义是直观的：通过将具有普适性功能的代码封装进一个函数，可以通过在不同的地方调用该函数来做到重复利用代码的效果。

在 Python 中，我们是通过 def 关键字来定义函数的，一个简单的例子如下：

```
53   # 定义一个输出数字大小的函数
54   def big_or_small(num):
55       # 如果数字小于等于 50、则输出"small"
56       if num <= 50:
57           print("small")
58       # 否则、输出"big"
59       else:
60           print("big")
```

更多关于 Python 中函数的知识可以参见官方文档：https://docs.python.org/3.5/tutorial/controlflow.html#defining-functions。同时我们还在函数体中用到了"if"、"else"这两个关键字，虽说它们的功用非常直观，不过阅读相应的官方文档将会加深对它们的理解：https://docs.python.org/3.5/reference/compound_stmts.html#if。

然后来看我们本节的"重头戏"——类（Class）。虽说提起类就不得不说到面向对象编程，不过考虑到面向对象编程是一个能够单独出书的话题，这里我们无法详细地展开说明；取而代之，我们仅叙述其直观的意义：想象我们的程序需要一千个工人，这一千个工人除了性别以外，其他表现都完全一致。如果我们一个个地去实现这一千个工人的功能的话，无疑会造成大量的时间浪费，而面向对象则允许我们通过以下三步来完成实现。

- 定义一个叫"人"的类，它涵盖了所有除了性别以外的功能。
- 定义两个分别叫"男人"、"女人"的类，它们"继承"了"人"的功能，并分别在其基础上增添了和性别相关的功能。
- 从"男人"或"女人"类中"生产出"1000 个工人。

上述步骤的代码实现如下：

```python
61   # 定义"人"类
62   class Person:
63       # 初始化时需要给"人"分配一个名字 name
64       # 工作时长 working_time 则留给"男人"和"女人"去分开定义
65       def __init__(self, name):
66           self.name = name
67           self.working_time = None
68
69       # 定义一个方法，它能输出工作时长
70       def work(self):
71           print(self.working_time)
72
73   # 定义"男人"类，它需要"继承""人"类
74   class Man(Person):
75       def __init__(self, name):
76           # 调用"人"类的初始化方法以完成继承
77           Person.__init__(self, name)
78           # 定义工作时长
79           self.working_time = 8
80
81   # 定义"女人"类，它需要"继承""人"类
82   class Woman(Person):
83       def __init__(self, name):
84           # 调用"人"类的初始化方法以完成继承
85           Person.__init__(self, name)
86           # 定义工作时长
87           self.working_time = 6
```

更多关于 Python 中类的知识可以参见官方文档：https://docs.python.org/3.5/tutorial/classes.html。

在进行了一系列简要的基础介绍后，我们就可以来看第 4 章中提到的 ClassifierBase 究竟应该如何实现了。顾名思义，ClassifierBase 理应实现一些所有分类器都会用到的、非常普适性的方法，包括但不限于：

- 定义一个计算准确率的函数；
- 根据预测方法（predict）和上述函数，输出某个数据集上的准确率；
- 定义一系列魔术方法，以使我们的自定义类表现得更"原生态"一些。

以下就给出以上三点所对应的、简易的代码实现，完整版则可以参见 https://github.com/carefree0910/MachineLearning/blob/master/Util/Bases.py。

代码 A-1　ClassifierBase 的实现（节选）：Util\Bases.py

```
01  class ClassifierBase:
02      def __init__(self, *args, **kwargs):
03          # 将自己的名字 name 初始化为类名（self.__class__.__name__）
04          self.name = self.__class__.__name__
05
06      # 定义 __str__ 魔术方法
07      def __str__(self):
08          return self.name
09
10      # 定义 __repr__ 魔术方法，通常会将它定义为和 __str__ 方法保持一致
11      def __repr__(self):
12          return str(self)
13
14      # 定义 __getitem__ 魔术方法，以使 ClassifierBase 拥有类似字典查询一般的功能
15      def __getitem__(self, item):
16          if isinstance(item, str):
17              return getattr(self, "_" + item)
18
19      # 定义计算准确率的方法，用到了一些附录 B 中会介绍的、Numpy 的知识
20      @staticmethod
21      def acc(y, y_pred):
22          y = np.array(y)
23          y_pred = np.array(y_pred)
24          return np.sum(y == y_pred) / len(y)
25
26      # 定义一个留待子类实现的接口——predict 方法
27      def predict(self, x, get_raw_results=False):
28          pass
29
30      # 根据预测方法（predict），输出在某个数据集上的准确率
31      def evaluate(self, x, y):
32          y_pred = self.predict(x)
33          y = np.array(y)
34          print(ClassifierBase.acc(y, y_pred))
```

关于魔术方法,感兴趣的读者可以参见一个中文的简易教程: https://segmentfault.com/a/1190000008013646。

A.2　Python 中的装饰器

Python 界中有一种说法流传甚广——万物皆对象。本节所要介绍的装饰器(Decorator)和下一节将介绍的元类(Meta Class)都是上面这句话的体现,其中装饰器告诉了我们"函数亦对象",元类则会告诉我们"类亦对象"。

所谓的"函数亦对象",意味着函数可以被赋值给变量,通过变量也能调用该函数。举个例子:

```
01  def func(x):
02      return x + 1
03
04  plus_one = func
05  print(plus_one(1))    # 将会输出 2
```

装饰器的核心思想就是装饰函数这个对象,使得函数能够在自身代码不变的情况下,增添一些具有普适性的功能。典型且我们打算进行讲解的一个例子就是计算一个函数的运行时间:我们希望做到对任意一个函数,只要我们调用我们的装饰器,就能记录它的耗时,从而可以进一步做性能分析与优化。

为此,我们先来看装饰器的基本用法:

```
01  @decorator
02  def func(*args, **kwargs):
03      ...
```

它等价于:

```
01  def func(*args, **kwargs):
02      ...
03  func = decorator(func)
```

其中,decorator 以函数对象为输入参数,并返回一个函数对象。一般来说其定义形如:

```
01  def decorator(func):
02      def wrapper(*args, **kwargs):
```

```
03        # 在目标函数调用之前做些什么
04        ans = func(*args, **kwargs)
05        # 在目标函数调用之后做些什么
06        return ans
07    return wrapper
```

（这里用到了许多 Python 的知识，关于可变参数 *args 和 **kwargs 的说明可以参见 http://stackoverflow.com/questions/36901/what-does-double-star-and-star-do-for-parameters，关于闭包（Closure）则可以参见 https://www.programiz.com/python-programming/closure。

从而如果要实现对函数 func 的计时，只需再应用标准库 time。

```
01    import time
02
03    def decorator(func):
04        def wrapper(*args, **kwargs):
05            t = time.time()
06            ans = func(*args, **kwargs)
07            t = time.time() - t
08            return ans, t
09        return wrapper
```

稍微测试这个装饰器。

```
01    @decorator
02    def func():
03        for _ in range(10 ** 6):
04            x = 0
05        return "Done"
06
07    print(func())    # 将会输出("Done", 0.02807450294494629)（后面这串小数可能会有些许不同）
```

当然，这个简单的版本其实还有许多缺点，包括但不限于：

- 装饰器本身无法传入参数。
- 函数的 __name__ 属性发生了改变，导致有些依赖函数签名的代码执行会出错。

不过 Python 的强大之处就是，当你有一项功能觉得很棘手时，往往已经有现成的库帮你解决了问题。在装饰器这里，wrapt 就是这么一个库。你可以通过：

```
01    pip install wrapt
```

来安装它。其官方教程（https://wrapt.readthedocs.io/en/latest/quick-start.html）已经相当详尽，这里就只说说它的基本用法，比如说上面我们定义的计时 decorator 在使用 wrapt 时会形如：

```
01    import time
02    import wrapt
03
04    @wrapt.decorator
05    def decorator(func, instance, args, kwargs):
06        t = time.time()
07        ans = func(*args, **kwargs)
08        t = time.time() - t
09        return ans, t
```

可以看到少了一层嵌套，从而使代码漂亮不少。同时它几乎解决了所有装饰器可能带来的隐含问题，所以使用 wrapt 来定义装饰器可能总会是一个更好的选择。

下面我们来说说怎么给装饰器传参数。正如普通装饰器是返回函数对象的函数一样，想给装饰器传参的话，就需要定义一个返回装饰器的函数。仍然以 decorator 为例，这次我们打算用一个阈值来判断函数 func 的运行快慢。

```
01    import time
02    import wrapt
03
04    def decorator(eps):
05        @wrapt.decorator
06        def wrapper(func, instance, args, kwargs):
07            t = time.time()
08            ans = func(*args, **kwargs)
09            t = time.time() - t
10            if t > eps: print("Slow!")
11            else: print("Fast!")
12            return ans, t
13        return wrapper
```

下面就来测试我们新的 decorator：

```
01    @decorator(0.01)
02    def func1():
03        for _ in range(10 ** 6):
04            x = 0
05        return "Done"
06
```

```
07    @decorator(0.05)
08    def func2():
09        for _ in range(10 ** 6):
10            x = 0
11        return "Done"
12
13    print(func1())    # 将会输出两行，第一行为"Slow!"，第二行为("Done", 0.02810549736)
14    print(func2())    # 将会输出两行，第一行为"Fast!"，第二行为("Done", 0.0290777683258)
```

　　装饰器还有许多值得挖掘、探讨的地方，不过我打算到此为止，因为以上的功能通常来说已经相当足够。事实上，我们在第 6 章用到的计时器 Timing 大体上也只用了上述的功能。

A.3　Python 中的元类

　　本节所介绍的元类（Meta Class）会告诉我们"类亦对象"。Meta Class 是传说中相当黑的黑魔法，笔者本人也很难说对它非常熟悉，所以以下说的内容可能仅展现了它神奇功用的冰山一角。不过作为一个入门教程来说的话，可能会是刚刚好的。

　　所谓的"类亦对象"和"函数亦对象"的思想类似：它意味着类可以被赋值给变量，通过变量也能创建该类的实例。举个例子：

```
01    class Class:
02        def __init__(self):
03            self.x = 1
04
05    one = Class
06    print(one().x)    # 将会输出 1
```

　　正如装饰器返回的是一个函数，可以认为元类返回的是一个类。 也正如我在讲装饰器里说过的，装饰器的核心思想，就是装饰函数这个对象，让函数在自身代码不变的情况下。增添一些具有普适性的功能。在我看来，元类的核心思想，就是捣鼓类这个对象，使你能对其有着最高程度的控制权。

　　注意：这绝不一定是个准确的理解！正如 Python 界的领袖 Tim Peters 说过："元类就是深度的魔法，99% 的用户用不着必为此操心。如果你想搞清楚究竟是否需要用到元类，那么你就不需要它。那些实际用到元类的人都非常清楚地知道他们需要做什么，而且根本不需要解释为什么要用元类"。笔者本人的理解仅仅来自于对元类的应用，很有可能是非常片面的。不过，由于我们的目的是为了让大家知道元类的一种可能是最简单的使用方法，使大家不至于看到代码里面的 metaclass 就害怕，所以我们还是继续用这个理解讲下去。

那么什么叫做最高程度的控制权呢？一个比较简单的例子就是实现如下需求。

- 定义一个"人"（Person）类，它有三个方法：吃饭、睡觉、学习。
- 定义 Person 的三个子类，"小张（Zhang）"、"小王（Wang）"、"小明（Ming）"。
- 定义"人"的子类"小红（Hong）"，要求他：

    ○ 吃饭像小张一样快；
    ○ 睡觉像小王一样香；
    ○ 学习像小明一样勤。

那么应该怎样去实现呢？如果再要求把上面三个要求换一换顺序呢？

也许 Python 有许多其他的解决方案，但（笔者所知道的）最简单的方法，就是使用元类了。幸运的是，虽然元类的思想可能很深，但就这个简单的问题而言，即使我们不进行任何说明，相信聪明的读者也能读懂下面这几块代码。

先定义 Person 类：

```
01  class Person:
02      def __init__(self):
03          self.ability = 1
04
05      def eat(self):
06          print("Eat: ", self.ability)
07
08      def sleep(self):
09          print("Sleep: ", self.ability)
10
11      def study(self):
12          print("Study: ", self.ability)
```

再定义三个子类：

```
13  class Wang(Person):
14      def eat(self):
15          print("Eat: ", self.ability * 2)
16
```

```
17   class Zhang(Person):
18       def sleep(self):
19           print("Sleep: ", self.ability * 2)
20
21   class Ming(Person):
22       def study(self):
23           print("Study: ", self.ability * 2)
```

然后是最关键的，定义元类（Meta Class）：

```
24   class Mixture(type):
25       def __new__(mcs, *args, **kwargs):
26           name, bases, attr = args[:3]
27           person1, person2, person3 = bases
28
29           def eat(self):
30               person1.eat(self)
31
32           def sleep(self):
33               person2.sleep(self)
34
35           def study(self):
36               person3.study(self)
37
38           attr["eat"] = eat
39           attr["sleep"] = sleep
40           attr["study "] = study
41           return type(name, bases, attr)
```

可能会有读者发现其中有三行代码显得"特别傻"——没错，确实可以用更具有普适性的三行代码来代替我们上面第 38 行到第 40 行的代码：

```
38           for key, value in locals().items():
39               if str(value).find("function") >= 0:
40                   attr[key] = value
```

抛开所有技术细节而只谈应用的话，其实上面这个例子可能已经相当足够了，接下来就让我们测试这个 Mixture 元类吧。先来定义一个小的测试函数，它依次调用 Person 实例的吃饭、睡觉、学习这三个动作。

```
41   def test(person):
42       person.eat()
43       person.sleep()
```

```
44        person.study()
```

然后进行两组测试：

```
45   class Hong(Wang, Zhang, Ming, metaclass=Mixture):
46       pass
47
48   test(Hong())    # 将会输出三行，依次是 Eat: 2、Sleep: 2 和 Study: 2
49
50   class Hong(Zhang, Wang, Ming, metaclass=Mixture):
51       pass
52
53   test(Hong())    # 将会输出三行，依次是 Eat: 1、Sleep: 1 和 Study: 2
```

可以看到，我们确实获得了类的高度控制权。值得一提的是，可以看到我们定义的元类继承自 type，这是因为 Python 自带的元类就是 type。

虽说简略，但其实即使仅仅基于上述例子的思想，就已经可以捣鼓出许多有意思的应用了，至少第 7 章中的 ConvLayerMeta 和 ConvSubLayerMeta 都没有脱离本节所说的知识。

附录 B
Numpy 入门

本附录为 Numpy 的一个简要的"索引式教程":我们会提供知识量很大的外部链接来代替大段的文字说明。这主要是因为 Numpy 的内容太过丰富,与其蜻蜓点水般地面面俱到、不如将完整的资源提供出来以便读者选择自己想研究的方面细细品味。同时与附录 A 的目的稍有不同的是,由于 Numpy 是 Python 写出高效算法的核心,所以本附录会稍微深入地追究诸如"如何写 Numpy 代码才会更高效"这种问题。

本附录将会涵盖如下内容:

- Numpy 基础。
- 算法的向量化。
- 高效应用 Numpy 的一个注意事项。

B.1 Numpy 的用法

Numpy 数组往简单里说的话,可以看成是附加了各种代数运算的列表(List),所以 Numpy 数组的定义、提取、更改等都很直观:

```
01    # 导入 Numpy 库以进行后续操作
02    import numpy as np
```

```
03
04   x = np.array([1, 2, 3])      # 定义一个 1 维 3 元的 Numpy 数组
05   print(x[0])      # 将会输出 1
06   x[0] = 0         # x 将会变为 np.array([0, 2, 3])
```

由于 Numpy 数组通常以高维数组的形式出现，所以除了上述第 5、第 6 行所示的、简单地通过下标提取元素的方法以外，Numpy 还有针对性地设计了一套高效的、提取相应切片的索引方法（Indexing）。举个例子：

```
07   # [ [ 1 2 3 ]
08   # [ 4 5 6 ]
09   # [ 7 8 9 ] ]
09   x = np.array([[1, 2, 3], [4, 5, 6], [7, 8, 9]])
10   print(x[:, 0])      # 将会输出 [ 1 4 7 ]
11   print(x[:, 1])      # 将会输出 [ 2 5 8 ]
12   print(x[2, :])      # 将会输出 [ 7 8 9 ]
13   print(x[:2, 0])     # 将会输出 [ 1 4 ]
14   print(x[1, :2])     # 将会输出 [ 4 5 ]
15   print(x[:2, :2])    # 将会输出 [ [ 1 2 ], [ 4 5 ] ]
```

对这一套索引方法进行深入、详尽的了解是非常有必要的，然而囿于篇幅，我们无法在这里进行仔细地叙述。这里强烈建议参见相应的官方文档 https://docs.scipy.org/doc/numpy/reference/arrays.indexing.html 以加深理解。

由于在算法的编程任务中一般不会给定一个大矩阵，然后让程序员手动将矩阵的每个值输进电脑，所以一般会给定一个大矩阵的形状让程序员进行相应的初始化（初始化为全0、全 1、随机等）。为此、Numpy 自带了许多很有用的初始化方法。详细的说明可以参见官方文档 https://docs.scipy.org/doc/numpy/user/basics.creation.html#arrays-creation，这里仅介绍其中三个最常用的：

```
16   x = np.zeros((3, 3))          # 建立 3 × 3 的全 0 矩阵
17   x = np.ones((3, 3))           # 建立 3 × 3 的全 1 矩阵
18   x = np.random.random((3, 3))  # 建立 3 × 3 的随机矩阵（0 到 1 之间均匀分布）
```

接下来要说明的就是 Numpy 数组的加、减、乘、除了：

```
19   x = np.array([[1, 2], [3, 4]])
20   y = np.array([[4, 3], [2, 1]])
21   # Numpy 加法
22   print(x + y)                  # 将会输出 [ [5, 5], [5, 5] ]
23   # Numpy 减法
```

```
24    print(x - y)              # 将会输出 [ [-3, -1], [1, 3] ]
25    # Numpy 乘法
26    print(x * y)              # element-wise 乘法，将会输出 [ [4, 6], [6, 4] ]
27    print(np.dot(x, y))       # 矩阵乘法，将会输出 [ [8, 5], [20, 13] ]
28    # Numpy 除法
29    print(x / y)              # 将会输出 [ [0.25, 2/3], [1.5, 4] ]
```

除此之外，Numpy 支持一系列对高维数组的数学运算操作，这为算法的向量化打下了坚实的基础。所有 Numpy 支持的数学运算都可以在官方文档 https://docs.scipy.org/doc/numpy/reference/routines.math.html 中查得，这里仅展示其中三个比较具有代表性的方法。

```
30    # 对每个元素取 e 的指数
31    print(np.exp(x))         # 将会输出 [ [e¹, e²], [e³, e⁴] ]
32    # 对每个元素取根号
33    print(np.sqrt(x))        # 将会输出 [ [1, √2], [√3, 2] ]
34    # 对第一个 axis 取均值
35    print(np.average(x, axis=0))    # 将会输出 [2, 3]
36    # 对第二个 axis 取均值
37    print(np.average(x, axis=1))    # 将会输出 [1.5, 3.5]
```

这里面提到了 axis 的概念。直观来说的话，不同的 axis 其实可以视为不同深度的 for 循环所对应的数据，具体而言：

- 第一个 axis 对应着第一层 for 循环所能达到的数据；
- 第二个 axis 对应着第二层 for 循环所能达到的数据。

以此可以类推至第 n 个 axis 对应着第 n 层 for 循环所能达到的数据。以上述代码中第 35 行和第 37 行为例，所谓的 np.average(x, axis=0)和 np.average(x, axis=1)其实等价于：

```
01    # axis=0 的等价描述
02    result = np.zeros(2)
03    for elem in x:
04        result += elem
05    print(result / 2)
06    # axis=1 的等价描述
07    result = np.zeros(2)
08    idx = 0
09    for row in x:
10        for elem in row:
11            result[idx] += elem
12        idx += 1
13    print(result / 2)
```

可以通过图 B.1 来进一步直观理解不同 axis 对应着什么：

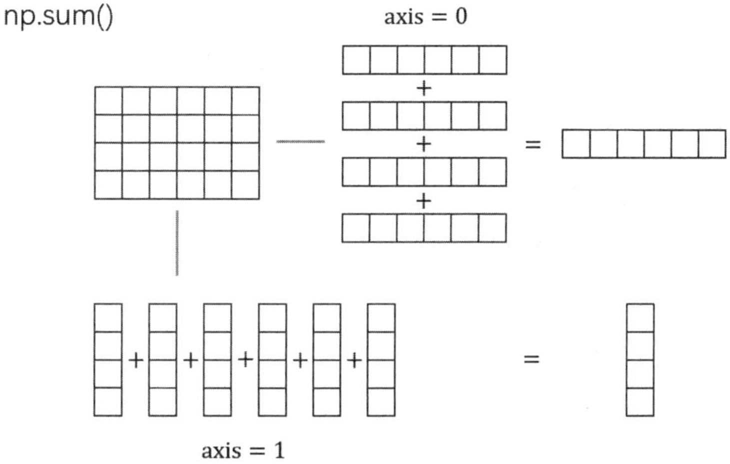

图B.1　axis示意图

深刻理解 Numpy 中的 axis 为熟练、高效应用 Numpy 的又一不得不跨越的难关（第一个难关为 Indexing），因为只有完全理解了 axis 的机制后，"广播（Broadcasting）"这一 Numpy 中可谓最重要的概念才能了然于胸。官方对于 Broadcasting 有一个很好的文档 https://docs.scipy.org/doc/numpy/user/basics.broadcasting.html 可以参考，虽然我们会在下一节中结合"升维"的思想对 Broadcasting 进行简要的介绍，不过如果希望能够获取 Numpy 的最佳性能的话，进行官方文档的相应阅读是很有必要的。

最后我们提供一个 Numpy 官方文档的索引，几乎所有和 Numpy 有关的问题都能在这里找到相应的解决方案：https://docs.scipy.org/doc/numpy/reference/；同时，官方也提供了一个帮助我们快速入门的教程，有需要的读者可以参见 https://docs.scipy.org/doc/numpy-dev/user/quickstart.html。

B.2　向量化与"升维"

Numpy 之所以能够将性能提升那么多，很大程度上依赖着由底层语言编写的线性代数运算库，而代数运算中的基本——矩阵运算自然是这么多年来被重点反复优化的算法之一。所以如果想要写出高效的算法的话，将算法进行向量化是必不可少的步骤，这在第 2 章讨论朴素贝叶斯模型的实现时已经有所体现；在本节中、我们则主要打算介绍以下两点思想：

- 将 for 循环替换成 Numpy 运算。
- 将难以直接向量化的算法所对应的数组进行"升维"。

先看第一点，该思想可谓是向量化思维的基石：

```
01  x = np.random.random((1000, 1000))
02  ans = np.zeros((1000, 1000))
03  # 目的：计算 x + 1 并将结果存进 ans 中
04  # 编写烦琐、效率低下的 for 循环写法
05  for i, row in enumerate(x):
06      for j, elem in enumerate(row):
07          ans[i][j] = elem + 1
08  # 利用 Numpy 运算直接进行实现
09  ans = x + 1
10  # 更快、更省内存的写法
11  np.add(x, 1, ans)
```

就上述代码而言，第一种 for 循环实现的耗时大约为 545ms，第二种利用 Numpy 运算实现的耗时大约为 4.6ms，第三种利用 Numpy 函数实现的耗时大约为 2.57ms。可以看到最快的写法比最慢的写法要快了 211 倍左右，由此可见向量化的威力。

对于第二点、其实是对广播（Broadcasting）的高级应用。我们在第 5 章时曾经定义过一个计算 RBF 核矩阵的函数，当时我们所用的就是升维的思想。

我们所说的升维的目的其实很简单直白：利用 Broadcasting 来将某一段重复的运算进行向量化。比如说现在我们有如下两个数组：

$$x = \begin{bmatrix} 1 & 2 & 3 \end{bmatrix}, \quad y = \begin{bmatrix} 1 & 1 & 1 \\ 2 & 2 & 2 \\ 3 & 3 & 3 \end{bmatrix}$$

而我们希望计算出

$$z = \begin{bmatrix} y[0] - x \\ y[1] - x \\ y[2] - x \end{bmatrix} = \begin{bmatrix} 1-1 & 1-2 & 1-3 \\ 2-1 & 2-2 & 2-3 \\ 3-1 & 3-2 & 3-3 \end{bmatrix} = \begin{bmatrix} 0 & -1 & -2 \\ 1 & 0 & -1 \\ 2 & 1 & 0 \end{bmatrix}$$

那么可以直接利用 Broadcasting 来进行实现：

```
01  x = np.array([1, 2, 3])
02  y = np.array([[1, 1, 1], [2, 2, 2], [3, 3, 3]])
03  z = y - x
```

但是，不难发现 y 中其实有大量重复的元素，这在实际问题中常常反映为当：

$$x = \begin{bmatrix} 1 & 2 & 3 \end{bmatrix}, \quad y = \begin{bmatrix} 1 & 2 & 3 \end{bmatrix}$$

时，计算出 $z = \begin{bmatrix} 0 & -1 & -2 \\ 1 & 0 & -1 \\ 2 & 1 & 0 \end{bmatrix}$ 的结果，这可以通过两种方式完成。第一种就是把 y 直接写

成一开始的那种具有大量重复元素的矩阵形式，这可以直接通过 Numpy 自带的函数——np.tile 来完成实现：

```
01   x = y = np.array([1, 2, 3])
02   y = np.tile(y, [3, 1]).T          # 此时 y 变为 [ [ 1 1 1 ], [ 2 2 2 ], [ 3 3 3 ] ]
03   z = y - x
```

第二种就是进行"升维"，以利用 Numpy 的 Broadcasting 来帮助我们完成重复的运算，这种做法是更快、更省内存的：

```
01   x = y = np.array([1, 2, 3])
02   z = y[:, None] - x
```

其中，$y[:, None]$ 的效果为

$$y = \begin{bmatrix} 1 & 2 & 3 \end{bmatrix} \to y = \begin{bmatrix} 1 \\ 2 \\ 3 \end{bmatrix}$$

亦即 y 从一维的数组（3）变化为了二维数组（3×1）。若用此时的 y 减去 x 的话，由于 y 的"宽度"仅为1、而 x 的"宽度"为3，所以 Numpy 的 Broadcasting 会在内部对 y 进行"扩张"以"适配" x 的宽度：

$$y - x = \begin{bmatrix} 1 \\ 2 \\ 3 \end{bmatrix} - \begin{bmatrix} 1 & 2 & 3 \end{bmatrix} \to \begin{bmatrix} 1 & 1 & 1 \\ 2 & 2 & 2 \\ 3 & 3 & 3 \end{bmatrix} - \begin{bmatrix} 1 & 2 & 3 \end{bmatrix}$$

而由于这个扩张是在 Numpy 内部中隐性进行的，所以比起我们第一种方法中的显性计算而言，它的性能会好上许多。

B.3　Numpy 的一个应用思想

本节主要想说明一点：使用 Numpy 时，应该尽量避免不必要的拷贝。比如说在我们计算 ans = x + 1 时，最快的实现方法是 np.add(x, 1, ans)；这种写法比起直接写 ans = x + 1 而言要更优的原因，可以通过拆解运算过程来直观认知：

- 对于 np.add(x, 1, ans)而言，在计算 x + 1 时会将结果直接写进 ans；
- 对于 ans = x + 1 而言，会先将 x + 1 的结果放进内存，再把内存中的结果赋给 ans。

这说明写 ans = x + 1 时我们进行了不必要的拷贝（将结果拷贝进了内存）。会引发 Numpy 数组拷贝的操作，包括但不限于（由于会涉及底层的一些东西，所以我们就不展开叙述会引发拷贝的原因了）：

- x = x + 1（建议使用 x += 1）；
- y = x.flatten()（建议使用 y = x.ravel()）；
- x = x.T（无替代方案，不过这告诉我们要尽量少用转置）。

除了以上这三种比较常见的操作以外，还有一些数组的 reshape 操作也会引发 Numpy 的拷贝。总之，在觉得程序运行不如想象中的高效时，检查是否引发了不必要的拷贝是一个重要的应用思想。

附录 C

TensorFlow 入门

本附录为 TensorFlow 的一个简要的"应用式教程"会围绕着如何利用 TensorFlow 来实现第 5 章实现过的线性 SVM 来展开叙述。而对于实现线性 SVM 所用不到的知识,不会进行太多的说明。这一方面是因为实现线性 SVM 所涵盖的知识点已足以应付一般的机器学习编程任务,另一方面则是因为 TensorFlow 是个非常全面的框架;毫不夸张地说,如果针对 TensorFlow 的各种应用都进行说明的话,完全是可以单独出书的。如果确实想对它有比较完整的认知的话,可以参见它的官网教程:https://www.tensorflow.org/get_started/ get_started 系列和 https://www.tensorflow.org/tutorials/mandelbrot 系列。

本附录将会涵盖如下内容:

* TensorFlow 基础;
* 使用 TensorFlow 实现线性 SVM;
* 利用占位符进行更多样化的训练。

C.1 TensorFlow 的组成单元与思想

对于我们所要用到的 TensorFlow 的部分而言,可以像如下这样去理解它。

* TensorFlow 的核心在于它能构建出一张"运算图(Graph)",需要做的是往这张

Graph 里加入元素。

- 基本的元素有如下三种：常量（constant）、可训练的变量（Variable）和不可训练的变量（Variable(trainable=False)）。
- 由于机器学习算法常常可以转化为最小化损失函数，TensorFlow 利用这一点，将"最小化损失"这一步进行了很好的封装。具体而言，你只需要在 Graph 里面将损失表达出来后再调用相应的函数，即可完成所有可训练的变量的更新。

其中第三点我们会在下一节实现 LinearSVM 时进行相应说明，这一节则会把重点放在第二点上。首先来看应该如何定义三种基本元素以及相应的加、减、乘、除（值得一提的是，在 TensorFlow 里面，我们常常称处于 Graph 之中的 TensorFlow 变量为 "Tensor"，于是 TensorFlow 就可以理解为 "Tensor 的流动"）。

```
01  # 导入 Tensorflow 库以进行后续操作
02  import tensorflow as tf
03
04  # 定义常量，同时把数据类型定义为能够进行 GPU 计算的 tf.float32 类型
05  x = tf.constant(1, dtype=tf.float32)
06  # 定义可训练的变量
07  y = tf.Variable(2, dtype=tf.float32)
08  # 定义不可训练的变量
09  z = tf.Variable(3, dtype=tf.float32, trainable=False)
10  x_add_y = x + y
11  y_sub_z = y - z
12  x_times_z = x * z
13  z_div_x = z / x
```

此外，TensorFlow 基本支持所有 Numpy 中的方法，不过它留给我们的接口可能会稍微有些不一样。以"求和"操作为例：

```
14  # 用 Numpy 数组进行 Tensor 的初始化
15  x = tf.constant(np.array([[1, 2], [3, 4]]))
16  # Tensorflow 中对应于 np.sum 的方法
17  axis0 = tf.reduce_sum(x, axis=0)        # 将会得到值为 [ 4 6 ] 的 Tensor
18  axis1 = tf.reduce_sum(x, axis=1)        # 将会得到值为 [ 3 7 ] 的 Tensor
```

更多的操作方法可以参见 https://www.tensorflow.org/api_guides/python/math_ops。

最后要特别指出的是，为了将 Graph 中的 Tensor 的值"提取"出来，需要定义一个 Session 来做相应的工作。可以这样理解 Graph 和 Session 的关系。

- Graph 中定义的是一套"运算规则"。
- Session 则会"启动"这一套由 Graph 定义的运算规则，而在启动的过程中，Session 可能会额外做三件事：
  - 从运算规则中提取出想要的中间结果；
  - 更新所有可训练的变量（如果启动的运算规则包括"更新参数"这一步的话）；
  - 赋予"运算规则"中一些"占位符"以具体的值。

其中"更新参数"相关的说明会放在下一节、"占位符"相关的说明则会放在第三节，这一节我们只说明"提取中间结果"是什么意思。比如现在 Graph 中有这么一套运算规则：

$$x = 1, \qquad y = x + 1, \qquad z = y + 1$$

而我只想要运算规则被启动之后，y 的运算结果。该需求的代码实现如下。

```
01  x = tf.constant(1)
02  y = x + 1
03  z = y + 1
04  print(tf.Session().run(y))    # 将会输出 2
```

如果我想同时获得 y 和 z 的运算结果的话，只需将第 4 行改为如下代码即可。

```
04  print(tf.Session().run([y, z]))    # 将会输出 [2, 3]
```

在本节的最后，我们打算指出一个非常容易犯错的地方：当我们使用了 Variable 时，必须要先调用初始化的方法之后，才能利用 Session 将相应的值从 Graph 里面提取出来。比如说，下面这段代码是会报错的。

```
01  x = tf.Variable(1)
02  print(tf.Session().run(x))    # 报错!
```

应该改为：

```
01  x = tf.Variable(1)
02  with tf.Session().as_default() as sess:
03      sess.run(tf.global_variables_initializer())
04      print(sess.run(x))
```

其中，tf.global_variables_initializer()的作用可由其名字直接得知：初始化所有 Variable。

C.2　使用 TensorFlow 实现 LinearSVM

本节将会利用 ClassifierBase 和 TensorFlow 来实现第 5 章实现过的 LinearSVM；通过实现具体的机器学习算法，可以对 TensorFlow 的运行机制有更深的了解。先看其框架：

代码 C-1　LinearSVM 的实现：e_SVM\LinearSVM.py

```
01  import tensorflow as tf
02  from Util.Bases import ClassifierBase
03
04  class TFLinearSVM(ClassifierBase):
05      def __init__(self):
06          super(TFLinearSVM, self).__init__()
07          self._w = self._b = None
08          # 使用 self._sess 属性来存储一个 Session 以方便调用
09          self._sess = tf.Session()
10
11      def fit(self, x, y, sample_weight=None, lr=0.001, epoch=10 ** 4, tol=1e-3):
12          # 将 sample_weight 转换为 constant Tensor
13          if sample_weight is None:
14              sample_weight = tf.constant(
15                  np.ones(len(y)), dtype=tf.float32, name="sample_weight")
16          else:
17              sample_weight = tf.constant(
18                  np.array(sample_weight) * len(y), dtype=tf.float32, name="sample_weight")
19          # 将输入数据转换为 constant Tensor
20          x, y = tf.constant(x, dtype=tf.float32), tf.constant(y, dtype=tf.float32)
21          # 将需要训练的 w、b 定义为可训练 Variable
22          self._w = tf.Variable(np.zeros(x.shape[1]), dtype=tf.float32, name="w")
23          self._b = tf.Variable(0., dtype=tf.float32, name="b")
24          # 调用相应方法获得当前模型预测值
25          y_pred = self.predict(x, True, False)
26          # 利用相应函数计算出总损失：cost = \sum_{i=1}^{N} max(1 - y_i \cdot (w \cdot x_i + b), 0) + \frac{1}{2}\|w\|^2
27          cost = tf.reduce_sum(tf.maximum(
28              1 - y * y_pred, 0) * sample_weight) + tf.nn.l2_loss(self._w)
29          # 利用 TensorFlow 封装好的优化器，定义"更新参数"步骤
30          # 该步骤会调用相应算法，以减少上述总损失为目的来进行参数的更新
31          train_step = tf.train.AdamOptimizer(learning_rate=lr).minimize(cost)
32          # 初始化所有 Variable
33          self._sess.run(tf.global_variables_initializer())
34          # 不断调用"更新参数"步骤，如果期间发现误差小于阈值的话就提前终止迭代
35          for _ in range(epoch):
36              if self._sess.run([cost, train_step])[0] < tol:
```

```
37              break
```

接下来就要定义获取模型预测值的方法——self.predict 了：

```
38    def predict(self, x, get_raw_results=False, out_of_sess=True):
39        # 利用 reduce_sum 方法算出预测向量
40        rs = tf.reduce_sum(self._w * x, axis=1) + self._b
41        if not get_raw_results:
42            rs = tf.sign(rs)
43        # 如果 out_of_sess 参数为 True、就要利用 Session 把具体数值算出来
44        if out_of_sess:
45            rs = self._sess.run(rs)
46        # 否则、直接把 Tensor 返回即可
47        return rs
```

之所以要额外用一个 out_of_sess 参数控制输出的原因如下：

- TensorFlow 在内部进行 Graph 运算时是无须把具体数值算出来的，不如说使用原生态的 Tensor 进行运算反而会快很多；
- 当模型训练完毕后，在测试阶段我们希望得到的当然是具体数值而非 Tensor，此时就需要 Session 帮我们把中间结果提取出来了。

以上就是 LinearSVM 的完整实现，可以看到还是相当简洁的。

在本节的最后，我们特别指出这么一点：利用 Session 来提取中间结果这个过程并非是没有损耗的。事实上，当 Graph 运算本身的计算量不大时，开启、关闭 Session 所造成的开销反而会占整体开销中的绝大部分。因此在我们编写 TensorFlow 程序时、要注意避免由于贪图方便而随意开启 Session。

C.3　TensorFlow 中的 Placeholder

上一节实现的 LinearSVM 存在着（第 6 章有所讲解的）内存方面的隐患。为了解决这个隐患，一个常见的做法是分 Batch 训练，这将会导致"更新参数"步骤每次接受的数据都是"不固定"的数据——原数据的一个小 Batch。为了描述这个"不固定"的数据，我们就需要利用 TensorFlow 中的"占位符（Placeholder）"，其用法非常直观：

```
01  # 定义一个数据类型为 tf.float32、"长"未知、"宽"为 2 的矩阵 Placeholder
02  x = tf.placeholder(tf.float32, [None, 2])
03  # 定义一个 numpy 数组：[ [ 1 2 ], [ 3 4 ], [ 5 6 ] ]
04  y = np.array([[1, 2], [3, 4], [5, 6]])
```

```
05   # 定义 x + 1 对应的 Tensor
06   z = x + 1
07   # 利用 Session 及其 feed_dict 参数，将 y 的值赋予 x，同时输出 z 的值
08   print(tf.Session().run(z, feed_dict={x: y}))    # 将会输出 [ [ 2 3 ], [ 4 5 ], [ 6 7 ] ]
```

于是分 Batch 运算的实现步骤就很清晰了：

- 把计算损失所涉及的所有 *x*、*y* 定义为占位符；
- 每次训练时，通过 feed_dict 参数、将原数据的一个小 Batch 赋予 *x*、*y*。

占位符还有许多其他有趣的应用手段，它们的思想都是相通的：将未能确定的信息以 Placeholder 的形式进行定义，在确实调用到的时候再赋予具体的数值。